高等学校计算机专业教材精选·算法与程序设计

Java面向对象程序设计实训教程

邵欣欣　蒋晶晶　主　编
王　倩　高　爽　副主编

清华大学出版社
北京

内容简介

本书从Java的基本概念入手，介绍了面向对象的程序设计思想以及Java最基础、最主要的核心技术。本书既注重理论的介绍，又强调实际的应用，从实用的角度出发，精心设计知识结构及代码实例，并配以大量的习题和实验，让读者在阅读的过程中很轻松地既能掌握枯燥的计算机语言知识，又锻炼了实践能力。通过最后的项目实训，进一步加强了学生对Java知识的全面掌握，提高综合应用的能力。

本书既可以作为高校本、专科相关专业学生的课程用书，也可作为自学人员的参考资料。

图书在版编目（CIP）数据

Java面向对象程序设计实训教程/邵欣欣，蒋晶晶主编. —北京：清华大学出版社，2013（2015.12重印）
高等学校计算机专业教材精选・算法与程序设计
ISBN 978-7-302-33782-9

Ⅰ. ①J…　Ⅱ. ①邵…②蒋…　Ⅲ. ①JAVA语言－程序设计－高等学校－教材　Ⅳ. ①TP312

中国版本图书馆CIP数据核字(2013)第211375号

责任编辑：张　玥　顾　冰
封面设计：傅瑞学
责任校对：白　蕾
责任印制：刘海龙

出版发行：清华大学出版社
　　网　　址：http://www.tup.com.cn，http://www.wqbook.com
　　地　　址：北京清华大学学研大厦A座　　邮　　编：100084
　　社 总 机：010-62770175　　邮　　购：010-62786544
　　投稿与读者服务：010-62776969，c-service@tup.tsinghua.edu.cn
　　质量反馈：010-62772015，zhiliang@tup.tsinghua.edu.cn
　　课件下载：http://www.tup.com.cn，010-62795954
印 装 者：虎彩印艺股份有限公司
经　　销：全国新华书店
开　　本：185mm×260mm　　**印　张**：18.25　　**字　　数**：445千字
版　　次：2013年10月第1版　　**印　　次**：2015年12月第2次印刷
印　　数：2001～2500
定　　价：34.50元

产品编号：054554-01

前　言

根据Java课程的能力要求和学生的认知规律，编者精心组织了《Java面向对象程序设计实训教程》一书的教材内容，融“教、学、练”三者于一体，适合“项目驱动、案例教学、理论实践一体化”的教学模式。本书主要以实现酒店房间管理系统为目标，展开了对Java基本概念和原理的介绍，最后实现了项目的各个功能。区别于其他传统的教程，本书在每个章节介绍本章知识点在最后的项目实现中的应用情况，这样使读者带着目的去学习，能够有效地提高学习效率。全书共分为14章，其中第1～3章介绍Java基础知识；第4～6章介绍Java技术核心，是Java应用程序编程的基础；第7章介绍Java中数组和字符串知识的应用；第8章介绍Java语言中的异常处理机制；第9章介绍Java常用的图形用户界面组件；第10～12章介绍Java中高级知识的应用，包括输入输出流、多线程和网络编程；第13章介绍Java连接各类数据库的知识；第14章通过酒店房间管理系统实现对前面知识的综合应用。

本书内容全面，通俗易懂，结构合理，简洁明了，实例丰富，图文并茂，书中所列程序易于读者理解和掌握。本书既注重理论的介绍，又强调实际的应用，从实用的角度出发，精心设计知识结构及代码实例，并配以大量的习题和实验，让读者在阅读的过程中很轻松地既能掌握枯燥的计算机语言知识，又锻炼了实践能力。书中所有例题及相关代码都已在JDK 1.6和Eclipse开发环境中测试通过。

本书的编者都是长期工作在教育第一线的教师，教学经验丰富，同时具有实际开发项目的经验。本书在编写过程中，充分发挥了各位教师所长，第1、13章由蒋晶晶编写，第2、3章由蒋晶晶和王倩编写，第7、10、11、12章由高爽和王倩编写，第8章由王倩和邵欣欣编写，第4～6、9、14章由邵欣欣编写，全书最后由邵欣欣统一修改定稿。

由于编者的水平和时间有限，本书存在错误和不足之处在所难免，恳请同行专家和广大读者批评指正。

本书配有完整课件、实例代码以及授课进度表，可从清华大学出版社网站下载。

编　者

2013年8月于大连

目　　录

第 1 章　Java 概述 ……………………………………………………… 1

1.1　什么是 Java ……………………………………………………… 1

1.2　Java 的特点 ……………………………………………………… 2

1.3　Java 开发工具 ……………………………………………………… 3

1.3.1　编辑工具 ……………………………………………………… 3

1.3.2　JDK ……………………………………………………… 4

1.4　第一个程序 ……………………………………………………… 5

1.5　学习效果评估 ……………………………………………………… 7

第 2 章　Java 开发环境 ……………………………………………………… 8

2.1　Eclipse 简介 ……………………………………………………… 9

2.2　Eclipse 的安装 ……………………………………………………… 9

2.3　Eclipse 界面 ……………………………………………………… 10

2.3.1　选择工作空间界面 ……………………………………………………… 10

2.3.2　Eclipse 的主界面 ……………………………………………………… 10

2.4　使用 Eclipse 创建 Java 项目 ……………………………………………………… 11

2.4.1　创建项目 ……………………………………………………… 11

2.4.2　创建 Java 文件 ……………………………………………………… 11

2.4.3　编辑 Java 文件 ……………………………………………………… 13

2.4.4　运行 class 文件 ……………………………………………………… 14

2.5　实训任务——Java 开发及运行环境的搭建 ……………………………………………………… 14

任务 1：JDK 的安装 ……………………………………………………… 14

任务 2：Eclipse 的安装及使用 ……………………………………………………… 14

2.6　学习效果评估 ……………………………………………………… 15

第 3 章　Java 语言基础 ……………………………………………………… 17

3.1　基本数据类型 ……………………………………………………… 18

3.1.1　字符数据类型 ……………………………………………………… 18

3.1.2　布尔数据类型 ……………………………………………………… 19

3.1.3　数值数据类型 ……………………………………………………… 19

3.2　变量 ……………………………………………………… 20

3.2.1　变量的声明 ……………………………………………………… 20

3.2.2　标识符 ……………………………………………………… 20

3.2.3　变量的赋值 ……………………………………………………… 21

3.2.4 常量 …… 21
3.3 数据类型的转换 …… 22
3.3.1 自动数据类型转换 …… 22
3.3.2 强制数据类型转换 …… 22
3.4 运算符和表达式 …… 22
3.4.1 算术运算符和表达式 …… 22
3.4.2 关系运算符和表达式 …… 23
3.4.3 逻辑运算符和表达式 …… 23
3.4.4 其他运算符 …… 24
3.4.5 运算符的优先级 …… 27
3.5 条件语句 …… 28
3.5.1 if 语句 …… 28
3.5.2 if-else 语句 …… 29
3.5.3 switch 语句 …… 31
3.6 循环语句 …… 32
3.6.1 for 语句 …… 32
3.6.2 while 语句 …… 33
3.6.3 do-while 语句 …… 35
3.7 跳转语句 …… 36
3.7.1 break 语句 …… 36
3.7.2 continue 语句 …… 38
3.8 控制语句的应用 …… 39
3.9 实训任务——控制语句的使用 …… 45
任务 1：使用条件语句实现程序流程控制 …… 45
任务 2：使用循环语句实现程序流程控制 …… 46
任务 3：使用跳转语句实现程序流程控制 …… 46
3.10 学习效果评估 …… 47

第 4 章 类和对象 …… 55
4.1 面向对象 …… 56
4.1.1 什么是面向对象 …… 56
4.1.2 面向对象的特征 …… 57
4.2 类的结构 …… 58
4.2.1 属性 …… 59
4.2.2 方法 …… 59
4.2.3 构造方法 …… 60
4.3 类与对象的关系 …… 61
4.4 对象的创建 …… 62
4.5 方法的调用 …… 63

4.6 给方法传递对象参数…………………………………………………………… 65
4.7 变量的作用域……………………………………………………………………… 66
4.8 this 关键字 ………………………………………………………………………… 67
4.9 static 关键字 ……………………………………………………………………… 68
4.9.1 类属性 ………………………………………………………………………… 68
4.9.2 类方法 ………………………………………………………………………… 69
4.10 类与对象的应用 …………………………………………………………………… 70
4.11 实训任务——类和对象的使用 …………………………………………………… 73
任务 1：方法的使用 ………………………………………………………………… 73
任务 2：类的编写 …………………………………………………………………… 73
任务 3：构造方法的编写 …………………………………………………………… 73
任务 4：对象的创建 ………………………………………………………………… 73
4.12 学习效果评估 ……………………………………………………………………… 74

第 5 章 封装、继承与多态 ……………………………………………………………… 80
5.1 可见性修饰符……………………………………………………………………… 81
5.1.1 类的可见性修饰符 ……………………………………………………………… 81
5.1.2 类的成员的可见性修饰符 ……………………………………………………… 81
5.2 访问器方法………………………………………………………………………… 82
5.3 包…………………………………………………………………………………… 85
5.3.1 包的声明 ………………………………………………………………………… 85
5.3.2 包的引入 ………………………………………………………………………… 86
5.4 封装的应用………………………………………………………………………… 86
5.5 继承………………………………………………………………………………… 87
5.5.1 继承的实现 ……………………………………………………………………… 88
5.5.2 属性的隐藏 ……………………………………………………………………… 91
5.5.3 方法的覆盖 ……………………………………………………………………… 92
5.6 多态………………………………………………………………………………… 93
5.6.1 重载 ……………………………………………………………………………… 93
5.6.2 重载与覆盖 ……………………………………………………………………… 95
5.7 super 关键字 ……………………………………………………………………… 96
5.8 继承关系中的构造方法…………………………………………………………… 97
5.9 final 关键字 ……………………………………………………………………… 99
5.10 继承与多态的应用………………………………………………………………… 101
5.11 实训任务——继承与多态设计与实现…………………………………………… 107
任务 1：可见性修饰符的应用 ……………………………………………………… 107
任务 2：继承的应用 ………………………………………………………………… 107
任务 3：多态的应用 ………………………………………………………………… 107
5.12 学习效果评估……………………………………………………………………… 108

第6章 抽象类与接口 …… 117
6.1 抽象类 …… 118
6.1.1 创建抽象类 …… 118
6.1.2 继承抽象类 …… 119
6.2 接口 …… 120
6.2.1 创建接口 …… 120
6.2.2 实现接口 …… 122
6.3 抽象类和接口的应用 …… 123
6.4 实训任务——抽象类和接口的应用 …… 126
任务1：抽象类的应用 …… 126
任务2：接口的应用 …… 126
6.5 学习效果评估 …… 126

第7章 基础类库 …… 129
7.1 数组 …… 130
7.1.1 声明数组 …… 130
7.1.2 创建数组 …… 131
7.1.3 访问数组 …… 131
7.1.4 对象数组 …… 132
7.1.5 二维数组 …… 132
7.2 向量 …… 134
7.3 字符串 …… 135
7.3.1 String 类 …… 135
7.3.2 StringBuffer 类 …… 137
7.3.3 String 与其他数据类型间的转换 …… 138
7.4 Math 类 …… 138
7.5 实训任务——基础类库的使用 …… 140
任务1：数组和向量的使用 …… 140
任务2：字符串的使用 …… 140
7.6 学习效果评估 …… 140

第8章 异常及其处理 …… 145
8.1 什么是异常 …… 146
8.1.1 异常与错误 …… 146
8.1.2 异常的分类 …… 148
8.1.3 异常是如何产生的 …… 149
8.2 捕获异常 …… 150
8.2.1 使用 try/catch 子句 …… 150
8.2.2 多重 catch 子句 …… 151

8.2.3 finally 子句 …… 152
8.3 声明异常 …… 153
8.4 抛出异常 …… 154
8.5 创建自己的异常 …… 154
8.6 实训任务——异常处理 …… 156
任务 1：异常的捕获 …… 156
任务 2：自定义异常 …… 156
8.7 学习效果评估 …… 157

第 9 章 图形用户界面 …… 160
9.1 认识 GUI …… 161
9.1.1 什么是 GUI …… 161
9.1.2 第一个 GUI 程序 …… 162
9.2 框架 …… 163
9.3 布局管理器 …… 164
9.3.1 流水布局管理器 …… 164
9.3.2 网格布局 …… 165
9.3.3 边界布局 …… 166
9.4 面板 …… 167
9.5 组件 …… 169
9.5.1 按钮 …… 169
9.5.2 文本框和标签 …… 170
9.5.3 复选框和单选按钮 …… 171
9.5.4 列表框和组合框 …… 173
9.5.5 菜单 …… 175
9.5.6 对话框 …… 178
9.6 GUI 事件处理 …… 181
9.6.1 窗口事件 …… 182
9.6.2 动作事件 …… 183
9.6.3 键盘事件 …… 185
9.7 绘制图形 …… 187
9.8 辅助类 …… 190
9.9 实训任务——GUI 编程 …… 193
任务 1：布局管理器的使用 …… 193
任务 2：组件的使用 …… 194
任务 3：事件处理的应用 …… 194
任务 4：绘制图形和辅助类的应用 …… 195
9.10 学习效果评估 …… 195

第 10 章 输入输出流 …… 200
10.1 输入输出流 …… 201
10.1.1 输入流和输出流 …… 201
10.1.2 字节流和字符流 …… 201
10.2 标准输入输出流 …… 202
10.2.1 标准输出流 …… 203
10.2.2 标准输入流 …… 204
10.3 文件管理 …… 206
10.3.1 File 类 …… 206
10.3.2 获取文件属性 …… 207
10.3.3 获取文件夹中的文件列表 …… 208
10.3.4 创建、删除文件 …… 209
10.4 读写文件 …… 209
10.4.1 读取文件内容 …… 209
10.4.2 向文件写入内容 …… 210
10.5 实训任务——输入输出实践 …… 211
任务 1：记事本 …… 211
10.6 学习效果评估 …… 212

第 11 章 多线程 …… 214
11.1 什么是线程 …… 214
11.1.1 线程与进程 …… 214
11.1.2 线程 Thread 类 …… 215
11.2 创建自己的线程 …… 216
11.2.1 通过 Thread 类创建线程 …… 216
11.2.2 通过 Runnable 接口创建线程 …… 217
11.3 线程的控制与状态 …… 218
11.3.1 线程的控制 …… 218
11.3.2 线程的状态 …… 220
11.4 线程的优先级 …… 220
11.5 线程的同步问题 …… 221
11.5.1 什么是同步问题 …… 221
11.5.2 同步锁 …… 223
11.5.3 死锁问题 …… 224
11.6 实训任务——多线程实践 …… 225
任务 1：赌马游戏 …… 225
11.7 学习效果评估 …… 227

第 12 章　网络编程 …… 228
12.1　网络基础知识 …… 228
12.1.1　网络标识 …… 228
12.1.2　端口 …… 229
12.2　URL 类 …… 229
12.3　InetAddress 类 …… 230
12.4　Socket 编程 …… 231
12.4.1　ServerSocket 服务器端 …… 231
12.4.2　Socket 客户端 …… 233
12.4.3　多客户端通信的实现 …… 234
12.5　实训任务——Socket 编程实践 …… 235
任务 1：聊天程序 …… 235
12.6　学习效果评估 …… 236

第 13 章　Java 连接数据库编程 …… 239
13.1　JDBC 简介 …… 240
13.1.1　JDBC 驱动器 …… 240
13.1.2　JDBC 访问数据库的流程 …… 241
13.2　数据库连接实例 …… 243
13.2.1　SQL Server 数据库的访问 …… 243
13.2.2　MySQL 数据库的访问 …… 246
13.3　实训任务——数据库编程 …… 248
任务 1：数据库基本操作 …… 248
13.4　学习效果评估 …… 248

第 14 章　酒店房间管理系统项目实训 …… 250
14.1　系统功能和流程分析 …… 250
14.2　数据库设计 …… 250
14.3　酒店房间管理系统实施 …… 252
14.3.1　数据库连接 …… 252
14.3.2　登录模块 …… 253
14.3.3　用户管理模块 …… 261
14.3.4　管理员模块 …… 273

参考文献 …… 280

第 1 章　Java 概述

学习要求

通过本章的学习，读者能够了解 Java 语言在实际应用中的优势，了解 Java 的常用开发工具，掌握 Java 应用程序的简单实例，掌握如何运行 Java 应用程序。

知识要点

- Java 语言的发展史；
- Java 语言的特点；
- Java 的常用开发工具；
- 简单的 Java 应用程序的编写。

教学重点与难点

(1) 重点：

- Java 语言的特点；
- JDK 的使用；
- 简单的 Java 应用程序。

(2) 难点：简单的 Java 应用程序的结构组成。

Java 是最具代表性的高级程序设计语言之一。本章将介绍 Java 语言的发展史、Java 的特点，以及常用的 Java 开发工具，并以一个简单的应用程序为例，介绍 Java 程序执行的步骤。

1.1　什么是 Java

Java 是一种面向对象的程序设计语言，由 Sun Microsystems 公司的 James Gosling 等人于 20 世纪 90 年代初开发。它最初被命名为 Oak，用来开发消费类电子产品，解决诸如电话、电视机等家用电器的控制和通信问题。后来随着互联网的发展，Sun 看到了 Oak 在计算机网络上的广阔应用前景，于是改造了 Oak，在 1995 年 5 月正式命名为 Java，如图 1.1 所示。

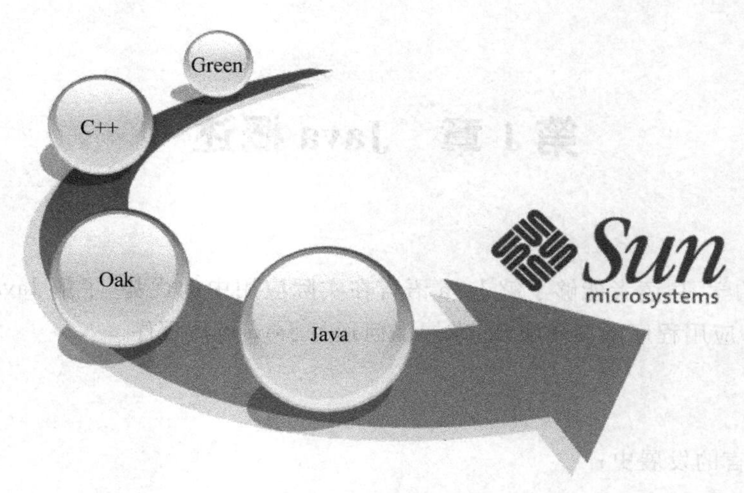

图 1.1　Java 简史

1.2　Java 的特点

Java 伴随着互联网的蓬勃发展已逐渐成为重要的网络编程语言，是一种简单、动态、面向对象、分布式、解释执行、健壮、安全、结构中立、可移植、高效能、具有多线程能力的新一代语言。

1. 面向对象

对象可以是人们研究的任何实体，小到一个原子大到整个宇宙均可看作对象，它不仅能表示具体的事物，还能表示抽象的规则、概念等。对象之间通过消息相互作用，用公式表示，面向对象编程语言可以表示为：程序＝对象＋消息。现实世界中的对象均有属性和行为，映射到计算机程序上，属性就表示对象的数据(用来表示对象的状态)，行为就表示对象的方法(用来处理数据或同外界交互)。

所有面向对象编程语言都支持三个概念：封装、继承和多态，Java 也不例外。封装、继承和多态的概念将在第 6 章和第 7 章中详细介绍。

2. 健壮性

Java 在编译和运行程序时要对可能出现的异常进行检查。并且，Java 提供自动垃圾收集机制来进行内存管理。同时，Java 在编译时还可捕获类型声明中的许多常见错误。

3. 安全性

Java 不支持指针，避免了由于指针操作所引起的错误和非法入侵。同时，Java 在运行应用程序时，严格检查其访问数据的权限，保证数据的可靠性。

4. 平台无关性

Java 主要靠 Java 虚拟机(JVM)实现平台无关性。首先，由 Java 编译器编译生成了与体系结构无关的字节码文件；然后，由 Java 解释器来解释执行该字节码文件。任何一台机器只要配备了 Java 解释器，就可以运行该程序，而不管这种字节码是在何种平台上生成的。

5. 可移植性

根据 Java 的平台无关性这一特征，可以将 Java 系统移植到不同的处理器和操作系统。

Java 的编译器是由 Java 语言实现的，解释器是由 Java 语言和标准 C 语言实现的，因此可以较为方便地进行移植工作。

6. 分布式

分布式包括数据分布和操作分布。数据分布是指数据可以分散在网络的不同主机上，对于数据分布，Java 提供了一个 URL 对象；操作分布是指把一个计算分散在不同主机上处理，Java 的客户端/服务器模式可以把运算从服务器分散到客户一端。另外，Java 提供的一整套网络类库也为开发人员方便地实现 Java 的分布式特性提供了便捷。

1.3 Java 开发工具

1.3.1 编辑工具

Java 的开发工具可以分成三大类，包括文本编辑器和集成开发工具。下面给大家介绍几种常用的开发工具。

1. 文本编辑器

这类工具只提供了文本编辑功能，能进行多种编程语言的开发，如 C、C++ 和 Java 等。除了使用记事本这一工具外，UltraEdit 和 EditPlus 这两种编辑器也是其中的代表。

2. 集成开发工具

Java 的集成开发环境（Integrated Development Environment，IDE）目前已有很多种。所谓 IDE，就是把编辑、编译、调试及运行集成在一个开发环境中的软件，并且还增加了许多提高开发效率的实用功能，比如界面设计功能、自动编译、错误提示、设置断点、单步调试、在 IDE 内部显示运行结果等功能。这类工具是 Java 开发工具的发展趋势，不仅为需要集成 Java 和 J2EE 的开发者或开发团队提供了 Java 的集成开发环境，而且提供了对 Web Applications、Servlets、JSPs、EJBs、数据库访问和企业应用的强大支持。

常见的 Java 集成开发环境有：

- Borland 的 JBuilder；
- Oracle 的 JDeveloper；
- Eclipse。

下面主要介绍 Eclipse 和 JBuilder。

1）Eclipse

Eclipse 是一个开放源代码的、可扩展的集成开发环境。IBM 公司捐出价值 4000 万美元的源代码组建了 Eclipse 联盟，并由该联盟负责这种工具的后续开发。虽然 Eclipse 本质上只是一个框架和一组服务，用于通过插件组件构建开发环境，但它的发展目标不仅仅是成为专门开发 Java 程序的 IDE 环境。根据 Eclipse 的体系结构，通过开发插件，它能扩展到任何语言的开发。另外，由于 Eclipse 是一个开源项目，任何人都可以下载 Eclipse 的源代码，并在此基础上开发自己的功能插件，所以 Eclipse 成为业界非常受欢迎的 Java 开发工具（见图 1.2）。

2）JBuilder

JBuilder 由 Borland 公司开发，也是目前非常流行的 Java 集成开发工具之一（见图 1.3），在

图 1.2　Eclipse 开发工具

协同管理、对 J2EE 和 XML 的支持等方面均走在同类产品的前列。JBuilder 可以集成多种应用服务器，使 Web 开发更容易；拥有专业化的图形调试界面，支持远程调试和多线程调试；提供更简单的程序发布功能，所有的应用都可以打包；同时，提供了团队开发能力，可以集成多种版本控制产品。

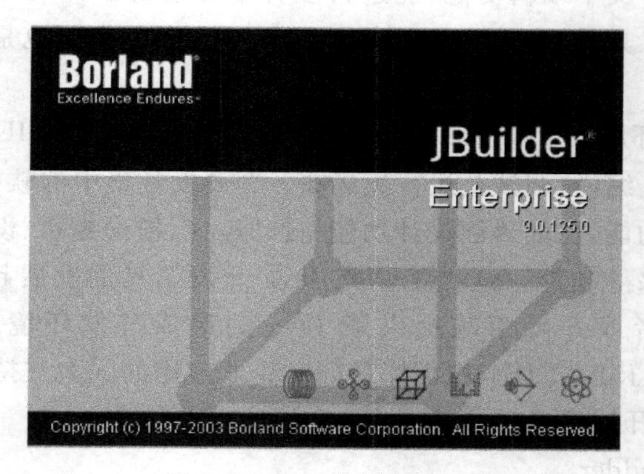

图 1.3　JBuilder 开发工具

1.3.2　JDK

JDK(Java Development Kit)是整个 Java 的核心，包括 Java 运行环境 JRE(Java Runtime Environment)、Java 基础类库和一系列 Java 工具。掌握 JDK 是学好 Java 的第一步。

JDK 中常用工具包括：

- javac：Java 语言编译器，负责将 Java 源代码(.java)文件编译为字节码(.class)文件。
- java：Java 语言解释器，负责执行 Java 字节码(.class)文件。
- javadoc：Java 语言文档生成器，负责将源程序中的注释提取成 HTML 格式文档。
- jdb：Java 调试工具，可以逐行执行代码，设置断点和检查变量，是调试程序、查找错误的有效工具。

JDK 安装完成后，会在安装路径下的 bin 目录找到这些工具，它们都是可执行文件，如图 1.4 所示。

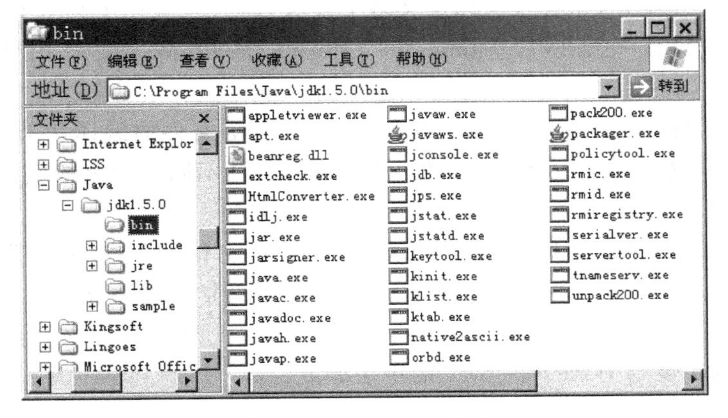

图 1.4　JDK 的 bin 目录

Java 文件编辑、编译并运行的过程如图 1.5 所示。

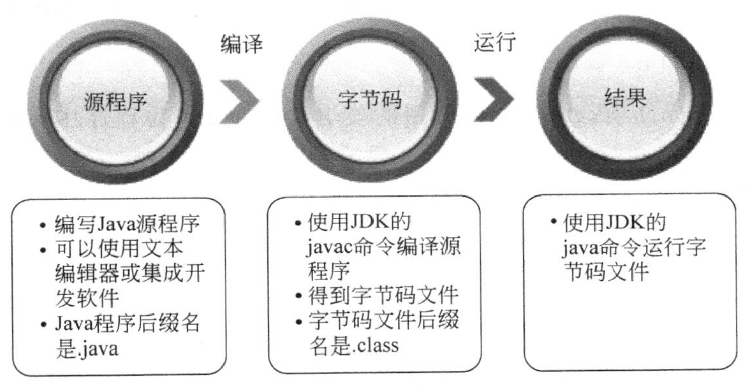

图 1.5　编辑、编译及运行 Java 程序的过程

1.4　第一个程序

Java 程序可以分为 Java 应用程序(Java Application)和 Java 小程序(Applet)两种。这里只介绍简单 Java 应用程序实例，并对其进行分析。

例 1.1　第一个 Java 应用程序 HelloWorld.java。

```
public class HelloWorld {
    public static void main(String args[]){
        System.out.println("Hello World!");
    }
}
```

例 1.1 中定义一个类 HelloWorld，在该类中定义了一个 main 方法。对于一个应用程序来说，main 方法是必需的，而且必须按照如上的格式来定义。有关类和方法的概念将于

第5章中详细描述。

Java解释器在没有生成任何实例的情况下，以main方法作为入口来执行程序。Java程序中可以定义多个类，每个类中可以定义多个方法，但只能有一个类有main方法。在该例中，main方法中只有一条语句System.out.println("Hello World!")，用来实现字符串的输出。

运行Java应用程序包括三步：Java代码的编写、Java文件的编译和Java程序的执行。Java首先将源代码文件编译成字节码文件，然后依赖各种不同平台上的虚拟机来解释执行字节码，从而实现了"一次编译、处处执行"的跨平台特性。

(1) Java代码的编写。Java源程序文件可以使用任何文本编辑器进行编辑，如Windows记事本、UltraEdit和EditPlus等，源程序文件的扩展名为java。

(2) Java文件编译。编译过程由javac命令来完成，它将源程序文件编译成字节码文件，字节码文件的扩展名为class。javac的用法如下：

```
javac [options] sourcefiles
```

options为命令行选项；sourcefiles为一个或多个要编译的java源文件。

(3) Java程序的执行。Java程序的执行由解释器java命令完成，使用方法如下：

```
java [options] class [argument]
```

options为命令行选项；class为被调用的类名；argument为程序中main方法使用的参数。

Java程序运行过程如图1.6所示。

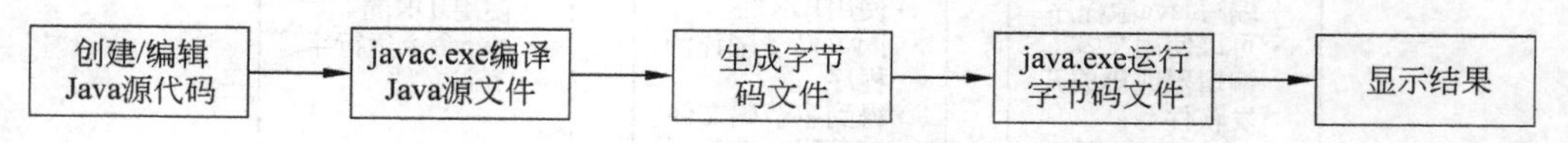

图1.6　Java程序创建、编译和运行过程

现在按照图1.6演示的过程来运行例1.1的程序。首先把代码存放到一个名为HelloWorld.java的文件中，并把该文件保存到相应磁盘中(比如在D盘根目录下)。这里，文件名应与类名相同，因为Java解释器要求公共类必须放在与其同名的文件中。然后对它进行编译：

```
D:\>javac HelloWorld.java
```

编译的结果是生成字节码文件HelloWorld.class。最后用Java解释器来运行该字节码文件：

```
D:\>java HelloWorld
```

本程序的作用是在屏幕上显示"Hello World!"，效果如图1.7所示。

图1.7　HelloWorld的运行结果

【总结与提示】

(1) Java语言具有简单、面向对象、解释型、健壮性、安全性、平台无关、可移植性、分布式、高性能、多线程、动态性等特征。

(2) Java程序可分为Java应用程序和Java小程序两种。

(3) 一个Java文件可以写多个类,但是只有一个类才能有main()方法。

(4) main()方法是应用程序的运行入口,不能随意更改main方法名。

(5) public的类名必须与其文件名相同。

1.5 学习效果评估

1. 选择题

(1) 编译Java应用程序源文件将产生相应的字节码文件,字节码文件的扩展名为(　　)。

A. java　　B. class　　C. html　　D. exe

(2) Java源程序文件的扩展名为(　　)。

A. java　　B. class　　C. html　　D. exe

(3) 编译Java源代码(.java)文件的工具为(　　)。

A. javac　　B. java　　C. javadoc　　D. jdb

(4) 执行Java字节码(.class)文件的工具为(　　)。

A. javac　　B. java　　C. javadoc　　D. jdb

(5) main方法是JavaApplication程序执行的入口点,关于main方法头,(　　)是合法的。

A. public static void main()

B. public static void main(String args[])

C. public static int main(String[] arg)

D. public void main(String args[])

(6) 下列说法错误的是(　　)。

A. main( ) 方法是Java应用程序的运行入口

B. 一个Java文件可以写多个类,但是只有一个类才能有main( )方法

C. public修饰的类名不一定与Java文件名相同

D. Java程序可分为Java应用程序和Java小程序两种

(7) 下面正确的main方法是(　　)。

A. public static void main(String args)

B. public static int main(String[] args)

C. public static void main(String[] args)

D. public final void main(String args)

2. 简答题

(1) Java语言的特点有哪些(至少列举5个)?

(2) Java源文件的扩展名是什么? 字节码文件的扩展名是什么?

(3) 编译Java程序的命令是什么? 运行Java程序的命令是什么?

第 2 章　Java 开发环境

学习要求

开发工具是实现 Java 程序设计的手段，本章将对其进行探讨。通过本章的学习应该能够掌握 Eclipse 的用法，并能使用 Eclipse 编写简单的 Java 应用程序。

知识要点

- Eclipse 简介；
- Eclipse 的安装；
- Eclipse 界面；
- 使用 Eclipse 创建 Java 项目。

教学重点与难点

重点：使用 Eclipse 创建 Java 项目。

实训任务

任务代码	任务名称	任务内容	任务成果
任务 1	JDK 的安装	安装 JDK	搭建 Java 编译及运行环境
任务 2	Eclise 的安装及使用	安装 Eclipse，并创建 Java 项目	搭建 Java 开发集成环境

【项目导引】

支持 Java 的集成开发环境有很多，Eclipse 因为其开源、免费的优势，是所有开发工具中使用最广泛的一种。本章学习 Eclipse 软件的基本安装及使用方法。本章学习结束后可以协助完成产品管理系统中开发及运行测试环境的搭建。表 2.1 列出本章知识在项目中的应用。

表 2.1　本章知识在项目中的应用

序　号	子项目名称	本章技术支持
1	开发及运行环境搭建	集成环境的搭建
2	基础知识准备	
3	面向对象设计与实现	
4	容错性的设计与实现	
5	图形用户界面的设计与实现	
6	数据库的设计与实现	

2.1 Eclipse 简介

Eclipse 是一个开放源码的、基于 Java 的可扩展平台。就其本身而言，它只是一个框架和一组服务，用于通过插件组件构建开发环境。幸运的是，Eclipse 附带了一个标准的插件集，包括 Java 开发工具(Java Development Tools，JDT)。Eclipse 平台定义了一个开放式体系结构，任何插件开发者都可以在扩展点上添加各种功能。Eclipse 软件旨在简化用于多操作系统软件工具的开发过程，它被设计成可以在多个操作系统上运行，基于 Eclipse 的软件在 Linux 和 Windows 系统上都可以运行，因此可以省去开发者有时要把 Windows 应用程序切换到 Linux 的操作，进而简化了整个开发过程。同时 Eclipse 还提供了与每个底层操作系统的强大集成。

Eclipse 的前身就是 IBM 的 Visual Age for Java(VA4J)。IBM 把这个项目免费赠送给 Eclipse 社团(www. eclipse. org)。Eclipse 社团的合作人还包括 Borland、Rational Software、Red Hat 和 Oracle 等公司。如今，IBM 通过其研发机构 Object Technologies International(OTI)，继续领导着 Eclipse 的开发。

2.2 Eclipse 的安装

安装 Eclipse 软件前，要确保已经成功安装了 JDK 工具。Eclipse 是可以免费使用的软件，可以从 Eclipse 的官方站点 http：//www. eclipse. org 上下载。

在浏览器上打开网页地址 http：//www. eclipse. org，在首页上找到下载(download)菜单，下载最新的 eclipse-SDK-3. X. X-win32. zip(本书编写完成时 Eclipse 最新版本是 3. 4. 2)。Eclipse 软件不需要安装，下载完成后将 eclipse-SDK-3. X. X-win32. zip 压缩文件直接解压到自己喜欢的路径下，如 D：\eclipse 下面。建议大家不要解压到系统盘“C：\”下面，以免在重新安装系统的时候丢失 Eclipse 工具。

解压后进入 eclipse 目录，运行 eclipse. exe 文件，即可启动 Eclipse 软件。

图 2.1 是第一次运行 Eclipse 的初始欢迎界面，单击标签上的×按钮直接关闭即可，随

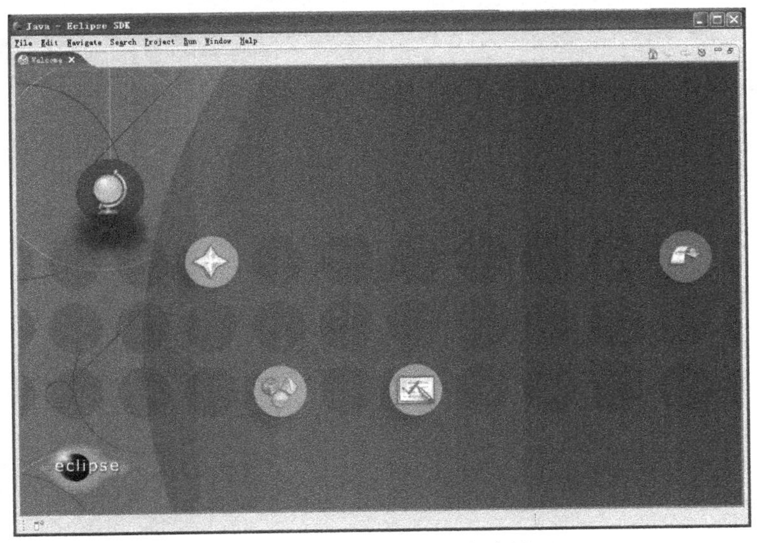

图 2.1　Eclipse3. 2. 2 的启动界面

即就可以进入到 Eclipse 的主界面。

2.3 Eclipse 界面

2.3.1 选择工作空间界面

当第一次运行 Eclipse 软件时，会遇到图 2.2 所示的窗口界面。

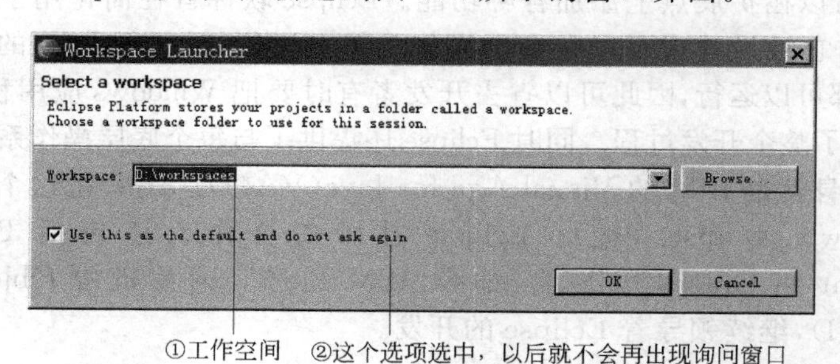

图 2.2 设置 Workspace 的窗口

这个窗口的功能是让开发者选择一个工作空间(Workspace)，或者叫工作目录。如果输入的工作目录在计算机上并不存在，那么 Eclipse 会自动为用户创建一个目录。以后在 Eclipse 上开发的项目及代码都会放在这个 Workspace 中，因此建议大家将 Workspace 放在非系统盘下，以避免重装系统而丢失代码。

在选中了 Workspace 窗口下面的复选框后，会将所选择的工作目录作为默认的工作空间，以后再运行 Eclipse 也不会出现这个窗口进行询问了。

2.3.2 Eclipse 的主界面

Eclipse 的主界面如图 2.3 所示。

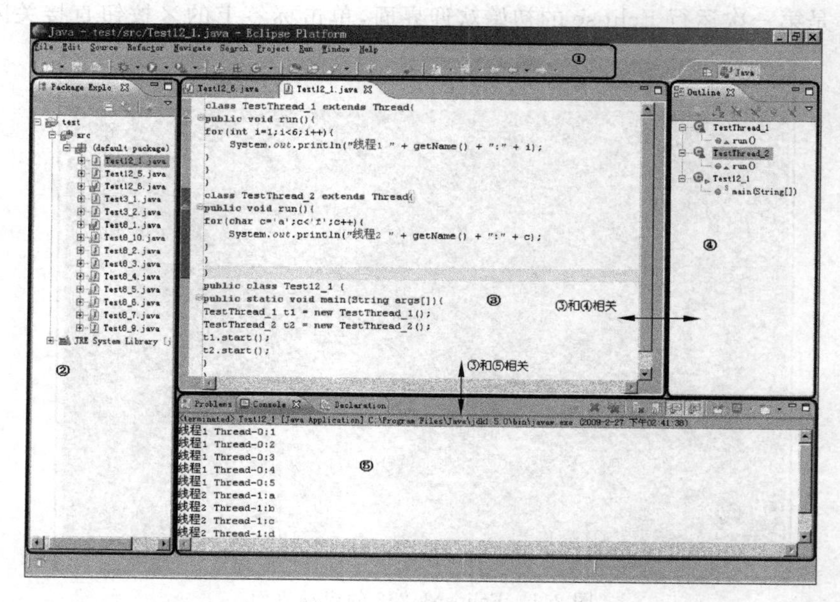

图 2.3 Eclipse 主界面

主要框架部分介绍如下：

① 菜单栏和工具栏。

② Package Explorer：树状的项目导航视图，在这里可以清晰地看到项目列表以及项目下的包、文件夹、文件列表以及它们的层次关系。可以在这里通过右键快捷菜单来实现文件、包及文件夹的创建、复制、删除、重命名、刷新列表等操作。

③ 文本编辑窗口：在这个视图里，以文本编辑的方式打开 Java 代码，可以进行编辑修改，并可以通过右键快捷菜单来实现运行、调试等功能。默认情况下，Eclipse 支持自动编译的功能。也就是说，在保存文件的同时，Eclipse 就会对其进行编译。

④ Outline 视图：文件的大纲视图，在这里可以看到窗口③中被打开文件的类、属性和方法等成员的结构。

⑤ Console 视图：控制台视图，当窗口③中被打开文件执行时，输出的信息就在这里显示。

提示：

(1) 如果某些视图在 Eclipse 界面中没有看到，那么可以通过菜单 Window(窗口)→show view(显示视图)来选择要显示的视图。

(2) 如果某些视图不在自己习惯的位置，可以通过拖曳鼠标来改变它们的位置和大小。

(3) 图 2.3 中的双向箭头代表在双向箭头的位置可以任意拖曳鼠标，从而改变各窗口和视图的大小。

2.4 使用 Eclipse 创建 Java 项目

2.4.1 创建项目

创建项目可以进行如下操作：

(1) 选择菜单栏中的 File(文件)→New(新建)→Project(项目)命令。如果看不到 Project 这个菜单，可以在 Others(其他)中找到。或者单击工具栏按钮右面那个向下的黑色三角按钮，选择 Project(项目)菜单。

(2) 打开 New Project 窗口后，选择 Java Project 项目类型，然后单击 Next 按钮，如图 2.4 所示。

(3) 进入 New Java Project 窗口后，输入项目名，然后单击 Finish 按钮(见图 2.5)，就创建了一个 Java 项目。

(4) 创建项目后，在 Package Explorer 视图(主界面左侧)中会看到一个新的 Java 项目——MyFirst，如图 2.6 所示。

2.4.2 创建 Java 文件

创建好项目后，就可以在项目下创建 Java 代码文件了。

(1) 在 Package Explorer 视图中右键单击 MyFirst 项目，从弹出的快捷菜单中选择 File→New→Class(类)命令。或者选中项目后，单击工具栏按钮右面那个向下的黑色三角按钮，选择 Class 菜单。

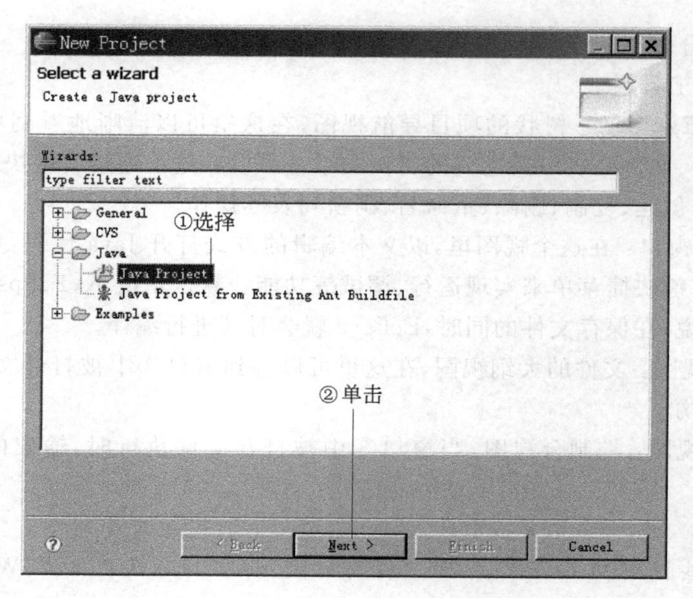

图 2.4　New Project 界面

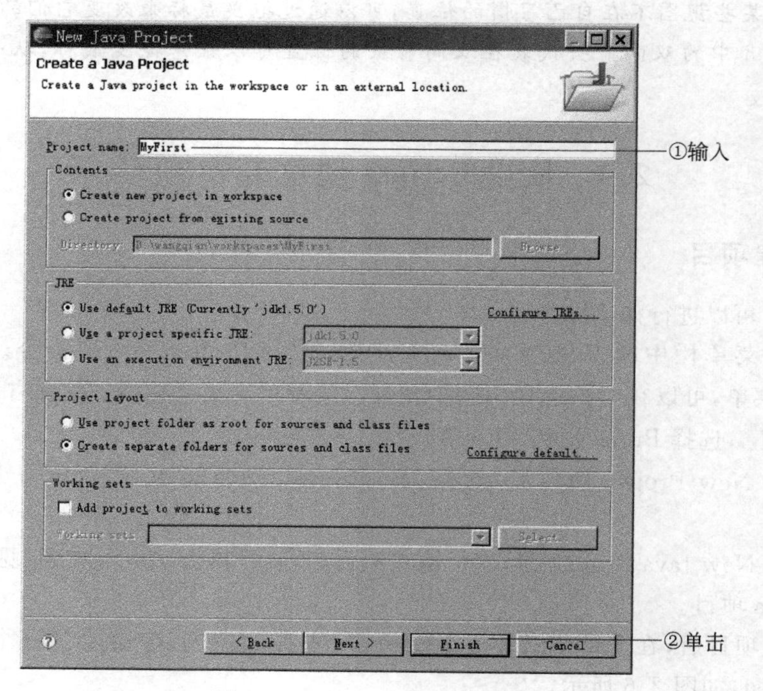

图 2.5　New Java Project 界面

图 2.6　Package Explorer 视图

(2) 进入 New Java Class 窗口，输入类名，然后单击 Finish 按钮，如图 2.7 所示。

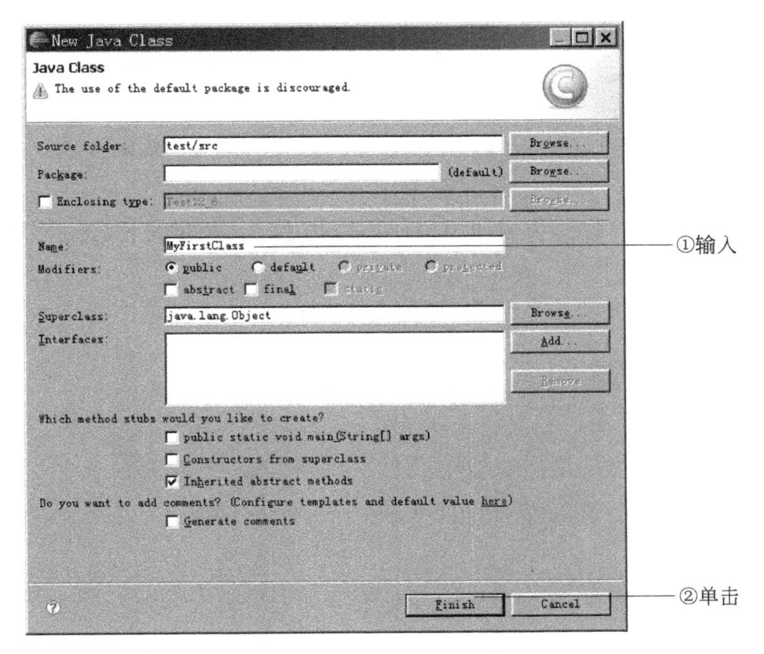

图 2.7　New Java Class 界面

(3) 在 Package Explorer 视图中看到 MyFirst 项目下有了一个新的 Java 文件——MyFirstClass.java，如图 2.8 所示。

2.4.3　编辑 Java 文件

在编辑页面中输入代码。当对该文件做了更改后，文件名前会有一个"*"号，表示文件已更改但未保存。保存文件后，这个符号就会消失，默认情况下保存文件的同时对程序进行编译。

保存文件的方式有三种：

(1) 选择 File→Save(保存)命令。

(2) 单击菜单栏中的按钮。

(3) 按 Ctrl+S 组合键。

在 Eclipse 中，一般情况下是自动编译 Java 文件的，也就是说保存 Java 文件的同时，Eclipse 就编译了该文件，如图 2.9 所示。

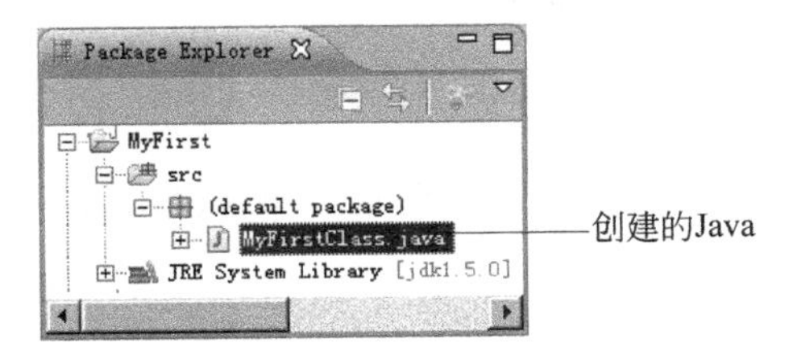

图 2.8　创建一个 Java 文件 MyFirstClass.java

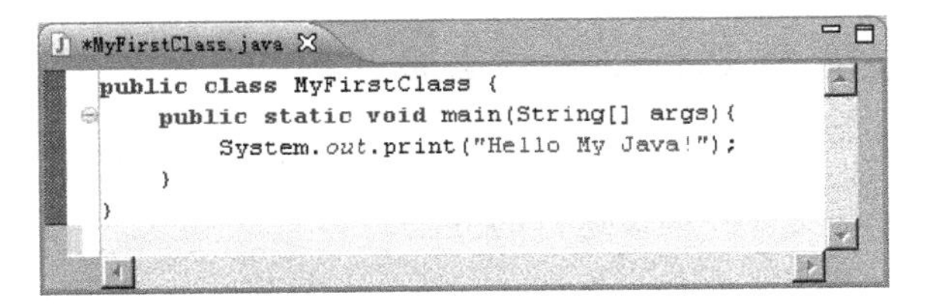

图 2.9　编辑 Java 文件 MyFirstClass.java

2.4.4 运行 class 文件

编辑并编译了 Java 文件后，还可以在集成环境 Eclipse 中运行测试 Class 文件。启动运行的方式有两种：

(1) 在编辑页面中单击鼠标右键，从弹出的快捷菜单中选择 Run As(运行为)→Java Application(Java 应用程序)命令运行该程序。

(2) 单击工具栏按钮 右面那个向下的黑色三角按钮 ，选择 Run As→Java Application 命令运行该程序。

在 Console 视图中会看到运行结果，如图 2.10 所示。

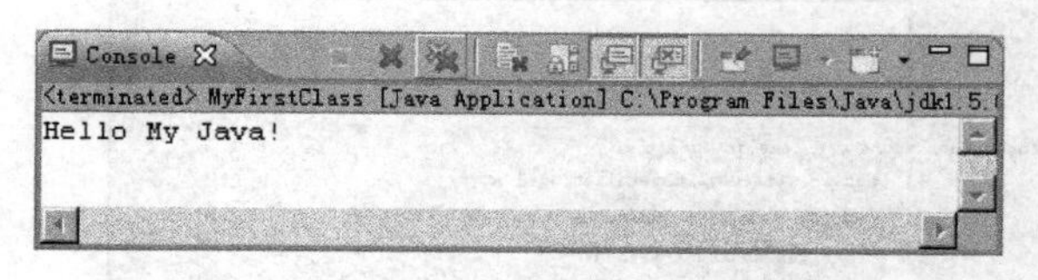

图 2.10　MyFirstClass. class 的运行结果

【总结与提示】

(1) 如果某些视图在 Eclipse 界面中没有看到，那么可以通过菜单 Window(窗口)→show view(显示视图)来选择要显示的视图。

(2) 如果某些视图不是在习惯的位置，可以通过鼠标拖曳来改变它们的位置和大小。

(3) 如果在"新建"菜单里没有找到要创建的菜单项，可以从 Others 菜单中查找。

(4) Eclipse 支持自动编译的功能，就是说 Java 文件保存时，Eclipse 会自动编译它。

(5) 在 Eclipse 中更改文件后，文件标题处会有一个 * 号，提醒用户没有保存文件，保存后这个符号将消失。

2.5 实训任务——Java 开发及运行环境的搭建

任务 1：JDK 的安装

目标：通过安装 JDK，了解 Java 编译及运行的命令，了解 JDK 的安装目录结构。

内容：

(1) 运行 JDK 安装可执行文件，建议按照默认配置安装。

(2) 在资源管理器中查看 JDK 安装后的目录结构及文件，如图 2.11 所示。

任务 2：Eclipse 的安装及使用

目标：安装 Eclipse，熟悉 Eclipse 的运行界面，掌握使用 Eclipse 创建 Java 项目、编写 Java 文件并编译运行的方法。

内容：

(1) 解压 Eclipse 压缩包，进行安装，建议安装到非系统盘下，并设置默认工作目录(WorkSpace)。

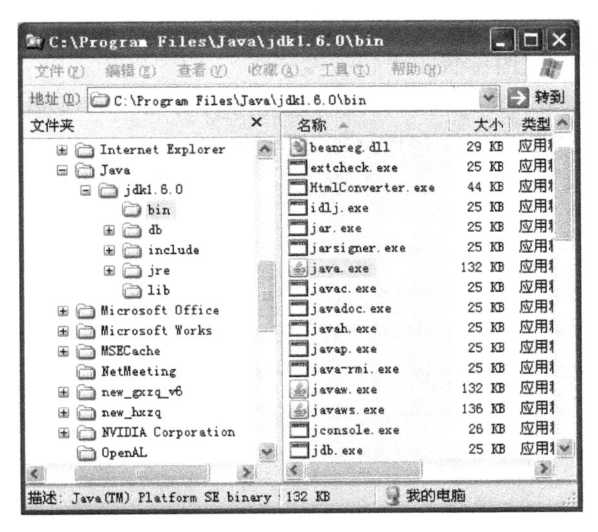

图 2.11　JDK 安装目录

(2) 在 Eclipse 下创建 Java 项目 MyTest。

(3) 在项目 MyTest 下面创建 Class 文件 MyClass.java，在程序中输出自己的名字，如图 2.12 所示。

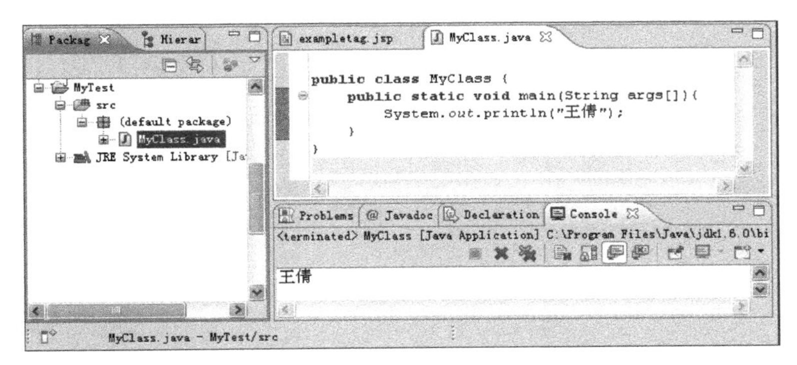

图 2.12　Eclipse 下的 Java 项目

2.6　学习效果评估

选择题

(1) 下列有关 Eclipse 的说法错误的是(　　)。

A. Eclipse 支持自动编译的功能，当 Java 文件保存时，Eclipse 会自动编译它

B. 在 Eclipse 中更改文件后，文件会自动保存

C. 如果某些视图不在习惯的位置，可以通过鼠标拖曳来改变它们的位置和大小

D. 创建 Java Project 后，可以在项目中创建自己的 Java 文件并运行

(2) 下列关于 Eclipse 的说法正确的是(　　)。

A. Eclipse 支持自动编译的功能，当 Java 文件保存时，Eclipse 会自动编译它

B. 在 Eclipse 中更改文件后，文件会自动保存

C. Eclipse 中的视图位置不可以改变

D. 创建 Java Project 之前就可以创建自己的 Java 文件并运行

(3) 在使用 Eclipse 开发 Java 程序之前，必须安装(　　)。

A. 文本编辑工具　　B. JDK　　C. JBuilder　　D. JDeveloper

第3章　Java语言基础

学习要求

高级程序设计语言中一般都允许程序员使用标识符来命名程序中用到的语法单位，Java语言也有自己的命名规则。本章首先介绍Java语言中的基本数据类型、变量等的命名规则、数据类型间的转换原则以及运算符的使用。同时，程序流程控制语句在程序设计中占据着重要的地位，本章将对其进行探讨。通过本章的学习应该能够了解Java控制语句的概念，掌握条件语句、循环语句和跳转语句的用法，并能使用Java控制语句解决简单的数学问题和实际应用问题。

知识要点

- 基本数据类型；
- 变量；
- 数据类型的转换；
- 运算符和表达式；
- 条件语句；
- 循环语句；
- 跳转语句。

教学重点与难点

(1) 重点：

- 基本数据类型；
- 数据类型的转换；
- 条件语句的使用；
- 循环语句的使用。

(2) 难点：

- 数据类型的转换；
- 跳转语句的使用。

实训任务

任务代码	任务名称	任务内容	任务成果
任务1	条件语句的使用	if语句及switch语句的练习	使用条件语句实现程序流程控制
任务2	循环语句的使用	for语句、while语句及do-while语句的练习	使用循环语句实现程序流程控制
任务3	跳转语句的使用	continue语句及break语句的练习	使用跳转语句实现程序流程控制

【项目导引】

本章学习Java语言中的数据类型、标识符规则及运算符的使用以及程序设计语言的三种控制结构：条件、循环和跳转。本章学习结束后，可以协助完成产品管理系统中程序流程控制的设计及代码编写。表3.1列出了基础知识在项目中的应用。

表3.1　基础知识在项目中的应用

序号	子项目名称	本章技术支持
1	开发及运行环境搭建	
2	基础知识准备	基本语法及数据结构 流程控制的设计与实现
3	面向对象设计与实现	
4	容错性的设计与实现	
5	图形用户界面的设计与实现	
6	数据库的设计与实现	

3.1　基本数据类型

在现实生活中，数据是以多种形式存在的，比如数字、文字、图形和声音等形式。在计算机的世界中，使用数据类型来描述这些不同的数据，在Java语言中定义了以下基本数据类型：

- 字符型；
- 布尔型；
- 数值型：
  - ◆ 字节型；
  - ◆ 短整型；
  - ◆ 整型；
  - ◆ 长整型；
  - ◆ 单精度浮点型；
  - ◆ 双精度浮点型。

每个数据类型都有取值范围，编译器会对每种数据类型分配相应大小的存储空间。下面来详细介绍一下这8种基本数据类型。

3.1.1　字符数据类型

字符数据类型用于存放单个字符，每个字符占用2个字节(16位二进制)的内存空间。一个字符型数据由单引号括起来，使用char关键字来说明数据类型，语法如下：

```
char letter='a';
```

上面的语句中，把字符'a'赋值给变量letter。

提示：

(1) 字符型只表示一个字符，不能表示多个字符，比如'abc'是错的。

(2) 字符型只能用单引号(')括起来，用双引号(")括起来的不是字符而是字符串(String)，比如"a"表示的不是 char 型字符，而是 String 型字符串。

Java 还允许使用转义字符来表示特殊字符。转义字符用斜杠“\”打头，后面跟一个字符。常见的转义字符如表 3.2 所示。

表 3.2　常见的转义字符

名　称	转义字符	说　明	名　称	转义字符	说　明
退格键	\b	表示一次退格	斜杠	\\	表示斜杠
Tab 键	\t	表示一个 Tab 空格	单引号	\'	表示单引号
换行符	\n	表示换行	双引号	\"	表示双引号
Enter 键	\r	表示回车			

转义字符用在一些特殊字符的表示上，例如下面代码：

```
String str1="\"我在双引号里\"";←——这里有转义字符\"
String str2="我没有双引号";
```

那么字符串 str1 的值就是："我在双引号里"，字符串 str2 的值就是：我没有双引号。字符串 str1 中的双引号就是通过转义字符(\")来实现的。

3.1.2　布尔数据类型

布尔数据类型由关键字 boolean 来表示，布尔型数据的值域只有两个值：true 和 false。例如下面两行代码：

```
boolean  isOK=true;
boolean  isFirst=false;
```

提示：

(1) true 和 false 都是小写，True、TRUE、False 和 FALSE 都不是布尔型数据的值。

(2) 布尔型数据不能用数字 0 和 1 来表示真假，只能用 true 和 false。

(3) 布尔型数据默认值是 true。

3.1.3　数值数据类型

前面提到，Java 有 6 种数值数据类型，表 3.3 列出了它们的类型及值域范围，其中前 4 种只能表示整型数据。

Java 编译器为不同的数据类型开辟不同大小的内存空间，比如 byte 型数据就占据 1 个字节的长度，int 型数据就占据 4 个字节的长度。数据值要符合数据类型的值域，下面的两行代码就是错误的：

```
byte b=200;                    //值 200 超出范围了
int i=3.657;                   //非整型数据
```

表 3.3　数值数据类型

类型	说　明	值　域	占空间大小
byte	字节型	－128～127	1个字节(8位二进制)
short	短整型	－32 768～32 767	2个字节(16位二进制)
int	整型	－2 147 483 648～2 147 483 647	4个字节(32位二进制)
long	长整型	$-9\times10^{18}\sim9\times10^{18}$	8个字节(64位二进制)
float	单精度浮点型	$-3.4\times10^{38}\sim3.4\times10^{38}$	4个字节,精度约为7位
double	双精度浮点型	$-1.7\times10^{308}\sim1.7\times10^{308}$	8个字节,精度约为17位

提示:

(1) 带小数的数据默认是double型而非float型的。

(2) 定义float型数据需要后面紧跟f或F来表示,比如float f=2.1f。

(3) 定义长整型数据,可以后面紧跟l或L来表示。

3.2 变　量

变量(Variable)是用来存储数据的一块存储区域,在程序运行中它的值可以发生变化。变量可以存放一种数据类型的值,Java程序在运行加载时会根据变量的不同数据类型来分配不同的内存空间,变量的数据类型在声明时指定。

3.2.1 变量的声明

一个变量只有在声明后才有效,声明的作用就是确定该变量要存储的数据类型。声明变量的语法格式如下:

```
数据类型 变量名;
```

如果要同时声明多个相同数据类型的变量,可以如下写:

```
数据类型 变量名1,变量名2;
```

代码举例如下:

```
int number,max;←──数据类型在前面,变量名在后
boolean isOK;
```

3.2.2 标识符

在Java语言中,通过标识符来表示一些元素的名字,比如变量名、类名、方法名和包名等。Java中的标识符要符合下面的规则:

(1) 标识符必须由字母、下划线(_)、数字或美元($)组成;

(2) 标识符必须以字母、下划线(_)或美元($)开头,不能由数字开头;

(3) 标识符不能是关键字(关键字见附录1)。

(4) 标识符没有长度限制。

例如，A_123、$ abc 和 length 都是合法的标识符，而 1a、s+g 就是非法的标识符。

提示：

(1) Java 区分大小写，因此 area 和 Area 是两个不同的标识符。

(2) 为提高程序的可读性，建议使用有意义的命名标识符，如 area、length 等。

3.2.3 变量的赋值

只有被赋值的变量才能够被访问，否则就会出现运行错误。第一次给变量赋值叫“初始化”。使用等号“=”进行赋值，语法如下：

```
变量名=数据值;
```

例如：

```
int number;←——声明语句
number=1000;←——赋值语句
```

有的时候也可以把变量的声明和初始化合用一个语句实现，例如上面两行代码就可以改写成一行代码：

```
int number=1000;
```

每个已经声明了数据类型的存储变量只能存储对应类型的数据。如下代码是正确的：

```
boolean isFlag=true;
int ii=100;
double pi=3.14;
float speed=2.6f;
```

而如下代码是错误的：

```
boolean isFlag=100;  ┐
int ii=false;        ├←——数据类型和变量类型不匹配
float speed=2.6;     ┘
```

3.2.4 常量

在程序中往往会存在变量值不需要变化的情况，比如表示圆周率的变量、黄金分割点的变量，那么这些值不变的变量就叫常量。常量与变量相比，也是用来存储数据的一块存储区域，但是它在程序运行中值不会发生变化。在 Java 中，常量用关键字 final 来表示，它也是有数据类型的，语法如下：

```
final 数据类型 常量名=初始值;
```

提示：

(1) 常量在声明的时候必须初始化。

(2) 常量在初始化后值不能再更改，否则会引起错误。

例如：

```
final double PI=3.14;
```

3.3 数据类型的转换

在上面的代码例子中，已经看到会有数据类型与变量声明的类型不匹配的情况发生。Java是强类型语言，要求赋值或传递时数据类型必须匹配，可以利用Java提供的数据类型的转换来消除这种错误。

Java提供了两种数据类型的转换方式：自动转换和强制转换。

3.3.1 自动数据类型转换

在数值数据类型中了解到，不同类型的数据会占用不同大小的存储空间，那么数据类型自动转换的原则就是：小空间的数据类型可以自动转换成大空间的数据类型，也就是说低精度的数据可以升级成高精度的数据，反之不行。可以理解成高精度的数据转换成低精度的数据会失去数据的精度，所以能这样转换。数据类型的自动转换顺序如图3.1所示。

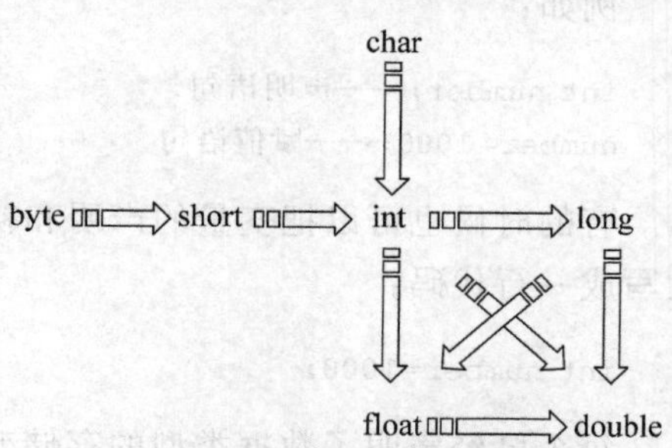

图3.1 数据类型自动转换顺序

3.3.2 强制数据类型转换

既然有些数据类型不能互相自动进行转换，那么Java提供了强制转换的方法，强制转换的语法就是用圆括号括起要转换成的目的数据类型。

```
(目的转换类型) 原转换类型数据;
```

例如：

```
int i=(int)2.8;←——double 型强制转换成 int 型
float f=(float)5.2;←——double 型强制转换成 float 型
```

提示：

(1) boolean型数据不能和其他基本数据类型进行转换。

(2) char型和int型数据可以互换。

3.4 运算符和表达式

在程序设计中经常会做一些运算，比如算术运算、关系运算和逻辑运算。Java语言中也使用了一些常见的运算符和表达式来进行运算，下面就介绍这些运算符和表达式。

3.4.1 算术运算符和表达式

算术运算是一种常见的运算，主要是对数值型数据进行加、减、乘、除等运算。表3.4列出了Java中的算术运算符。

表 3.4　算术运算符

运算符	名　称	例　子	运算符	名　称	例　子
+	加运算符	i+8	/	除运算符	i/8
-	减运算符	i-8	%	取模(取余)运算符	i%8
*	乘运算符	i*8			

算术表达式比较简单,用于进行算术运算。算术表达式的值都是数值型,例如下面代码:

```
int i=100;
int j=i+8;
int k=i*0.2;
```

3.4.2　关系运算符和表达式

关系运算又叫比较运算,用来对两个操作数进行大小、等于的关系比较。表 3.5 列出了关系运算符。

表 3.5　关系运算符

运算符	名　称	例　子	结　果
>	大于	1>2	false
>=	大于等于	1>=2	false
<	小于	1<2	true
<=	小于等于	1<=2	true
==	等于	1==2	false
!=	不等于	1! =2	true

关系表达式用于进行关系比较,关系表达式的值都是布尔型的,例如下面代码:

```
int i=10;
int j=16;
boolean smalli=i<j;
boolean equal=i==j;
boolean bigi=i>j;
```

提示:

(1) 关系表达式的结果都是布尔值,true 或 false。

(2) 比较相等的是双等号==,而不是一个等号=,一个等号=只能用来赋值。

3.4.3　逻辑运算符和表达式

逻辑运算又叫布尔运算,用来进行或、与的逻辑运算。逻辑运算的结果也是布尔值。表 3.6 列出了逻辑运算符。

表 3.6　逻辑运算符

运算符	名　称	说　明	运算符	名　称	说　明
&&	与运算符	逻辑与	!	非运算符	逻辑取反
||	或运算符	逻辑或	^	异或运算符	逻辑异或

例如下面代码：

```
boolean x=true,y=false;
```

用 x 和 y 做逻辑运算的结果为：

```
x&&y     结果是  false
x||y     结果是  true
!x       结果是  false
x^y      结果是  true
```

3.4.4　其他运算符

1. 简捷赋值运算符

有时会遇到这样的情况：

```
i=i+8;
```

这句代码的意思是使 i 在自身的基础上再增加 8。可以使用简捷赋值运算符来简化上面的代码，下面的语句和上面的语句是等价的：

```
i+=8;
```

简捷赋值运算符如表 3.7 所示。

表 3.7　简捷赋值运算符

运算符	名　称	例　子	说　明
＋＝	加简捷赋值运算符	i＋＝8	i＝i＋8
－＝	减简捷赋值运算符	i－＝8	i＝i－8
＊＝	乘简捷赋值运算符	i＊＝8	i＝i＊8
/＝	除简捷赋值运算符	i/＝8	i＝i/8
%＝	取模简捷赋值运算符	i%＝8	i＝i%8

Java 还提供了两个简捷赋值运算符＋＋和－－，分别是自加 1 和自减 1，举例如下：

i＋＋；等价于 i＝i＋1；

＋＋i；等价于 i＝i＋1；

－－i；等价于 i＝i－1；

i－－；等价于 i＝i－1；

那么前置＋＋和后置＋＋有什么不同呢？不同的地方在于前置＋＋是先把变量自加 1 再赋值运算，后置＋＋是先赋值运算后自加 1。前置－－与后置－－的不同处也同理。请看下面的例子：

例 3.1 比较前置++与后置++的不同。

```
public class Example3_1{
public static void main(String args[]){
     int x1=3,y1=5;
     int x2=3,y2=5;
     int r1,r2;
     r1=x1+++x1 * y1;
     r2=++x2+x2 * y2;
     System.out.println("x1="+x1+" y1="+y1+" r1="+r1);
     System.out.println("x2="+x2+" y2="+y2+" r2="+r2);
   }
}
```

运行结果如图 3.2 所示。

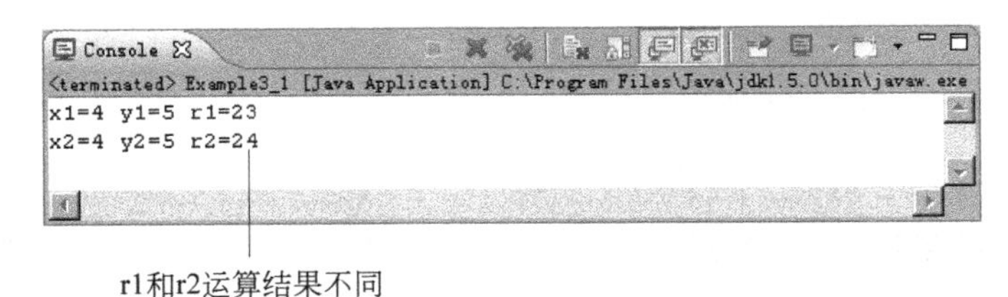

图 3.2 Example3_1 的运行结果

图 3.2 中 r1 和 r2 的结果不同，说明前置++和后置++起到了不同的作用。下面来分析一下计算的中间过程：

```
r1=3+4 * 5;←——因为后置++，所以第一个 x1 没有被自加 1，而是先代值运算了，然后加 1
r2=4+4 * 5;
```

2. & 和 | 运算符

除了 && 和 || 外，Java 也提供了 & 和 | 运算符，它们的区别如表 3.8 所示。

表 3.8 与或运算符

运算符	名 称	说 明
&&	条件与运算符	当左边的表达式计算结果为 false 时，将不再运算右面的表达式；反之都运算
||	条件或运算符	当左边的表达式计算结果为 true 时，将不再运算右面的表达式；反之都运算
&	无条件与运算符	左右表达式都运算
|	无条件或运算符	左右表达式都运算

下面代码举例说明了 && 与 & 运算符的不同，|| 与 | 运算符的不同处也同理。

例 3.2 比较 && 与 & 逻辑运算符的不同。

```
public class Example3_2{
```

```
public static void main(String args[]){
      int x1=100,y1=200;
      int x2=100,y2=200;
      boolean r1,r2;
      r1=x1<10 && y1++<100;←——&& 运算符
      r2=x2<10 & y2++<100;←——& 运算
      System.out.println("x1="+x1+" y1="+y1+" r1="+r1);
      System.out.println("x2="+x2+" y2="+y2+" r2="+r2);
    }
}
```

运行结果如图 3.3 所示。

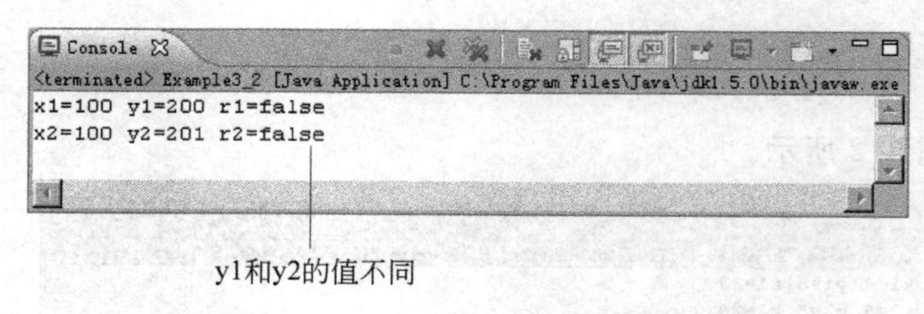

图 3.3　Example3_2 的运行结果

图 3.2 的运行结果说明，虽然逻辑运算的最终结果是一致的，但是运算完成后操作数 y1 和 y2 却不同了，说明一个没有运算＋＋，而另一个却运算了。原因就是在计算 r1 时是 && 条件与运算，也就是说左边表达式 x1＜10 的结果是 false，那么无须计算右边表达式，也可以得知整个逻辑运算的结果必为 false，因此右边的表达式 y1＋＋＜100 并没有运算。而计算 r2 时，因为是 & 无条件与运算，所以两边的表达式都运算了。

3. 三目条件运算符

三目条件运算符的语法为：

```
表达式 1 ？表达式 2 ：表达式 3
```

这个表达式可以用 if 语句表示成：

```
if(表达式 1 成立){
    return 表达式 2;
}else{
    return 表达式 3;
}
```

举例如下：

```
int a=3,  b=6;
int x=a>b?a:b;
```

那么计算结果就是 x＝6。

在三目条件运算中，表达式 1 和表达式 2 的值可以是任意一种基本数据类型。

4. 字符串连接运算符

在 Java 中，字符串连接运算符使用“＋”运算符，但此时与算术运算符中的加法运算符

+的意义是不同的。字符串连接运算符能够将多个字符串合并到一起生成一个新的字符串。

对于+运算符，如果有一个操作数是 String 类型，则+为字符串连接运算符，否则视为加法运算符。字符串可与任意类型的数据进行字符串连接的操作，若该数据为基本类型，则会自动转换为字符串；若为引用类型，则会自动调用所引用对象的 toString()方法获得一个字符串，然后进行字符串连接的操作。

请看下面代码举例。

例 3.3 使用字符串连接符。

```
public class Example3_3{
public static void main(String args[]){
        char c='a';
        String s="hello";
        int i=100;
        float f=2.15f;
        double d=5.7;
        boolean b=true;
       System.out.println("c="+c);
       System.out.println("s="+s);
       System.out.println("i="+i);
       System.out.println("f="+f);
       System.out.println("d="+d);
       System.out.println("b="+b);
    }
}
```

运行结果如图 3.4 所示。

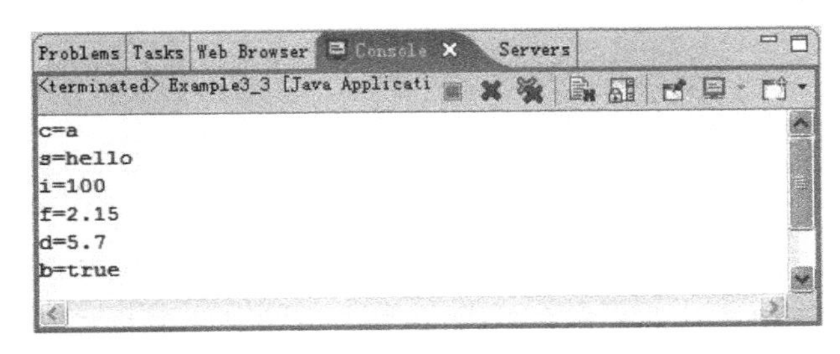

图 3.4 Example3_3 的运行结果

3.4.5 运算符的优先级

表达式是按照从左到右运算符的优先级来进行运算的，正因为这种优先级的限制，才保证了每个表达式每次运算的结果都一样。运算符的优先级如表 3.9 所示。

表 3.9　运算符优先级

运 算 符	优先级
类型转换	最高
++、--	↓
!	↓
*、/、%	↓
+、-	↓
>、>=、<、<=	↓
==、!=	↓
&	↓
|	↓
&&	↓
||	↓
=、+=、-=、*=、/=	最低

3.5　条件语句

条件语句是程序中根据条件是否成立进行选择执行的一类语句。在 Java 语言中，条件语句主要有三类语法：if 语句、if-else 语句和 switch 语句，下面分别进行介绍。

3.5.1　if 语句

该类语句的语法格式为：

```
if (条件表达式) {
    功能代码块;
}
```

语法说明：

(1) if 是该语句中的关键字，后续小括号不可省略。

(2) 条件表达式返回的结果为布尔型，当返回为真值时才能执行 if 功能代码。

(3) 功能代码块为多行时，应将其放在花括号“{}”中间；当功能代码块为单行时，则不需要花括号。

(4) 不论 if 语句块是单行还是多行，建议都用花括号“{}”括起来。

(5) if()子句后不能跟分号“;”。

if 语句的代码执行过程为：如果条件表达式返回真值，则执行功能代码块中的语句；如果条件表达式返回值为假，则不执行功能代码块。下面通过例 3.5 来说明 if 语句的执行。

例 3.4　if 语句的执行。

```
public class Example3_4 {
```

```
    public static void main(String[] args) {
        int a=16;
        if (a%2==0) {
            System.out.println("a是偶数");
            System.out.println("if 语句执行成功");
        }
    }
}
```

在例 3.4 代码中，条件是判断变量 a 是否为偶数，如果条件成立则输出“a 是偶数”和“if 语句执行成功”。

3.5.2 if-else 语句

在程序的执行过程中，if 语句只执行条件表达式返回值为真时的操作。但如果需要返回值为真或假时都执行各自相应操作，就可以使用 if-else 语句来完成。if-else 语句语法如下：

```
if(条件表达式){
    功能代码块 1
}else{
    功能代码块 2
}
```

if-else 语句的代码执行过程为：当条件表达式返回值为真时，执行功能代码块 1；当条件表达式返回值为假时，执行 else 后面的功能代码块 2。与 if 语法格式相同，如果功能代码块 1 和 2 只有一句，则不需要加花括号“{}”。示例如下：

例 3.5 if-else 语句的执行。

```
public class Example3_5 {
    public static void main(String[] args) {
        int n=7;
        if (n %2 !=0) {
            System.out.println("n是奇数");
            System.out.println("条件表达式返回值为真");
        } else {
            System.out.println("n不是奇数");
            System.out.println("条件表达式返回值为假");
        }
    }
}
```

因为当 n=7 时，n%2 的值是 1，条件成立，则执行 if 语句的代码，输出“n 是奇数”和“条件表达式返回值为真”。

当有多个 if 在程序的语句中存在时，else 与最近的 if 匹配。例如：

```
if(条件表达式 1){
```

```
        功能代码块 1;
    }
    if(条件表达式 2){
        功能代码块 2;
    }else{
        功能代码块 3;
    }
```

其中,else 对应条件表达式 2,条件表达式 1 的 if 语句将独立执行。

当条件为多个时,Java 提供了专门的多分支 if-else if-else 语句以实现条件的多重选择。多分支语句的语法如下:

```
    if(条件表达式 1){
        功能代码块 1;
    }else if(条件表达式 2){
        功能代码块 2;
    }else if(条件表达式 3){
        功能代码块 3;
    ...
    }else{
          功能代码块 n;
    }
```

语法说明:

(1) else if 是 else 和 if 两个关键字,中间使用空格进行间隔。

(2) 条件表达式返回值都是布尔类型。

(3) else if 语句可以有任意多句。

(4) 最后的 else 语句为可选。

(5) 如果功能代码部分只有一条语句而不是语句块,花括号"{}"可以省略。

if-else if-else 语句的代码执行过程为:当条件表达式 1 返回值为真时,则执行功能代码块 1;当条件表达式 1 返回值为假且条件表达式 2 返回值为真时,则执行功能代码块 2;如果条件表达式 1、条件表达式 2 都返回假且条件表达式 3 返回值为真,则执行功能代码块 3;依此类推,如果所有条件都不成立,则执行 else 语句的功能代码。

接下来通过一个将百分制的成绩转换为 A、B、C、D、E 这 5 个等级的实例来说明 if-else if-else 语句的用法,具体代码见例 3.6。

例 3.6 使用 if-else if-else 语句实现百分制成绩到成绩等级的转换。

```
public class Example3_6 {
    public static void main(String[] args) {
        int score=81;
        if (score>=90) {←—条件
            System.out.println("A");
            System.out.println("成绩大于等于 90");
        } else if (score>=80) {←—条件
            System.out.println("B");
```

```
            System.out.println("成绩大于等于 80");
        } else if (score>=70) {←——条件
            System.out.println("C");
            System.out.println("成绩大于等于 70");
        } else if (score>=60) {←——条件
            System.out.println("D");
            System.out.println("成绩大于等于 60");
        } else {
            System.out.println("E");
            System.out.println("成绩小于 60");
        }
    }
}
```

当 score＝81 时，条件 1 不成立而条件 2 成立，所以输出“B”和“成绩大于等于 80”的信息。从例 3.6 可以看出，当需要进行判断的条件很多时使用 if-else if-else 语句比较繁琐，这时，我们可以使用 switch 语句来实现多分支语句的多重选择。

3.5.3 switch 语句

switch 语句从多种情况中选择一种执行，在结构上比 if 语句要清晰很多。switch 语句的语法格式如下：

```
switch(表达式){
    case 值 1:
        功能代码 1;
        [break;]
    case 值 2:
        功能代码 2;
            [break;]
        …
    case 值 n:
        功能代码 n;
            [break;]
    default:
        功能代码 others;
}
```

语法说明：

(1) 表达式的类型只能为 byte、short、char、int 和枚举类型。

(2) case 语句是标号语句，只确定程序的入口。

(3) 值 1、值 2，…，值 n 只能为常数或常量，不能为变量。

(4) 功能代码部分可以写任意多句。

(5) break 关键字结束 switch 语句，为可选项。

(6) default 语句功能类似于 if-else 语句中的 else。

switch 语句的代码执行过程为：将 case 语句后的值和表达式的值比较，若相等即从该 case 语句开始向下执行。如果没有 break 语句，则一直执行到 switch 语句的结束。如果遇到 break 语句，则结束 switch 语句的执行。

使用 switch 语句来实现例 3.6 中的功能，具体代码见例 3.7。

例 3.7 使用 switch 语句实现百分制成绩到成绩等级的转换。

```
public class Example3_7 {
    public static void main(String[] args) {
        int score=100;
        switch (score/10) {
        case 10:
        case 9:
            System.out.println("成绩等级为 A");
            break;
        case 8:
            System.out.println("成绩等级为 B");
            break;
        case 7:
            System.out.println("成绩等级为 C");
            break;
        case 6:
            System.out.println("成绩等级为 D");
            break;
        default:
            System.out.println("成绩等级为 E");
        }
    }
}
```

成绩为 100 时，输出“成绩等级为 A”的信息。

思考：如果删除代码中的 break 语句，输出结果如何？

如果使用 switch 语句对 0～100 这个分数区间一个一个进行比较，case 语句的数量会很多，所以这里做了一个简单的数字变换，只比较分数的十位及十位以上数字，这样数字的区间就缩小到了 0～10。

3.6 循环语句

如果某段代码想要反复执行多次，可以使用循环语句。本节主要讲述循环语句的三种语法格式：for 语句、while 语句和 do-while 语句。

3.6.1 for 语句

for 语句的语法格式为：

```
for(表达式 1;表达式 2;表达式 3){
```

```
    循环体;
}
```

语法说明:

(1) 表达式1用于初始化,一般书写变量初始化的代码,例如循环变量的声明、赋值等,它在for语句中执行且只执行一次。表达式1可以为空。

(2) 表达式2是循环条件,要求必须为布尔类型。如果该条件为空,则默认为true,即条件成立。

(3) 表达式3为迭代语句,是指循环变量变化的语句,一般书写i++、i--这样的结构。该语句可以为空。

(4) 循环体指循环重复执行的功能代码。

(5) 花括号{}不是必需的,当循环体部分只有一条语句时可以省略。

for语句的代码执行过程为:

(1) 执行表达式1,实现初始化。

(2) 执行表达式2,判断循环条件是否成立,如果循环条件为false,则结束循环,否则执行下一步。

(3) 执行循环体。

(4) 执行表达式3,完成迭代。

(5) 跳转到步骤(2)重复执行。

下面来阅读例3.8和例3.9中的两段代码,熟悉for语句的使用。

例3.8 使用for语句输出0~99之间数字。

```
public class Example3_8 {
    public static void main(String[] args) {
        for (int i=0; i<100; i++) {
            System.out.println(i);
        }
    }
}
```

例3.9 使用for语句求1~100之间数字的和。

```
public class Example3_9 {
    public static void main(String[] args) {
        int sum=0;
        for (int i=1; i<=100; i++) {
            sum+=i;
        }
        System.out.print("和为:"+sum);
    }
}
```

3.6.2 while 语句

while语句的语法格式如下:

```
while(循环条件){
    循环体;
}
```

语法说明：

(1) 循环条件的类型为布尔类型，指循环成立的条件。

(2) 花括号{}不是必需的，当循环体中只有一条语句时可以省略。

(3) 循环体是需要重复执行的代码。

while 语句的代码执行过程为：首先判断循环条件，如果循环条件为 true，则执行循环体代码。然后再判断循环条件，直到循环条件不成立时停止执行。如果首先判断循环条件就为 false，则不执行循环体，直接执行 while 语句后续的代码。

下面结合几个具体示例来演示 while 语句的基本使用。首先阅读例 3.10 中的代码，该程序使用 while 语句输出 0～99 这 100 个数字，程序实现的原理是使用一个变量代表 0～99 之间的数字，每次输出该变量的值，每次对该变量的值加 1，变量的值从 0 开始，只要小于数字 100 就执行该循环。

例 3.10 使用 while 语句输出 0～99。

```
public class Example3_10 {
    public static void main(String[] args) {
        int i=0;
        while (i<100){
            System.out.println(i);                    // 输出变量的值
            i++;                                      // 变量的值增加 1
        }
    }
}
```

同样是上面的代码，调整内部代码的顺序，程序的执行结果会发生变化吗？参见例 3.11。

例 3.11 使用 while 语句输出 1～100。

```
public class Example3_11 {
    public static void main(String[] args) {
        int i=0;
        while (i<100) {
            i++;                                      //变量的值增加 1
            System.out.println(i);                    //输出变量的值
        }
    }
}
```

程序的执行结果变为输出数字 1～100。所以在循环语句中，代码之间的顺序会影响整个程序的逻辑，书写时要特别注意。

在例 3.9 中，使用过 for 循环求 1～100 之间数字的和，下面使用 while 循环来实现同样的功能，代码见例 3.12。

例 3.12 使用 while 语句求 1～100 之间数字的和。

```
public class Example3_12 {
    public static void main(String[] args) {
        int i=1;
        int sum=0;
        while (i<=100) {
            sum+=i;
            i++;
        }
        System.out.print("和为:"+sum);
    }
}
```

3.6.3 do-while 语句

do-while 语句的语法格式为：

```
do{
    循环体;
}while(循环条件);←——别忘了分号
```

语法说明：

(1) 循环体是重复执行的代码部分，循环条件要求是布尔类型，值为 true 时执行循环体，否则循环结束，最后整个语句以分号结束。

(2) do-while 语句是"先循环再判断"的流程控制结构。

为什么说 do-while 语句是"先循环再判断"呢？试分析一下 do-while 语句的代码执行过程。首先执行循环体，然后判断循环条件，如果循环条件成立，则继续执行循环体，循环体执行完成以后再判断循环条件，依此类推，直到循环条件不成立，循环结束。从中可以看出，无论循环条件是否成立，循环体都至少会被执行一次。

下面使用 do-while 语句来实现 while 语句中例 3.10，实现 0～99 这 100 个数字的输出，代码见例 3.13。

例 3.13 使用 do-while 语句输出 0～99。

```
public class Example3_13 {
    public static void main(String[] args) {
        int i=0;
        do {
            System.out.println(i);                  //输出变量的值
            i++;                                    //变量增加 1
        } while (i<100);
    }
}
```

思考：如果使用 do-while 语句实现例 4.8，代码该如何改写？

同理，求 1～100 之间数字的和也同样可以使用 do-while 语句来实现，参见例 3.14。

例 3.14 使用 do-while 语句求 1～100 之间数字的和。

```
public class Example3_14 {
    public static void main(String[] args) {
        int i=1;
        int sum=0;
        do
        {
            sum+=i;
            i++;
        }while (i<=100);
        System.out.print("和为:"+sum);
    }
}
```

3.7 跳转语句

跳转语句包括 break 和 continue 语句,使用这两个语句可以终止循环的执行。

3.7.1 break 语句

在前面 switch 语句的介绍中已经接触过 break 语句,其功能是中断 switch 语句的执行。同样,在循环语句中,break 语句的作用也是结束循环语句的执行。

下面以 for 语句为例来说明 break 语句的基本使用及其功能。首先阅读例 3.15。

例 3.15 break 语句的简单练习。

```
public class Example3_15 {
    public static void main(String[] args) {
        for (int i=0; i<20; i++) {
            if (i==10) {
                break;
            }
        }
    }
}
```

该循环在变量 i 的值等于 10 时执行 break 语句,结束整个循环。若该循环后面还有后续代码,则接着执行。

例 3.15 只是一种比较简单的单循环,如果存在着循环语句的嵌套,那么 break 语句的作用又如何呢? 参见例 3.16。

例 3.16 break 语句在循环嵌套中的使用。

```
public class Example3_16 {
    public static void main(String[] args) {
        for (int i=0; i<10; i++) {
            for (int j=0; j<10; j++) {
```

```
                System.out.print(j+" ");
                if (j==5) {
                    break;
                }
            }
            System.out.print("\n");
        }
    }
}
```

例 3.16 中，break 语句出现在循环变量为 j 的内部循环，则执行到 break 语句时，只中断循环变量为 j 的内部循环，而对循环变量为 i 的外部循环没有影响。也就是说，上例中 break 语句仅中断该语句所在的循环。例 3.16 的运行结果如图 3.5 所示。

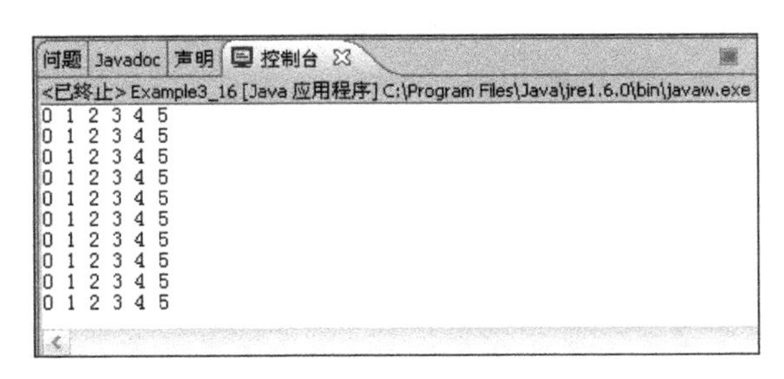

图 3.5　Example3_16 的运行结果

如果需要中断 break 语句所在循环以外的其他循环，怎么办呢？以例 3.16 为例，如果想中断外部循环的执行，可以使用标签语句来标识外部循环的位置，然后结合 break 语句跳出外部循环。标签的使用见例 3.17。

例 3.17　带标签的 break 语句。

```
public class Example3_17 {
    public static void main(String[] args) {
        label1: for (int i=0; i<10; i++) {
            for (int j=0; j<10; j++) {
                System.out.print(j+" ");
                if (j==5) {
                    break label1;
                }
            }
        }
    }
}
```

带标签的 break 语句的格式为：

```
break 标签名;
```

其中，本例中的标签名为 label1。当然，标签名可以为 Java 语言中任意合法的标识符，它出现在想要中断的循环语句的前面，并以冒号结束，从而配合完成所指定循环的终止。例 3.17 的运行结果如图 3.6 所示。

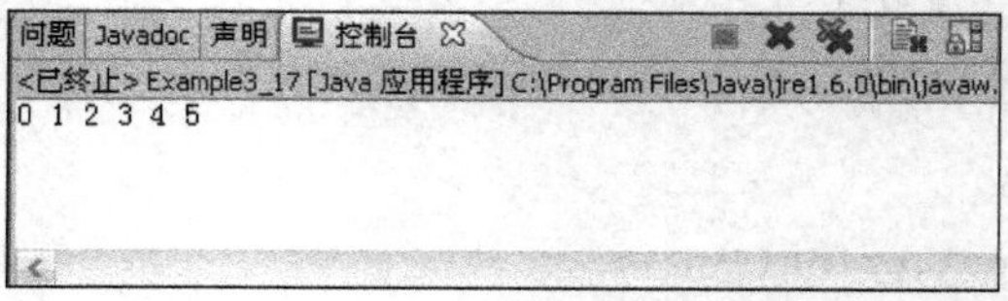

图 3.6　Example3_17 的运行结果

3.7.2　continue 语句

continue 语句虽然也完成循环的终止，但与 break 语句的区别在于：continue 语句只跳出本次循环，还要继续执行下一次循环；break 语句则完全跳出它所在或所标记的循环。下面以 while 语句为例来说明 continue 语句的功能。

例 3.18　continue 语句的简单使用。

```
public class Example3_18 {
    public static void main(String[] args) {
        int i=0;
        while (i<5) {
            i++;
            if (i==3) {
                continue;
            }
            System.out.println(i);
        }
    }
}
```

该代码的执行结果为：

```
1
2
4
5
```

为什么没有输出 3 呢？

例 3.18 中，当变量 i 的值等于 3 时执行 continue 语句，本次循环结束，直接进入下一次循环。

思考：如果将该例中的 continue 语句改为 break 语句，运行结果又如何？

在嵌套循环中，和前面介绍的 break 语句类似，也可以使用带标签的 continue 语句来跳过外部循环中的本次循环，代码见例 3.19。

例 3.19　带标签的 continue 语句。

```
public class Example3_19 {
    public static void main(String[] args) {
        label1: for (int i=0; i<10; i++) {
```

```
            System.out.print("\n");
            for (int j=0; j<10; j++) {
                System.out.print(j+" ");
                if (j==5) {
                    continue label1;
                }
            }
        }
    }
}
```

这样在执行 continue 语句时，就不再是终止内部循环中的本次循环，而是直接终止外部循环的本次循环，执行 i++ 语句，进入下一次外部循环。例 3.19 的运行结果如图 3.7 所示。

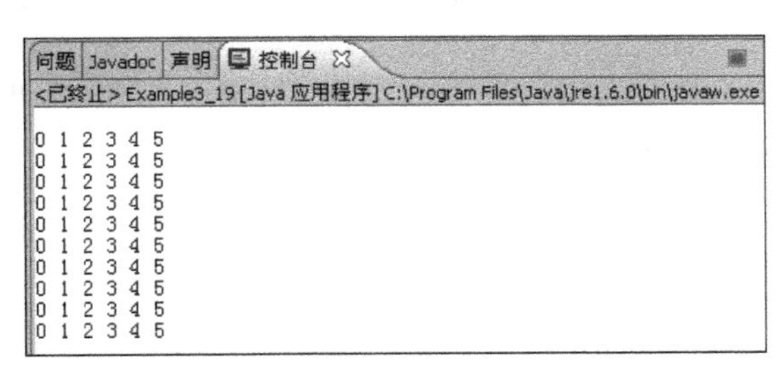

图 3.7　Example3_19 的运行结果

3.8　控制语句的应用

1. 水仙花数

问题描述：水仙花数指一个特殊的三位数，它的各位数字的立方和与其自身相等。请输出所有的水仙花数。

编程思路：关键是将三位数的个位、十位和百位数字分别拆分出来。实现代码如例 3.20 所示。

例 3.20　水仙花数的求解。

```
public class Narcissus {
    public static void main(String args[]) {
        for (int i=100; i<1000; i++) {              //循环所有三位数
            int a=i %10;                            //拆分出个位数字
            int b= (i/10) %10;                      //拆分出十位数字
            int c=i/100;                            //拆分出百位数字
            //判断立方和是否等于自身
            if (a*a*a+b*b*b+c*c*c==i) {
                System.out.println(i);
            }
        }
```

```
    }
}
```

在该段代码中，要掌握拆分个位数字、十位数字和百位数字的方法。

2. 乘法表

问题描述：在控制台打印九九乘法表。

编程思路：总结九九乘法表的规律，得出总计 9 行，第 1 行有 1 个数字，第 2 行有 2 个数字，依此类推，数字的值为行号和列号的乘积。由于涉及行与列的相互关系，可以使用嵌套循环，外部循环控制行数，内部循环解决如何输出每行的数值。实现代码见例 3.21。

例 3.21 九九乘法表。

```
public class MultiplicationTable1 {
    public static void main(String[] args) {
        for (int row=1; row<=9; row++) {                    //循环行
            for (int col=1; col<=row; col++) {              //循环列
                System.out.print(row * col);                //输出数值
                System.out.print(' ');                      //输出数字之间的间隔空格
            }
            System.out.println();                           //一行输出结束，换行
        }
    }
}
```

该程序的输出结果如图 3.8 所示。

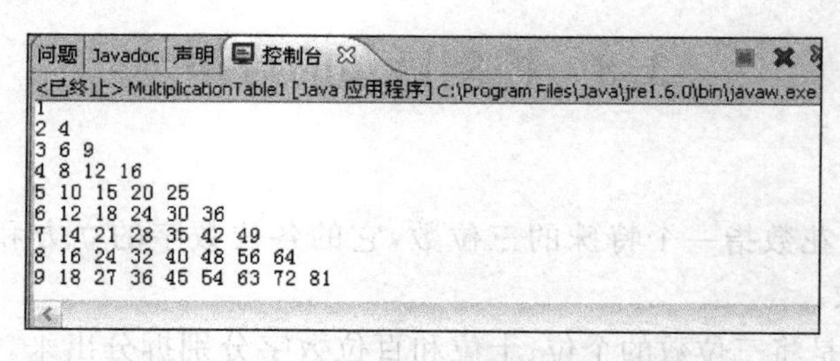

图 3.8 MultiplicationTable1 的运行结果

从图 3.8 可以看出，第 4 行和第 5 行之间出现了数字未对齐的现象，主要是由于计算结果有些是一位数，有些是两位数所引起的。如何解决数字的对齐问题呢？下面提供例 3.22 来实现数字的右对齐。

例 3.22 数字右对齐的九九乘法表。

```
public class MultiplicationTable2 {
    public static void main(String[] args) {
        for (int row=1; row<=9; row++) {                    //循环行
            for (int col=1; col<=row; col++) {              //循环列
                if (row * col<10) {                         //一位数
                    System.out.print(' ');
                }
```

```
                System.out.print(row * col);              //输出数值
                System.out.print(' ');                    //输出数字之间的间隔空格
            }
            System.out.println();                         //一行输出结束,换行
        }
    }
}
```

例 3.22 的编程思路为：在一位数字的前面输出一个空格，即可解决数字右对齐问题。程序运行结果如图 3.9 所示。

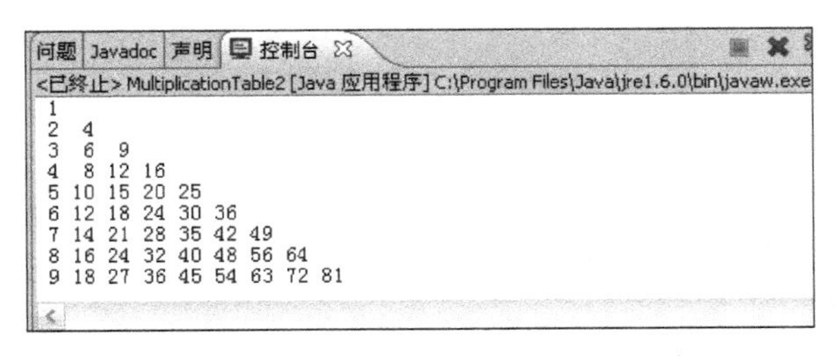

图 3.9　MultiplicationTable2 的运行结果

思考：如何实现数字的左对齐？

3. 求两个自然数的最大公约数

问题描述：最大公约数指两个数字公共的约数中最大的，例如数字 3 的约数有 1、3，数字 9 的约数有 1、3、9，则数字 3 和数字 9 的公共约数有 1 和 3，其中 3 是最大的公约数。

第一种编程思路：假设初始值从 1 开始逐步增 1，每次把能同时使两个数整除的值都存储起来，那么最后一个存储起来的值就是最大的约数。实现的代码见例 3.23。

例 3.23　求 8 和 12 的最大公约数。

```
public class CommonDivisor1 {
    public static void main(String[] args) {
        int m=8;
        int n=12;
        int result=1;
        for (int i=1; i<=m; i++) {
            if ((m %i==0) && (n %i==0)) {
                result=i;
            }
        }
        System.out.println(result);
    }
}
```

第二种编程思路：设定初始值为两个数字中最小的数字，逐步减 1，那么第一次得到的能同时使两个数整除的值就是最大公约数。实现的代码见例 3.24。

例 3.24　求 9 和 12 的最大公约数。

```
public class CommonDivisor2 {
    public static void main(String[] args) {
        int n=9;
        int m=12;
        int result=n>m ? m : n;
        for (int i=result; i>=1; i--) {
            if ((n %i==0) && (m %i==0)) {
                result=i;
                break;                                      //结束循环
            }
        }
        System.out.println(result);
    }
}
```

思考：如何求两个数字的最小公倍数？

4. 百元百鸡问题

问题描述：母鸡 3 元/只，公鸡 4 元/只，小鸡 0.5 元/只，如果花 100 元钱买 100 只鸡，每一种鸡可以各买几只，请问有哪些可能？

百元百鸡问题属于数学上的组合问题，可以通过循环控制语句来列举所有的情况，并判断其是否符合要求。

第一种编程思路：首先确定母鸡的购买数量为 0，使公鸡的购买数量从 0 到 100 逐次变化，每当公鸡的数量变化一次，小鸡的数量就从 0 逐次变化到 100，其数值组合如表 3.10 所示。

表 3.10　百元百鸡问题的组合数

母鸡数量	公鸡数量	小 鸡 数 量
0	0	从 0 变化到 100
0	1	从 0 变化到 100
0	2	从 0 变化到 100
⋮	⋮	⋮
1	0	从 0 变化到 100
1	1	从 0 变化到 100
⋮	⋮	⋮
100	100	100

公鸡、母鸡和小鸡的组合共有 101^3 种，可以通过程序的循环嵌套语句来实现。实现的代码见例 3.25。

例 3.25　用第一种思路解决百元百鸡问题。

```
public class ChickenPurchase1 {
    public static void main(String[] args) {
```

```
        for (int i=0; i<=100; i++) {                          //母鸡数量
            for (int j=0; j<=100; j++) {                      //公鸡数量
                for (int k=0; k<=100; k++) {                  //小鸡数量
                    //判断数量是否为 100,以及金额是否为 100
                    if ((i+j+k==100) && (i * 3+j * 4+k * 0.5==100)) {
                        System.out.println("母鸡数量:"+i+"公鸡数量:"+j+"小鸡数量"+k);
                    }
                }
            }
        }
    }
}
```

所有数值组合的穷举通过循环语句的嵌套来实现。在循环的内部还需要判断公鸡、母鸡和小鸡的数量之和与所用金额是否符合题目要求。通过循环语句的嵌套来解决此问题程序运行效率低,下面简单地使用第二种编程思路优化一下程序结构。

第二种编程思路：100 元最多能购买 33 只母鸡,若只买公鸡能买 25 只,而按照用 100 元买 100 只的要求,100 减去公鸡和母鸡的购买数量即是小鸡的购买数量,代码实现如例 3.26 所示。

例 3.26 用第二种思路解决百元百鸡问题。

```
public class ChickenPurchase2 {
    public static void main(String[] args) {
        for (int i=0; i<=33; i++) {                           //母鸡的购买数量
            for (int j=0; j<=25; j++) {                       //公鸡的购买数量
                int k=100 -i -j;                              //小鸡的购买数量
                //判断购买金额是否为 100
                if (i * 3+j * 4+k * 0.5==100) {
                    System.out.println("母鸡的购买数量:"+i+"公鸡的购买数量:"+j+"小
                    鸡的购买数量"+k);
                }
            }
        }
    }
}
```

5. 打印图形

问题描述：在控制台中用星号 * 输出如下样式的图形：

```
    *
   ***
  *****
 *******
*********
```

控制台中的输出方式只能按行上下依次输出,打印图形时也只能按行从上到下依次输出每行,此问题的关键是找到图形的规律。

编程思路：在外部使用循环语句执行 5 次,每次打印 1 行,每行的内容分别为空格和星号“*”,每行空格缩进的数量为5减去所在行数,星号*的数量是所在行数的2倍减1。在内部使用循环语句首先打印空格,然后打印星号*,对应的打印次数用循环次数控制,打印星号之后就可以换行。代码实现如例3.27所示。

例3.27 星型图形的打印。

```
public class StarPrint {
    public static void main(String[] args) {
        for (int row=1; row<=5; row++) {                    //外层循环执行换行
            //打印空格的数量为5减去所在行数
            for (int c1=0; c1<5 -row; c1++) {
                System.out.print(' ');
            }
            //打印星号的数量为所在行数的2倍减1
            for (int c2=0; c2<2 * row -1; c2++) {
                System.out.print('*');
            }
            //换行
            System.out.println();
        }
    }
}
```

思考:如何修改内部循环结构,并使用if-else语句达到同样的效果?

6. 质数判断

问题描述:如何判断某个自然数是否为质数。

质数是只能被1和自身整除的自然数,也称为素数,质数中最小的为2。所有自然数都可以被自身和1整除。

编程思路:只需判断一个数能否被1和自身以外的数字整除即可,大于其本身的自然数除外。若数字为n,则只需判断2～n－1之间的所有数字,即程序只需判断该数能否被区间[2,n－1]内的某个自然数整除即可。若在区间内存在能被整除的数,则说明不是质数。代码实现如例3.28所示。

例3.28 质数判断。

```
public class Exponent {
    public static void main(String[] args) {
        int n=29;
        boolean b=true;                    //布尔类型,表示是否为质数,初始值为真
        for (int i=2; i<n; i++) {
            //若能够整除则不是质数
            if (n %i==0) {
                b=false;
                break;                     //跳出循环
            }
        }
```

```
        //输出结果,判断是否为质数
        if (b) {
            System.out.println(n+"是质数");
        } else {
            System.out.println(n+"不是质数");
        }
    }
```

【总结与提示】

(1) 变量一定要在赋值后才可以被访问。

(2) 给变量赋值要遵守数据类型匹配的原则,有时可以使用强制类型转换。

(3) 提倡使用 && 和||,不提倡使用 & 和|。

(4) 要区分前置++和后置++的运算区别,前置--和后置--也同理。

(5) 双等号(==)与单等号(=)不同,前者是关系运算符,后者是赋值运算符。

(6) 控制语句可分为条件语句、循环语句和跳转语句三大类。

(7) 条件语句包括 if 语句、if-else 语句和 switch 语句,switch 语句中要注意 break 和 default 语句的使用。

(8) 循环语句包括 for 循环、while 循环和 do-while 循环,三种循环语句可以互换。

(9) 跳转语句包括 break 语句和 continue 语句两大类,break 语句是终止本层循环,continue 语句是结束本次迭代进入本层循环的下一个循环。

3.9 实训任务——控制语句的使用

任务 1:使用条件语句实现程序流程控制

目标:通过编写代码,掌握 if 语句及 switch 语句的语法及程序流程控制的方法。

内容:

(1) 编写一段代码:判断三个整数中的最大数。本段代码中,三个整数可以通过 main()方法的参数传递。

(2) 根据考试成绩的等级输出对应的百分制分数段,用 switch 语句实现。本段代码中,考试成绩的等级可以通过 main()方法的参数传递。

等级	分数段	等级	分数段
A	90～100	C	60～79
B	80～89	D	<60

(3) 利用下表,请使用 if-else 语句根据销售额计算销售提成。

销 售 额	提成	销 售 额	提成
1～5000 美元	8%	10 001 美元以上	12%
5001～10 000 美元	10%		

任务 2：使用循环语句实现程序流程控制

目标：通过编写代码，掌握 for 语句、while 语句及 do-while 语句的语法及程序流程控制的方法。

内容：

（1）用三种循环结构编写三个 Java 应用程序，分别打印如下的数值列表：

N	10 * N	100 * N	1000 * N
1	10	100	1000
2	20	200	2000
3	30	300	3000
4	40	400	4000
5	50	500	5000

（2）编写一个应用程序，计算 1～10 之间各个整数的阶乘，并将结果输出到屏幕上。

任务 3：使用跳转语句实现程序流程控制

目标：通过补充代码，掌握 continue 语句及 break 语句的语法及程序流程控制的方法。

内容：下面是一段猜数字游戏的代码，其中某些部分不完整，请阅读所有代码后将缺失的部分补全。

```
public class GuessNumber {
    public static void main(String[] args) {
        System.out.println("给你一个 0～100 之间的整数,请猜测这个数");
        //随机生成一个 0~100 之间的随机整数
        int realNumber=(int)Math.round(Math.random() * 100);
        //从键盘上输入你的猜测
        System.out.print("请输入你的猜测:");
        int yourGuess=【代码 1】;
        //是否猜对的标识
        boolean isRight=false;
        //循环校验,直到猜对了为止
        while(【代码 2】){
            if(【代码 3】){
                System.out.print("猜大了,再输入你的猜测:");
                yourGuess=【代码 4】;
            }
            else if(【代码 5】){
                System.out.print("猜小了,再输入你的猜测:");
                yourGuess=【代码 6】;
            }
            else{
                isRight=【代码 7】;
                System.out.print("恭喜你,猜对了");
            }
```

```
        }
    }
}
```

3.10 学习效果评估

1. 选择题

(1) 对于一个三位的正整数 n,取出它的十位数字 k(k 为整型)的表达式是(   )。

A. k=n/10%10　　B. k=n%10%10

C. k=n%10　　D. k=n/10

(2) 设 x=1,y=2,z=3,则表达式 y+=z--/++x 中 y 的值是(   )。

A. 3　　B. 3.5　　C. 4　　D. 5

(3) 执行下列程序段后,b,x,y 的值分别是(   )。

```
int x=6,y=8;  boolean b;
b=x>y&&++x==--y;
```

A. true,6,8　　B. false,7,7　　C. true,7,7　　D. false,6,8

(4) Java 语言中,占用 32 位存储空间的是(   )。

A. long,double　　B. long,float　　C. int,double　　D. int,float

(5) 现有一个变量声明为 boolean aa;,下面赋值语句中正确的是(   )。

A. aa=false;　　B. aa=False;　　C. aa="true";　　D. aa=0;

(6) 下列数据类型的精度由高到低的顺序是(   )。

A. float,double,int,long　　B. double,float,int,byte

C. byte,long,double,float　　D. double,int,float,long

(7) 以下的选项中能正确表示 Java 语言中的一个整型常量的是(   )。

A. 12.　　B. -20　　C. 1,000　　D. 4 5 6

(8) 下面不正确的变量名是(   )。

A. haha　　B. 23_number　　C. _ADC　　D. $123

(9) 下列单词中不属于 Java 关键字的是(   )。

A. NULL　　B. class　　C. this　　D. byte

(10) 下面的标识符中(   )是合法的。

A. #_pound　　B. $123+w　　C. 5Interstate　　D. a_b

(11) 下列的标识符中(   )是合法的。

A. 12class　　B. +viod　　C. -5　　D. _black

(12) 实现属性共享用到的关键字是(   )。

A. extends　　B. static　　C. final　　D. implements

(13) 定义类头时,不可能用到的关键字是(   )。

A. class　　B. public　　C. extends　　D. private

(14) 下列类型转换中正确的是(   )。

A. int i=8.3;　　B. long L=8.4f;

C. int i=(boolean)8.9;　　　　　　　　　　D. double d=100;

(15) 定义变量 int i=3;,那么表达式 i/6 *5 的计算结果是(　　)。

A. 0　　　B. 1　　　C. 2.5　　　D. 2

(16) 关于数据类型转换的说法,不正确的是(　　)。

A. Java 共有两种数据类型的转换方式:自动转换和强制转换

B. Java 中当两个类型不同的运算对象进行二元运算时,Java 自动把精度较低的类型转换成另一个精度较高的类型

C. boolean 型数据能和其他数据类型进行转换

D. char 型和 int 型数据可以互相转换

(17) 下列语句执行后,变量 m、n 的值分别是(　　)。

```
int x=23,m,n;
m=x/100;
n=x%10;
```

A. 0,3　　　B. 0,2　　　C. 3,0　　　D. 3,1

(18) 设 x=2,则表达式 (x + +) * 3 的值是(　　)。

A. 6　　　B. 9　　　C. 6.0　　　D. 9.0

(19) 已知 x 和 y 均为 boolean 型变量,则 x && y 的值为 true 的条件是(　　)。

A. 至少其中一个为 true　　　B. 至少其中一个为 false

C. x 和 y 均为 true　　　D. x 和 y 均为 false

(20) 设有定义 float x=3.5f,y=4.6f,z=5.7f;,则以下的表达式中,值为 true 的是(　　)。

A. x>y||x>z　　　B. x!=y

C. z>(y+x)　　　D. x<y&!(x<z)

(21) 设 x 和 y 为 int 型变量,则执行下面的循环后,y 的值为(　　)。

```
for(y=1,x=1;y<=50;y++){
if(x>=10)
    break;
if(x%2==1){
    x+=5;
    continue;
}
x-=3;
}
```

A. 2　　　B. 4　　　C. 6　　　D. 8

(22) 下列循环中,执行 break outer 语句后,下面(　　)将被执行。

```
outer:
    for(int i=1;i<10;i++)
    {
        inner:
        for(int j=1;j<10;j++)
        {
```

```
            if(i*j>50)
              break outer;
            System.out.println(i*j);
        }
}
    next:
```

A. 标号为 inner 的语句　　　　B. 标号为 outer 的语句

C. 标号为 next 的语句　　　　D. 以上都不是

(23) 下列循环中,执行 continue outer 语句后,(　　)说法正确。

```
outer:
    for(int i=1;i<10;i++)
    {
        inner:
        for(int j=1;j<10;j++)
        {
              if(i*j>50)
                continue outer;
              System.out.println(i*j);
        }
    }
next:
```

A. 程序控制在外层循环中,并且执行外层循环的下一迭代

B. 程序控制在内层循环中,并且执行内层循环的下一迭代

C. 执行标号为 next 的语句

D. 以上都不是

(24) 下列语句序列执行后,x 的值是(　　)。

```
int  a=4, b=1, x=6;
if(a==b)  x+=a;
else  x=++a*x;
```

A. 15　　B. 30　　C. 25　　D. 5

(25) 有以下代码,运行完后 i 的最终值是(　　)。

```
public class Foo {
    public static void main(String[] args) {
        int i=1;
        int j=i++;
        if ((i>++j) && (i++==j))
            i+=j;
    }
}
```

A. 1　　B. 2　　C. 3　　D. 4

(26) 下列语句序列执行后,k 的值是(　　)。

```
int  i=4,j=5,k=9,m=5;
if(i>j || m<k)  k++;
else  k--;
```

A. 5　　B. 9　　C. 8　　D. 10

(27) 在 switch(expression)语句中,expression 的数据类型不能是(　　)。

A. byte　　B. char　　C. float　　D. short

(28) 有以下代码,其中变量 i 可能的类型是(　　)。

```
switch (i) {
default:
    System.out.println("Hello");
}
```

A. byte　　B. long　　C. double　　D. A and B

(29) 下列语句序列执行后,i 的值是(　　)。

```
int s=1,i=1;
while( i<=4 ) {
s=s*i ;
i++;
}
```

A. 6　　B. 4　　C. 24　　D. 5

(30) 下列语句序列执行后,m 的值是(　　)。

```
int  m=1;
for(int i=5; i>0; i--)
m*=i;
```

A. 15　　B. 120　　C. 60　　D. 0

(31) 以下由 for 语句构成的循环执行的次数是(　　)。

```
for (int  i=0; i>0; i++)
```

A. 有语法错,不能执行　　B. 无限次

C. 执行一次　　D. 一次也不执行

(32) 下列语句中执行跳转功能的语句是(　　)。

A. for 语句　　B. while 语句

C. continue 语句　　D. switch 语句

(33) 下列对 Java 语言的叙述中,错误的是(　　)。

A. Java 虚拟机解释执行字节码

B. Java 中执行跳转功能的语句是 switch 语句

C. Java 的类是对具有相同行为对象的一种抽象

D. Java 中的垃圾回收机制是一个系统级的线程

(34) Java 支持的三种跳转语句不包括(　　)。

A. break 语句　B. continue 语句　C. return 语句　D. goto 语句

2. 简答题

(1) Java 中的基本数据类型共有三种,分别是什么?

(2) 写出定义双精度浮点型常量 G,值为 9.8 的语句。

(3) 标识符的命名规则有哪些?

(4) 定义 int a=6,b; b=a++ * 3;,程序执行后 a、b 的值分别为多少?

(5) 程序流程的三种结构是什么?

(6) while 循环和 do-while 循环的区别是什么?

(7) break 语句和 continue 语句的区别是什么?

(8) 写出下面程序的运行结果:

```
public class ForBar {
public static void main(String[] args) {
    int i=0, j=5;
    tp: for (;;) {
        i++;
        for(;;)
            if(i>--j) break tp;
        }
    System.out.println("i="+i+", j="+j);
}
}
```

(9) 阅读下列程序,写出程序的运行结果。

```
public class abc{
    public static void main(String args[ ]){
      int i , s=0 ;
          int a[ ]={ 10 , 20 , 30 , 40 , 50 , 60 , 70 , 80 , 90 };
          for ( i=0 ; i<a.length ; i++){
              if ( a[i]%3==0 )
            s+=a[i] ;
      }
          System.out.println("s="+s);
     }
}
```

(10) 读程序写结果。

```
public class Continue_exe {
    public static void main(String[] args) {
        int sum=0;
            for (int i=1; i<=10; i++) {
                if (i %2 !=0)
                    continue;
                else
```

```
                sum+=i;
            }
            System.out.println("和为:"+sum);
        }
    }
```

(11) 阅读下面的程序段,回答问题。

```
if ( x<5 )
System.out.print(" one ");
else
{
if ( y<5 )
    System.out.print(" two ");
else
    System.out.println(" three ");
}
```

问题:

① 若执行前 x=6,y=8,该程序段输出是什么?

② 若执行前 x=1,y=8,该程序段输出是什么?

(12) 阅读下面程序片段,试回答程序执行后 n 的值是多少?

```
int j=12,i=6,n=19;
switch(j-i){
    case 5: n=n-i; break;
    case 6: n=n+9;
    case 7: n=n-i; break;
    default:n=n*2;
}
```

(13) 阅读下列 for 循环语句,写出程序的运行结果。

```
public class ClassX {
    public static void main(String args[]) {
        int a[]={ 45, 18, 98, 56, 304 };
        for (int i=a.length -1; i>=0; i--)
            System.out.println(a[i]);
    }
}
```

(14) 阅读下面 do-while 程序片段,写出程序的执行结果。

```
int i=0,total=0;
do{
    i=i+2;
    System.out.println("i="+i);
total=total+(i++)*2;
}while(i<12);
```

```
System.out.println("总数为:"+total);
```

(15) 阅读下列有关 break 语句的程序，写出程序的输出结果。

```
public class BreakTest {
    public static void main(String[] args) {
        int i=3, j;
        outer: while (i>0) {
            j=3;
            inner: while (j>0) {
                if (j<2)
                    break outer;
                System.out.println(j+"and"+i);
                j--;
                }
            i--;
        }
    }
}
```

(16) 阅读下列有关 continue 语句的程序，写出程序的输出结果。

```
public class ContinueTest {
    public static void main(String[] args) {
        int n=10;
        for (int i=1; i<=n; i++) {
            if (n %i !=0)
                continue;
            System.out.print(i+",");
        }
    }
}
```

3. 编程题

(1) 编写程序，打印输出水仙花数（水仙花数是一个三位正整数，并且它的各个位满足各个位的立方和等于该数本身，例如 153＝1×1×1＋5×5×5＋3×3×3，所以 153 是一个水仙花数）。

(2) 编写程序，判断三个整数中的最大数，并在屏幕中打印输出该最大数。

(3) 用循环语句实现，打印 1～100 之间的自然数。

(4) 编写一个应用程序，计算 1～10 之间各个整数的阶乘，并将结果输出到屏幕上。

(5) 试编写一个程序输出下图形式的星阵：

```
  *
 ***
*****
 ***
  *
```

(6) 试编写一个程序输出下图形式的星阵：

```
    *
   * *
  *   *
   * *
    *
```

(7) 编写程序，显示 21 世纪(2001—2100 年)中所有的闰年，每行显示 10 个。

(8) 用 4 个独立的程序打印下面的图案：

```
图案 1          图案 2          图案 3          图案 4
1               12345               1          12345
12              1234               12           1234
123             123               123            123
1234            12               1234             12
12345           1               12345              1
```

第4章　类和对象

学习要求

类的定义和对象的使用是运用Java语言进行程序设计的核心，本章将对其进行探讨。通过本章的学习应该能够了解Java语言的类和对象的概念，掌握如何定义类，能够应用类来创建对象，掌握对象的方法和属性的使用，掌握常用的关键字，并能解决简单的实际应用问题。本章通过理论教学、练习教学和实践教学，循序渐进地向学生介绍和演示，并通过练习和实践的方式使学生具备使用类和对象知识进行编程的能力。

知识要点

- 类的定义；
- 对象的创建；
- 方法的使用；
- 变量的作用域；
- this关键字；
- static关键字；
- 类与对象的应用。

教学重点与难点

(1) 重点：
- 类的结构；
- 对象的创建；
- 方法的调用；
- 给方法传递对象参数。

(2) 难点：
- 方法的调用；
- 给方法传递对象参数。

实训任务

任务代码	任务名称	任务内容	任务成果
任务1	方法的使用	方法的练习	使用方法实现程序的编写
任务2	类的编写	定义类的练习	自定义的类
任务3	构造方法的编写	构造方法的练习	使用构造方法实现给对象的属性赋值
任务4	对象的创建	创建对象的练习	使用自定义的类创建对象

【项目导引】

类的定义是面向对象程序设计中的核心，Java 是一种纯粹的面向对象的程序设计语言，一个 Java 程序乃至程序内的一切都是对象，也就是说定义类和创建对象是 Java 编程的主要任务。本章学习使用 Java 语言定义类和创建对象。本章学习结束后，可以协助完成项目中类的设计及代码编写，如表 4.1 所示。

表 4.1　类和对象在项目实现中的应用

序　号	子项目名称	本章技术支持
1	开发及运行环境搭建	
2	基础知识准备	
3	面向对象设计与实现	类的定义和对象的创建
4	容错性的设计与实现	
5	图形用户界面的设计与实现	
6	数据库的设计与实现	

4.1　面向对象

4.1.1　什么是面向对象

面向对象编程（Object-Oriented Programming，OOP）技术是开发计算机应用程序的一种新方法、新思想。过去的面向过程编程常常会导致所有的代码都包含在几个模块中，使程序难以阅读和维护。在做一些修改时常常牵一动百，使以后的开发和维护难以为继。而使用 OOP 技术，常常要使用许多代码模块，每个模块都只提供特定的功能，它们是彼此独立的，这样就增大了代码重用的几率，更加有利于软件的开发、维护和升级。

在面向对象中，算法与数据结构被看作是一个整体，称作对象。现实世界中任何类的对象都具有一定的属性和操作，也总能用数据结构与算法两者合一地来描述，所以可以用下面的等式来定义对象和程序：

对象＝（算法＋数据结构），　程序＝（对象＋对象＋…）。

从上面的等式可以看出，程序就是许多对象在计算机中相继表现自己，而对象则是一个个程序实体。

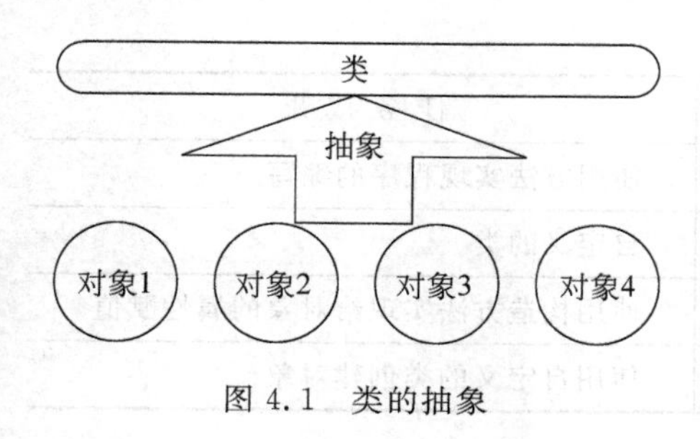

图 4.1　类的抽象

在面向对象的思想中“万事万物皆对象”。我们认知世界是从具体到抽象的。把相同类型的对象抽象出来就是类，如图 4.1 所示。

类，可以理解为类型，是一个抽象的概念，例如所有的车就抽象出来车这个类，所有的车有着共性，例如颜色、车牌号、能刹车、加速和减速等。现实生活中的车就可以抽象为类。类描述了一组有相同特性(属性)和相同行为(方法)的对象。在程序中,类实际上就是数据类型,例如整数、小数等。整数也有一组特性和行为。面向过程的语言与面相对象的语言的区别就在于,面向过程的语言不允许程序员自己定义数据类型,而只能使用程序中内置的数据类型。而为了模拟真实世界,为了更好地解决问题,往往需要创建解决问题所必需的数据类型。面向对象编程为我们提供了解决方案。类是描述对象的"基本原型",它定义一种对象所能拥有的数据和能完成的操作。

在面向对象的程序设计中,类是程序的基本单元。类需要实例化为对象,实例化的对象既有类的共性,又有着自己的特点,例如每个人都有他自己的名字,自己的指纹,可以区别于别人的,如图 4.2 所示。

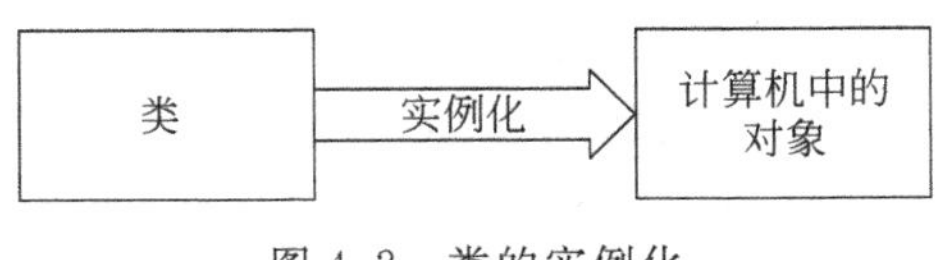

图 4.2 类的实例化

4.1.2 面向对象的特征

面向对象的编程方式具有继承、封装和多态性等特点。

1. 继承

通过继承可以创建子类和父类之间的层次关系,子类可以从其父类中继承属性和方法,通过这种关系模型可以简化类的操作。假如已经定义了 A 类,接下来准备定义 B 类,而 B 类中有很多属性和方法与 A 类相同,那么就可以通过关键字 extends 实现 B 类继承 A 类,这样就无须再在 B 类中定义 A 类已具有的属性和方法,在很大程度上提高了程序的开发效率。

例如,可以将动物看成一个父类,那么动物类具有年龄属性,然后再定义一个猫科动物类,在定义猫科动物类时完全可以不定义动物类的年龄属性,通过如下继承关系完全可以使猫科动物类具有年龄属性:

```
class 动物类{
    int 年龄;                                    //在动物类中定义年龄属性
}
class 猫科动物类 extends 动物类{
    //猫科动物类中其他的属性和方法
}
```

2. 封装

类是属性和方法的集合,为了实现某项功能而定义类后,开发人员并不需要了解类体内每句代码的具体含义,只需通过对象来调用类内某个属性或方法即可实现某项功能,这就是类的封装性。

例如驾驶汽车,在汽车内有着数不清的零部件和子系统,它们都是对象(换句话说,它们都可以被看作是对象),它们都很复杂,而驾驶员只要看仪表,操纵方向盘等设置就可以兜风了。而根本不用去直接操作发动机本身,而且,甚至不知道发动机都做了哪些事情,这种复杂性被操纵方向盘等方法给隐藏掉了。

3. 多态性

类的多态性指不同的类进行同一操作可以有不同的行为。例如定义一个火车类和一个汽车类，火车和汽车都可以移动，说明两者在这方面可以进行相同的操作。然而火车和汽车移动的行为是截然不同的，因为火车必须在铁轨上行驶，而汽车在公路上行驶，这就是类的多态性的形象比喻。

4.2 类的结构

Java里的类分为两种：系统类和自定义类。

系统类就是Java自带的标准类，安装JDK后，在lib目录下就保存了一些基本的类库，还有一些可以从网上下载。比如前面接触过的System、String和BufferReader等都是系统类。用户对这些类了解得越多，就越方便用户直接使用这些类来编写程序，而不需要从头编写，这样就提高了编码的效率和质量。

尽管Java提供了很多标准类库，但有的时候不会百分百地满足用户的意愿，这就需要自定义类了。

那么如何编写自定义类呢？下面就开始学习如何编写。

首先来学习类的结构，类的定义使用class关键字，具体结构如下：

```
[public][abstract|final]class 类名[extends 父类][implements 接口列表]
{
    属性声明及初始化;
    方法声明及方法体;
}
```

在类的结构中，关键字class之前出现了多个修饰符，这里修饰符的作用是用来限定类的使用方式。其中：

- public：表明此类为公有类。
- abstract：指明此类为抽象类。
- final：指明此类为终结类。

在类的内部可以包含多个属性和方法。

提示：

(1) 在一个java文件里只能有一个public的class。

(2) public的class的名字要和java文件的名字一致。

(3) 一个java文件里可以有多个非public的class。

例4.1 编写一个员工类。

```
public class Employee {
    //属性声明
    String name;
    int age;
    double salary;
    //方法声明
    void raise(double p){
        salary=salary+p;
```

```
System.out.println(name+"涨工资之后的工资为:"+salary);
    }
}
```

4.2.1 属性

类的属性位置在类的内部、方法的外部。类的属性描述一个类的一些可描述的特性，比如人的姓名、年龄和性别等。属性声明的语法结构为：

```
[修饰符] 变量类型 变量名 [=变量初始值];
```

例如例 4.1 中定义的属性：

```
String name="zhangsan";
int age=32;
double salary=2000;
```

一个类中可以包含多个属性，也可以没有属性。属性也可以有修饰符，将在以后的章节中介绍。

4.2.2 方法

类的方法用来描述类的动作或活动，比如图书的增加、修改或删除。方法声明的语法结构为：

```
[修饰符]  返回值类型 方法名(参数列表){
    //方法体
}
```

首先来看一个方法，下面是例 5.1 中定义的方法：

```
void raise(double p){
    salary=salary+p;
System.out.println("涨工资之后的工资为:"+salary);
}
```

这个方法的功能是计算涨了 p 元钱之后的工资数目，修饰符为空的，返回值类型为 void，方法名为 raise，包含一个 double 型参数，代表工资涨了多少，方法体包含两条语句。

再来看一个例子：

```
public static int max(int num1, int num2){
    if (num1>num2)
        return num1;
    else
        return num2;
}
```

这个方法的功能为求两个参数 num1 和 num2 的最大值，修饰符包含两个，分别为 public 和 static，返回值类型为 int，方法名为 max，包含两个参数，都是 int 类型的，方法体为一组 if-else 语句。

下面对方法的结构进行详细介绍：

(1) 方法头指定方法的修饰符、返回值类型、方法名和参数。

(2) 修饰符是可选的，它指定了方法的属性并且告诉编译器该方法可以如何调用。

(3) 方法可以返回一个值。返回值类型是方法要返回的值的数据类型，例如可以是 int，这时要用到 return 语句，例如 return num2。若方法不返回值，则返回值类型为关键字 void。除构造方法外，所有的方法都要求有返回值类型。

(4) 方法可以有一个参数列表，按方法的规范称为形式参数。当方法被调用时，形式参数用变量或数据替换，这些变量或数据称为实际参数。参数是可选的。

(5) 方法体包括一个定义方法做什么的语句集合。

4.2.3 构造方法

要学习 Java 语言，必须理解构造方法。构造方法是一种特殊的方法，利用构造方法能够初始化对象的数据，构造方法必须与定义它的类有完全相同的名字。

每次在创建实例变量时，对类中的所有变量都要初始化是很乏味的。如果能够在创建对象的同时就对所有属性都进行了初始化就方便多了，这种自动的初始化是通过使用构造方法来完成的。

构造方法的结构如下：

```
[修饰符]  类名(参数列表){
    //方法体
}
```

先来看一个例子。

例 4.2 在员工类中加入构造方法。

```
public class Employee {
    //属性声明
    String name;
    int age;
    double salary;

    public Employee(){←—不带参数的构造方法
        name="小明";
        age=32;
        salary=2000;
    }
    public Employee(String n,int a,double s){←——带参数的构造方法
        name=n;
        age=a;
        salary=s;
    }
    void raise(double p){
        salary=salary+p;
        System.out.println(name+"涨工资之后的工资为:"+salary);
```

```
    }
}
```

构造方法和普通方法的区别如下：

(1) 作用不同。

构造方法是为了创建一个类的实例。这个过程也可以在创建一个对象的时候用到。方法的作用是为了执行 java 代码。

(2) 修饰符不同。

和方法一样，构造方法可以有任何访问的修饰：public、protected、private 或者没有修饰。不同于方法的是，构造器不能有以下非访问性质的修饰：abstract、final、native、static 或者 synchronized。

(3) 返回值不同。

返回类型也是非常重要的。方法能返回任何类型的值或者无返回值(void)，构造方法没有返回值，也不需要 void。

(4) 命名不同。

构造方法使用和类相同的名字，而普通方法则不同。按照习惯，方法通常用小写字母开始，而构造方法通常用大写字母开始。构造方法通常是一个名词，因为它和类名相同；而方法通常更接近动词，因为它说明一个操作。

提示：

(1) 如果类里没有构造方法，系统会默认有一个无参的什么也不做的构造方法。

(2) 如果类里定义了有参的构造方法，则默认的无参的构造方法就不存在了。

(3) 构造方法是实例化对象时才能调用，不能随意调用。实例化对象将在后面讲解。

4.3 类与对象的关系

类是定义一个对象的数据和方法的蓝本。对象是类的实例，可以从一个类中创建许多实例(对象)。创建一个实例的过程称为实例化。类和对象的关系可以通过图 4.3 体现。

图 4.3 类和对象的关系

在Java里定义一个类，也就是说明一个类型，比如人，这个类Person一定要实例化成对象后才可以和它打交道，也就是访问或调用或发送消息(不过也有特例的情况，这个先不讲，就当没有特例，要记住定义好的类，一定要经过实例化成对象后，对对象进行访问和调用)。比如说要和一个人说话，首先实例化Person这个类，实例对象叫xiaoliu，这样就可以跟xiaoliu交流了，访问他的属性或方法，比如他的性别、他的名字、他的身高、他是否handsome，如图4.4所示。

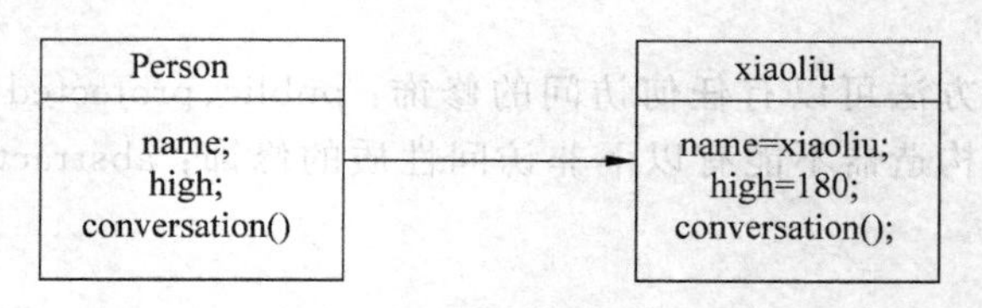

图4.4 类实例化为对象

4.4 对象的创建

1. 声明对象

类定义了一类对象的特性，每一个对象都是相应类的实例。定义一个类后，就可以定义对象了。首先要声明对象，声明对象的语法结构如下：

```
类名  对象名;
```

例如：

```
Employee e1;
```

对象的声明并没有创建对象，只是简单地把对象和类联系起来，使对象成为该类的一个实例。但是创建一个基本数据类型的变量如下：

```
int i ;
```

这条语句创建了一个变量并为该变量i分配了适当的内存空间。

2. 创建对象

要为对象分配内存空间，还需要创建对象，这时就要使用new关键字。创建对象的语法结构如下：

```
对象名=new  构造方法名(参数列表);
```

例如：

```
e1=new Employee();
```

或者

```
e2=new Employee("小明",29,3000);
```

3. 声明并创建对象

对象的声明和创建可以一步完成，声明并创建对象的语法结构如下：

```
类名 对象名=new 构造方法名(参数列表);
```

例如:

```
Employee e1=new Employee();
Employee e2=new Employee("小李",29,3000);
```

4. 对象的使用

在对象创建后,就可以使用对象了,可以访问对象的属性和方法。格式为:

```
对象名.属性名;
对象名.方法名(实际参数表);
```

例 4.3 使用 Employee 创建对象 e1 和 e2,访问对象 e1 和 e2 的属性和方法,访问的方式如下所示:

```
public class Example4_3 {
    public static void main(String[] args) {
        Employee e1=new Employee();
        e1.name="王一";
        e1.salary=1600;
        e1.raise(100);
        Employee e2=new Employee("张敏",29,3000);
        e2.raise(500);
    }
}
```

程序运行结果如图 4.5 所示。

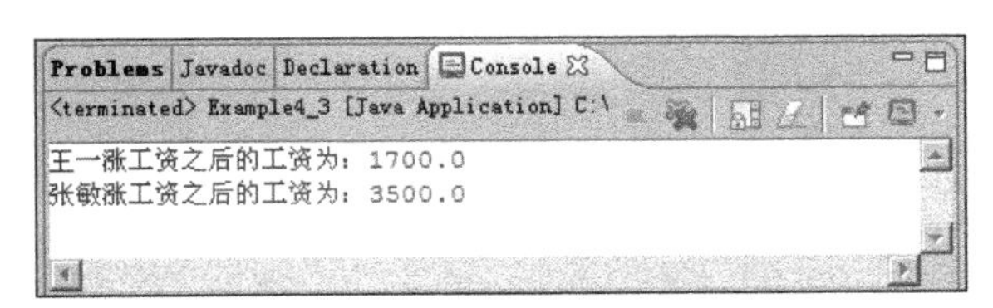

图 4.5 Example4_3 的运行结果

4.5 方法的调用

创建方法就是为了要使用,那么如何使用一个方法呢?这就是调用。调用方法的格式为:

```
对象名.方法名(实际参数表);
```

根据方法是否有返回值,通常有两种调用方法的途径。

(1) 如果方法返回一个值,对方法的调用通常就当做处理一个值。

(2) 如果方法返回 void,对方法的调用必定是一条语句。

例如例 4.3 中提到的:

```
e1.raise(100);
e2.raise(500);
```

方法调用后运行的结果为：

```
小明涨工资之后的工资为:2100.0
小王涨工资之后的工资为:3500.0
```

这里的方法 raise 返回值类型为 void,所以当作一条语句来调用。方法定义时带一个参数。调用时也要带一个参数,调用时的参数称为实参,要求实参必须在类型、数量上与形参完全匹配。

例 4.4 计算学生期末成绩。

```
public class Student {
String name;
int pingshi;
int qimo;
Student(String n,int p,int q){
    name=n;
    pingshi=p;
    qimo=q;
}
void print(){
    System.out.print("姓名为:"+name+" 的同学 ");
}
double jisuan(){
    return pingshi+qimo * 0.5;
}
public static void main(String[] args){
Student s1;
s1=new Student("王明",30,80);
s1.print();
System.out.println("总成绩为 "+s1.jisuan());
}
}
```

运行结果如图 4.6 所示。

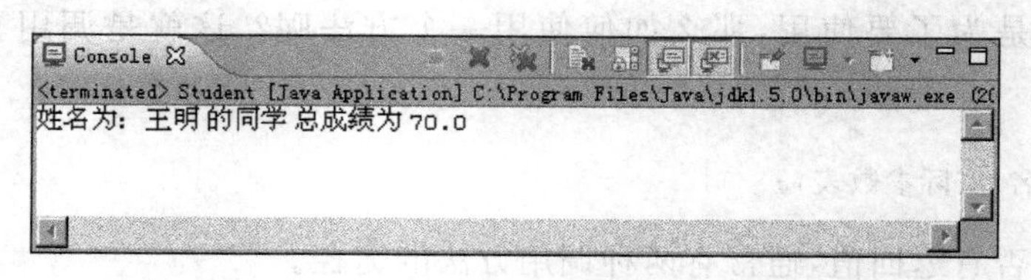

图 4.6 Student 的运行结果

4.6 给方法传递对象参数

学习完方法的调用，掌握了如何把简单类型参数传递给方法。也可将对象传递给方法，把对象类型的变量传递给方法和把简单类型传递给方法是有区别的。

(1) 值传递：方法调用时，实际参数把它的值传递给对应的形式参数，方法执行中形式参数值的改变不影响实际参数的值。

(2) 引用传递：也称为传地址。方法调用时，实际参数的引用(地址，而不是参数的值)被传递给方法中相对应的形式参数，在方法执行中，对形式参数的操作实际上就是对实际参数的操作，方法执行中形式参数值的改变将会影响实际参数的值。

下面通过一个例子来看一下值传递和引用传递的区别。

例 4.5 参数传递。

```
class A {
    int a;
    public A() {
        a=1;
    }
    public void add(int m, A n) {
        m++;
        n.a++;
    }
}
public class TestPassObject{
    public static void main(String[] args) {
        int x=5;
        A y=new A();
        System.out.println("调用前简单类型变量 x="+x);
        System.out.println("调用前引用类型变量 y 的属性 y.a="+y.a);
        y.add(x, y);
        System.out.println("调用后简单类型变量 x="+x);
        System.out.println("调用后引用类型变量 y 的属性 y.a="+y.a);
    }
}
```

运行结果如图 4.7 所示。

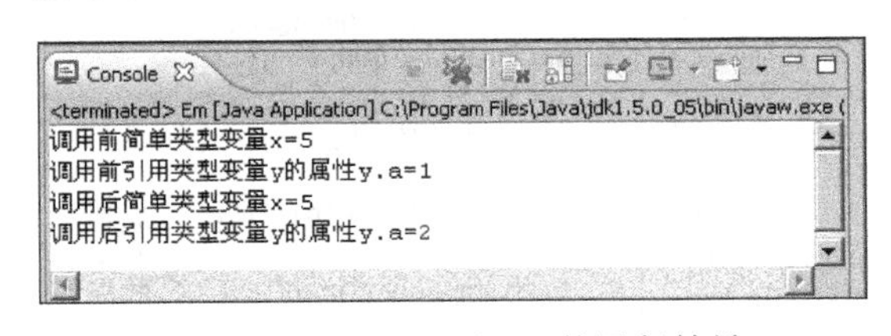

图 4.7 TestPassObject 的运行结果

从上例中可以看出，类 A 中有名为 add 的方法，方法的两个参数分别为简单类型的变量和引用类型的变量。在传递的过程中是有区别的，从结果可以看出简单类型变量 x 作为实参，把值传递给形参 m，m 的值改变后并没有影响到 x，而引用类型变量 y 作为实参，形参 n 的改变影响了 y。这就是值传递和引用传递的区别。

4.7 变量的作用域

变量的作用域是指变量在程序中的可使用范围。Java 程序在基础知识部分就学习了变量，下面来看一下各种类别变量的作用域。

首先，我们知道类体由两部分构成，一部分是属性的定义；一部分是方法的定义(一个类中可以有多个方法)。类的属性就是定义在类的内部、方法的外面的变量；而定义在方法内的变量称为局部变量。两者的作用域是不同的。

属性的作用域是整个类，属性和方法在类中可以按任何顺序声明。

局部变量的作用域从该变量的声明开始到包含该变量的块结束为止，并且局部变量必须先声明后使用。形式参数实际上是一个局部变量，一个方法中形式参数的作用域覆盖整个方法。

下面通过以前学过的例子来看一下各类型变量的作用域。首先通过 Employee 这个类来了解属性和形参的作用域。在 Employee 类中有三个属性，它们的作用域都是整个类的内部，例如可以在方法 raise 中应用 name 属性和 salary 属性；而形参 p 的作用域仅仅是方法 raise 的内部，出了 raise 方法，p 就不能被使用了，如图 4.8 所示。

```
public class Employee {
    String name;
    int age;
    double salary;
属性  void raise(double p){
的作       salary=salary+p;
用域    System.out.println(name+
    "涨工资之后的工资为：" + salary);
        }
    }
```

图 4.8 属性和形参的作用域

其次来学习方法内局部变量的作用域。下面是一个使用循环语句求水仙花数的例子，例如在 for 循环头中定义的循环变量 i，其作用域是整个 for 循环，而在循环内定义的局部变量 a、b 和 c，它们的作用域都是从定义的地方开始，到包含它的块结束，如图 4.9 所示。

```
public class Narcissus {
    public static void main (String args[]){
        for (inti=100; i<1000; i++){
            int a=i % 10;
局部        int b=(i/10)% 10;
变量i       int c=i/100;
的作        int p=a*a*a=b*b*b+c*c*c;   局部
用域        if(p==i)                   变量p
                System.out.println(i);  的作
        }                               用域
    }
}
```

图 4.9 方法内局部变量的作用域

类变量只能声明一次，但是在方法内不同的非嵌套块中，可以多次声明名称相同的变量。如果局部变量和一个类变量同名，那么在局部变量的作用域内类变量被隐藏。

例 4.6 变量的作用域。

```
public class Example4_6 {
    int x=0;

    int y=0;

    void method() {
        int x=1;
        System.out.println("x="+x);
        System.out.println("y="+y);
    }

    public static void main(String[] args) {
        Example4_6 e=new Example4_6();
        e.method();

    }

}
```

运行结果如图 4.10 所示。

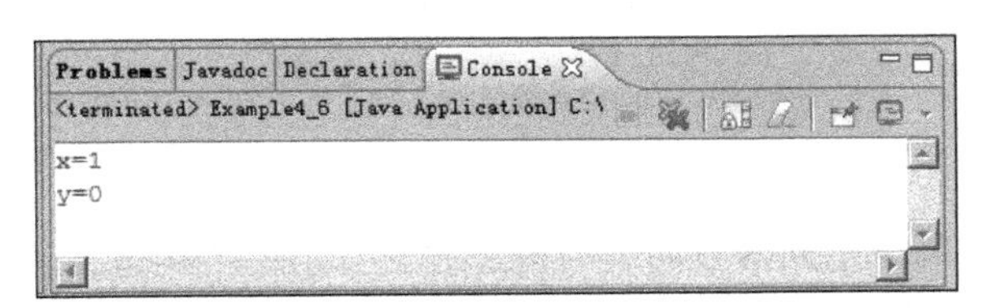

图 4.10 Example4_6 的运行结果

由上面的运行结果可以看出，属性 x 的值在方法 p 中被局部变量 x 的值所隐藏，因此输出 x 时指的是局部变量。

如果此时还需要打印属性的值怎么办呢？下面的小节可以解答这个问题。

4.8 this 关键字

this 的用途有两种。第一种情况是引用属性。当方法中的参数与某个属性有相同的名字时，这时局部变量(参数)优先，属性被隐藏。然而有时为了能够在方法中引用隐藏的属性，就可以使用 this 区分，有 this 引用的就是属性，没有 this 引用的就是方法中的局部变量或参数。

例 4.7 使用 this 引用属性。

```
class Example4_7{
```

```
    private int x,y;
    public test(int x,int y) {
        setX(x);←—也可以写为 this.setX(x);,这种情况下 this 可以省略
    }
    void setX(int x){
      this.x=x;←—this.x 是该对象的属性 x,等号后的 x 是 setX()方法中的参数
    }
}
```

第二种情况是引用构造方法。构造方法的 this 指向同一个类中不同参数列表的另外一个构造方法,看看下面的代码:

例 4.8 使用 this 引用构造方法。

```
public class Platypus {
String name;
Platypus(String name){
        this.name=name;
}

Platypus(){
        this("John/Mary Doe");
}
public static void main(String args[]){
        Platypus p1=new Platypus("digger");
        Platypus p2=new Platypus();
    }
}
```

在上面的代码中有两个不同参数列表的构造方法。第一个构造方法给类的成员 name 赋值,第二个构造方法调用第一个构造方法,给成员变量 name 一个初始值“John/Mary Doe”。

提示:在构造方法中,如果要使用关键字 this,那么必须放在第一行,否则会导致一个编译错误。

4.9 static 关键字

4.9.1 类属性

实例变量存储在不同的内存空间,实例变量是属于某个对象的,那么如何让一个类的所有实例来共享一个变量的值呢?

共享的方法就是使用 static 修饰,用 static 修饰的属性称为静态属性或类属性(而不是类的属性),用于描述一个类下所有对象共享的属性,例如同校学生的学校名称,员工所在的公司名等。这种属性的特点是所有此类实例共享此静态变量,一个对象改变了这个属性的值,其他对象在调用这个属性时,值也发生了改变。也就是说在类装载时,只分配一块存储空间,所有此类的对象都可以操控此块存储空间。调用类属性时可通过类名直接调用,也可

通过对象调用。

类变量是将变量的值存储于类的公共内存，定义的格式为：

```
static  数据类型  变量名;
```

例如：

```
static String schoolName="大连东软信息学院";
```

类常量的定义格式为：

```
final static 数据类型 变量名=值;
```

例如：

```
final static double PI=3.14;
```

提示：静态属性并不是常量属性，常量属性是指初始化后不能更改的属性，每个对象都有自己的常量属性，而静态属性是指所有对象实例共享的属性，但是可以改变。

4.9.2 类方法

如果一个方法有 static 修饰，这个方法就称为静态方法或类方法（而不是类的方法）。调用类方法时可通过类名直接调用，也可通过对象调用。类方法定义的格式为：

```
[修饰符] static 返回值类型 方法名(参数列表){
    //方法体
}
```

一个静态方法可以用“类名.方法名”来调用，也就是说无须实例化类即可调用它的静态方法。一般来说，静态方法常常为应用程序中的其他类提供一些实用工具，在 Java 的类库中大量的静态方法正是出于此目的而定义的。例如方法 System.out.println()就是一个类方法。

下面来看一个例子。

例 4.9 使用 Static 修饰符。

```
public class Example4_9{
    public static void main(String[] args) {
        Employee2.setMin(600);←——这里是使用类名调用的
        Employee2 e1=new Employee2("张三",29,3000);
        System.out.println("e1 中员工最低工资:"+e1.getMin());
        Employee2 e2=new Employee2("李四",22,300);
        System.out.println("e2 中员工最低工资:"+e2.getMin());
        e1.raise(500);
        e2.raise(400);
    }
}
class Employee2 {
    String name;
```

```
    int age;
    double salary;
    static double min_salary;←—类属性,对所有的对象都一样,共享一个存储空间
    public Employee2(String n,int a,double s){
        name=n;
        age=a;
        salary=s;
}
public static double getMin(){
    return min_salary;
}
    public static void setMin(double min){
    min_salary=min;
}
    void raise(double p){
        if(salary<min_salary)
            salary=min_salary;
        else
            salary=salary+p;
            System.out.println(name+"涨工资之后的工资为:"+salary);
    }
}
```

运行结果如图 4.11 所示。

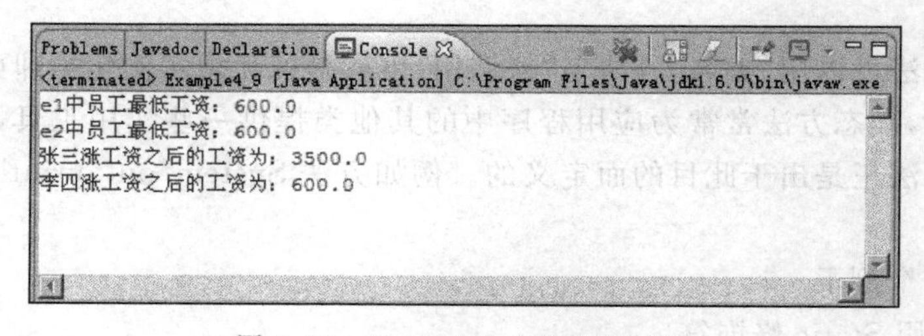

图 4.11　Example4_9 的运行结果

提示：

(1) 静态方法中不能直接访问本类的非静态成员,static 方法只能使用 static 成员。

(2) 构造方法不能是静态的,因为它是初始化对象用的。

(3) 静态方法中不能使用 this 关键字,因为静态方法不属于类的实例,所以 this 也就没有什么东西去指向。

4.10　类与对象的应用

通过下面的例题练习类的定义和使用类来创建对象。

例 4.10　People 类的编写和使用。

```
public class Example4_10{
```

```
public static void main(String args[]){
        //声明对象并分配内存
        People 张三=new People("张华",20);←—从姓名、年龄创建对象
        People 李四=new People("自由职业者",true);
        People 无名=new People();
    }
}
class People{
    String name, career;
    boolean sex=true;                              //true 代表女,false 代表男
    int age;
    double height;

    public People(String name,int age){←—从姓名、年龄角度分析 people 类时使用
        this.name=name;
        this.age=age;
        System.out.println("姓名:"+name+" 年龄:"+age);
    }

    public People(String career,boolean sex){
        this.career=career;←—从性别、职业角度分析 people 类时使用
        this.sex=sex;
        System.out.println("职业:"+career+" 性别:"+sex);
    }

    public People(){
        System.out.println(sex);
    }
}
```

上面的例题中定义了 People 类,包含 4 个属性,从不同角度定义了三个构造方法,在创建对象时根据用户感兴趣的角度来选择使用哪个构造方法来创建对象。

编写一个 Java 程序,程序中有一个类 Telephone,Telephone 类中包含有电话品牌、电话号码、通话时间、费率和余额等属性,以及计算话费和显示信息等方法。程序中应包含一个主类来使用 Telephone 类并显示相应的信息。

例 4.11 Telephone 类的编写和应用。

```
public class Example4_11{
    public static void main(String[] args) {
        Telephone tel;
        tel=new Telephone("TCL", "8309600", 100);
        tel.rate=0.2;
        tel.dialledTime=150;
        tel.display();
        tel.callCost();
        tel.recharge(50);
```

```
    }
}
class Telephone {
    String brand;
    String number;
    double dialledTime;
    double rate;
    double balance;
    public Telephone(String brand,String number,double balance){
        this.brand=brand;
        this.number=number;
        this.balance=balance;
    }

    public void recharge(double cost) {
        balance=balance+cost;
        System.out.println("冲值后的余额:"+balance);
    }

    public void callCost() {
        double callcost=dialledTime * rate;
        balance=balance -callcost;
        System.out.println("话费:"+callcost);
        System.out.println("余额:"+balance);
    }

    public void display() {
        System.out.println("电话品牌:"+brand+"电话号码:"+number);
        System.out.println("通话时间:"+dialledTime+"费率:"+rate);
    }
}
```

运行结果如图 4.12 所示。

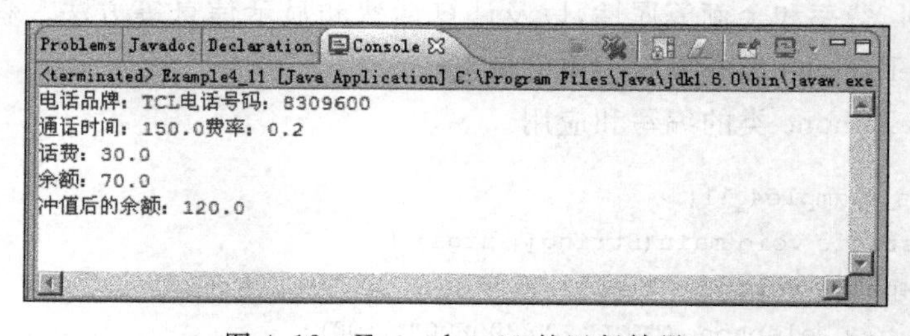

图 4.12　Example4_11 的运行结果

【总结与提示】

(1) 类是对象的模板,对象是类的实例。

(2) 类有两种成员：属性和方法。

(3) 构造方法是一种特殊的方法，在创建对象时被调用。

(4) 可以使用关键字 this 引用类的成员，包括构造方法。

(5) 类变量和类方法是类的所有实例所共享的。

4.11 实训任务——类和对象的使用

任务1：方法的使用

目标：通过编写代码，掌握方法的应用，掌握方法的返回值和参数的应用。

内容：

(1) 编写一个类，包含三个方法：main 方法、将华氏温度转换为摄氏温度的方法、将摄氏温度转换为华氏温度的方法。在 main 方法中调用另外两个方法。

将华氏温度转换为摄氏温度的转换公式为：摄氏度=(5/9)×(华氏度－32)

将摄氏温度转换为华氏温度的转换公式为：华氏度=(9.0/5)×摄氏度＋32

(2) 编写一个类，定义计算课时的方法，要求方法带两个参数：一个表示课时数，一个表示课程系数，总课时数为课时数与课程系数的乘积，方法的返回值为总课时数。

任务2：类的编写

目标：通过编写代码，掌握定义类的方法。

内容：

(1) 编写一个类 Monkey，用来表示猴子。给 Monkey 类确定属性名字、类别、年龄，编写爬树的方法，方法内打印猴子的"名称＋能爬树"。

(2) 编写一个类 TV，用来表示电视。给 TV 确定属性，例如品牌、尺寸和当前频道等，编写切换频道的方法，再编写一个方法完成输出电视基本信息的功能。

任务3：构造方法的编写

目标：通过编写代码，掌握使用构造方法给属性赋值的方法。

内容：

(1) 定义一个表示图书的类，名字为 Book，属性包含：书名、价格、出版社、作者等信息。编写构造方法实现对属性的赋值，编写一个方法实现输出一本书的基本信息的功能。

(2) 定义表示学生卡的类，类名为 StudentCard，属性包含：卡号、学号、学生姓名、余额等属性。编写两个带参的构造方法，一个构造方法实现给 4 个属性赋值，另外一个构造方法实现给卡号、学号和学生姓名三个属性赋值。编写一个方法，实现输出学生卡的基本信息的功能。

任务4：对象的创建

目标：通过编写代码，掌握使用已定义的类创建对象的方法。

内容：

(1) 编写测试类使用任务 2 中的 Monkey 类创建对象,并调用对象的方法。

(2) 编写测试类使用任务 2 中的 TV 类创建对象,并调用对象的方法。

(3) 编写测试类使用任务 3 中的 Book 类创建对象,使用构造方法给属性赋值,并调用对象的方法。

(4) 编写测试类使用任务 3 中的 StudentCard 类创建对象,分别调用两个构造方法,创建两个学生卡,并调用对象的方法。

(5) 创建 Rectangle 类。属性:两个 double 成员变量,width 和 height;方法:计算矩形的周长 length()和面积 area();编写测试类,创建 Rectangle 对象,并给两个成员变量赋值,调用周长和面积的方法,输出周长和面积。

(6) 定义一个类 Loan,属性包含:年利率(默认为 5.5%)、贷款年限(默认为 5 年)、贷款额(默认为 100 000 元人民币)、贷款发生的日期;构造方法包括:默认的构造方法和带参的构造方法;方法包含:计算月支付额的方法和计算总支付额的方法;编写一个测试类,定义两个 Loan 类的对象,分别调用两个对象的各个方法。

4.12 学习效果评估

1. 选择题

(1) this 在程序中代表的是(　　)。

A. 类的对象　　B. 属性　　C. 方法　　D. 父类

(2) 设 A 为已定义的类名,下列声明并创建 A 类的对象 a 的语句中正确的是(　　)。

A. A a=new A( );　　B. public A a=A( );

C. A a=new class( );　　D. a A;

(3) 下列对构造方法的调用方式的描述中正确的是(　　)。

A. 使用 new 调用　　B. 使用类名调用

C. 使用对象名调用　　D. 调用方法为对象名.方法名()

(4) 设 X、Y 均为已定义的类名,下列声明类 X 的对象 x1 的语句中正确的是(　　)。

A. X x1;　　B. X x1=X ( );

C. X x1=new Y( );　　D. int X x1;

(5) 定义类头时,不可能用到的关键字是(　　)。

A. class　　B. public　　C. extends　　D. static

(6) 假设 A 类有如下定义,设 a 是 A 类的一个实例,下列语句调用错误的是(　　)。

```
class A
{    int  i;
    static String s;
    void method1() {  }
    static void method2()  {  }
}
```

A. System.out.println(a.i);　　B. a.method1();

C. A.method1();　　D. A.method2();

(7) 为AB类的一个无形式参数无返回值的方法method书写方法头，使得使用类名AB作为前缀就可以调用它，该方法头的形式可能为(　　)。

A. static void method( )　　B. public void method( )

C. final void method( )　　D. abstract void method( )

(8) 若在某一个类定义中定义有如下的方法，该方法属于(　　)。

```
static void testMethod( )
```

A. 本地方法　　B. 最终方法　　C. 静态方法　　D. 抽象方法

(9) 下面(　　)关键字在定义类头时用不到。

A. class　　B. public　　C. extends　　D. int

(10) 下面关于类的结构的说法正确的是(　　)。

A. 类只能包含一个构造方法　　B. 类可以没有属性

C. 类只能包含方法　　D. 类只能包含属性

(11) 下面类的定义中结构正确的是(　　)。

A. class A　　B. class 2A　　C. int class A　　D. public class A()

(12) 关于Java源文件，下列说法正确的是(　　)。

A. 一个Java源文件中只能有一个public修饰的类

B. 一个Java源文件中只能有一个缺省的类

C. 一个Java源文件中可以有多个protected修饰的类

D. 一个Java源文件中可以有多个protected修饰的类

(13) 有一个类A，以下为其构造方法的声明，其中正确的是(　　)。

A. void A(int x)　　B. A(int x)

C. a(int x)　　D. void a(int x)

(14) 下列构造方法的调用方式中，正确的是(　　)。

A. 按照一般方法调用　　B. 由用户直接调用

C. 只能通过new自动调用　　D. 不用调用，自动执行

(15) 设i,j为类X中定义的double型变量名，下列X类的构造方法中不正确的是(　　)。

A. double X(double k)　　B. X( )

C. X(double m,double n)　　D. X(double k)

(16) 以下关于构造函数的描述错误的是(　　)。

A. 构造函数的返回类型只能是void型

B. 构造函数是类的一种特殊函数，它的方法名必须与类名相同

C. 构造函数的主要作用是完成对类的对象的初始化工作

D. 一般在创建新对象时，系统会调用构造函数

(17) 面向对象的特点是(　　)。

A. 继承 封装 多态　　B. 继承 接口 对象

C. 消息 继承 类　　D. 接口 继承 类

(18) 下列不属于面向对象的三大特征的是(　　)。

A. 继承　　B. 方法　　C. 封装　　D. 多态

(19) 面向对象程序不包含下面的(　　)。

A. 类　　B. 对象　　C. 接口　　D. 程序员

(20) 有以下方法的定义,该方法的返回类型是(　　)。

```
ReturnType  method(byte x, float y)
{
    return  (short)x/y*2;
}
```

A. byte　　B. short　　C. int　　D. float

(21) 下列方法定义中,方法头不正确的是(　　)。

A. double m(int m){ }　　B. void m(int m){ }

C. public int m(int m,int n){ }　　D. m(int h,int m,int n){ }

(22) 在 Java 中,一个类可同时定义许多同名的方法,这些方法的形式参数的个数、类型或顺序各不相同,返回的值也可以不相同。这种面向对象程序特性称为(　　)。

A. 隐藏　　B. 覆盖　　C. 重载　　D. Java 不支持此特性

(23) 设 i、j、k 为类 X 中定义的 int 型属性,下列类 X 的构造方法中不正确的是(　　)。

A. X(int m)　　B. void X(int m)

C. X(int m,int n)　　D. X(int h,int m,int n)

2. 简答题

(1) this 的用法有哪些?

(2) 已定义好一个类 Student,该类中没有定义构造方法,请写出创建这个类的对象的语句。

(3) 简述 static 的作用。

(4) 定义类的关键字是什么? 创建对象的关键字是什么?

(5) 类由哪些部分组成?

(6) 面向对象程序设计的特点有哪些?

(7) 简述类和对象的关系。

(8) 传递基本类型参数和传递引用类型参数的区别是什么?

(9) 写出构造方法定义的基本格式。

(10) 构造方法和一般方法的区别是什么?

(11) 写出程序的运行结果。

```
public class C {
    public static void main(String args[]) {
        String s1=new String("Hello!");
        String s2=new String("I love JAVA.");
        A s=new A(s1, s2);
        System.out.println(s1+s2);
        System.out.println(s.toString());    }
}
class A {
    String s1;
    String s2;
```

```
    A(String str1, String str2) {
        s1=str1;
        s2=str2;
        str1="No pain ,";
        str2="no gain!";
        System.out.println(str1+str2);     }
    public String toString() {
        return s1+s2;     }
}
```

(12) 下列程序的输出结果是什么?

```
public class Foo
{     static int i=0;
      static int j=0;
      public static void main(String[] args)
      {     int i=2;
            int k=3;
            {     int j=3;
                  System.out.println("i+j is "+i+j);
            }
            k=i+j;
            System.out.println("k is "+k);
            System.out.println("j is "+j);
      }
}
```

(13) 写出下列程序的输出结果。

```
class Cruncher {
    void crunch(int i) {
        System.out.print("int");
    }
    void crunch(String s) {
        System.out.print("String");
    }
    public static void main(String args[]) {
        Cruncher crun=new Cruncher();
        char ch='p';
        int c=12;
        crun.crunch(ch);
        System.out.print(";");
        crun.crunch(c);
    }
}
```

(14) 下面是同学写的 Teacher 类,请指出其中的错误。

```
static class Teacher {
    string name;
    int age;
    void Teacher(int  n, int  a) {
        name=n;
        age=a;
        return age;
    }
}
```

(15) 下面是一个类的定义，请完成程序填空。

```
public class ________
{
    int  x, y;
    Myclass ( int  i,________)                              //构造方法
    {        x=i;   y=j;    }
}
```

(16) 下面方法的功能是判断一个整数是否为偶数，将程序补充完整。

```
public ________ isEven(int  a)
{   if(a%2==0)
        return ________;
else
        return  false;
}
```

3. 编程题

(1) 编写一个类，有两个方法，其中一个方法用for循环，求1～100的和；第二个方法用while循环，求1～100的和。编写测试类调用两个方法。

(2) 定义一个笔记本类，该类有品牌和状态两个属性，有无参和有参的两个构造方法。

(3) 编写一个类Teacher，描述教师的员工号、姓名、岗位工资、绩效工资。员工号用整型，工资用双精度型，姓名用String类型，编写一个带参数的构造方法给员工号、姓名、岗位工资和绩效工资初始化，编写一个方法计算并返回教师的总工资(岗位工资＋绩效工资)。编写测试类，创建对象，调用计算总工资的方法，并输出教师的总工资。

(4) 定义一个矩形类，包含有长(length)、宽(width)两种属性，带参数的构造方法和计算面积方法findArea()，编写测试类，创建两个对象，分别调用计算两个对象的面积的方法。

(5) 定义商品类Goods，包含单价unitPrice和数量account两个属性，方法包括价格计算方法totalPrice()。

(6) 编写程序设计一个表示三角形的类Trival，其中的属性包括三角形的底(di)，三角形的高(gao)，方法包括：默认构造方法、为di和gao指定初值的构造方法、计算三角形面积的方法findArea()。

(7) 编写一个类Teacher，描述教师的课时数量和计算课时的系数，均为double类型。Teacher类还有一个方法compute()，可计算教师的当量课时(课时量 * 系数)，返回值类型

为 double,所有教师的课时系数相同。编写一个测试类进行测试,创建两个教师对象,计算的系数为 1.2,输出计算后的两位教师的当量课时。将系数修改为 1.1 后,输出修改后的当量课时。

(8) 定义一个空调类,该类有品牌(String)和状态(int)两个属性,有无参和有参的两个构造方法。编写测试类,创建两个空调对象。

(9) 编写方法,判断一个"形式参数"是否为水仙花数。在 main 方法中调用此方法,判断 457 是否是水仙花数。

(10) 编写方法实现,求一个"形式参数"的阶乘。在 main 方法中调用此方法,求 45 的阶乘。

(11) 编写方法实现计算任意三位数的各个位数之和,例如 324 的各个位数之和为 3+2+4=9。

(12) 编写方法实现计算员工的总收入。某公司对每周 40 小时以内的工作支付普通员工,每小时支付 20 元钱,超过 40 小时的工作支付 1.5 倍的工资。把员工的工作时间作为"形式参数",在方法中打印该员工的工资。在 main 方法中调用此方法,计算工作 48 小时应该付给员工多少钱。

(13) 编写表示日期的类 Date,属性有年、月和日,定义构造方法,定义计算明天日期的方法。编写测试程序,创建一个表示当天日期的对象,调用计算明天日期的方法。

(14) 编写一个计算矩形面积和立方体体积的类,该类完成计算的方法用静态方法实现。

(15) 编写一个 Custom 类,属性包括姓名、电话、邮箱和地址,编写方法能输出 Custom 的基本信息。编写测试程序,创建两个客户,分别输出客户的基本信息。

(16) 编写一个类,描述桌子,包括以下几种属性:长、宽、高、颜色。并且使该类具有这样的功能:在定制桌子(即创建桌子对象)时,就可以同时指定桌子的长、宽、高来定制。也可以同时指定长、宽、高、颜色来定制,也可单独指定桌子颜色来定制。并编写一个测试类测试这几种定制方法。

(17) 写一个名为 Cuboid 的类表示立方体。数据域为长、宽、高。方法包括一个带参数的、计算表面积的方法 findArea,计算体积的方法 findVol,比较体积大小的方法 compare。写一个类来测试 Cuboid 类。在测试类中创建两个 Cuboid 的对象。给两个对象任意的长、宽、高,显示两个对象各自的表面积,显示体积较大的长方体的体积。

第 5 章　封装、继承与多态

学习要求

封装、继承和多态是面向对象的三个基本特征，本章将对这三个基本特点的实现进行探讨。通过本章的学习应该能够了解 Java 语言中常用的修饰符，掌握包的概念，掌握封装的应用；了解 Java 语言中继承的作用和实现，掌握属性和方法的继承，掌握构造方法的继承，掌握多态的概念和实现。

知识要点

- 可见性修饰符；
- 访问器方法；
- 包；
- 封装的应用；
- 继承；
- 多态；
- super 关键字；
- 继承关系中的构造方法；
- final 关键字。

教学重点与难点

(1) 重点：

- 可见性修饰符；
- 继承；
- 多态；
- 继承关系中的构造方法。

(2) 难点：

- 多态；
- 继承关系中的构造方法。

实训任务

任务代码	任 务 名 称	任 务 内 容	任 务 成 果
任务 1	可见性修饰符的应用	可见性修饰符的练习	使用可见性修饰符来控制属性和方法的可见范围
任务 2	继承的应用	继承的练习	使用继承定义新的类
任务 3	多态的应用	多态的练习	使用多态实现程序的编写

【项目导引】

在面向对象技术中，继承是最为显著的一个特征，继承是一种由已有的类创建新类的机制，新的类可以重新定义已有类的属性和方法，多态是面向对象技术中的又一特征。本章学习Java语言中的继承机制。本章学习结束后，可以协助完成项目中系统中父类和子类的设计及代码编写，如表5.1所示。

表5.1 封装继承和多态在项目中的应用

序 号	子项目名称	本章技术支持
1	开发及运行环境搭建	
2	基础知识准备	
3	面向对象设计与实现	继承与多态设计与实现
4	容错性的设计与实现	
5	图形用户界面的设计与实现	
6	数据库的设计与实现	

5.1 可见性修饰符

5.1.1 类的可见性修饰符

类的定义中在关键字class之前有修饰符，这里的修饰符就是访问控制修饰符，控制类的可见性。修饰符有两种，如表5.2所示。

表5.2 类的可见性修饰符

名 称	说 明	备 注
public	可以被所有类访问(使用)	public类必须定义在和类名相同的同名文件中
默认的	可以被同一个包中的类访问(使用)	默认的访问权限，可以省略此关键字，可以定义在和public类的同一个文件中

5.1.2 类的成员的可见性修饰符

类的成员包括两种：属性和方法，首先介绍修饰属性的修饰符。

1. 属性的可见性修饰符

属性声明的语法结构为：

```
[修饰符] 变量类型 变量名 [=变量初始值];
```

Java中没有全局变量，只有方法变量、实例变量(类中的非静态变量)和类变量(类中的静态变量)。方法中的变量不能够有访问修饰符。所以下面访问修饰符表仅针对于在类中定义的变量，即属性，如表5.3所示。

表 5.3　类的属性的可见性修饰符

名　称	说　　明	备　　注
public	可以被任何类访问	
protected	可以被同一包中的所有类访问	子类没有在同一包中也可以访问
private	只能够被当前类的方法访问	
缺省的	可以被同一包中的所有类访问	如果子类没有在同一个包中，不能访问

声明实例变量时，如果没有赋初值，将被初始化为 null(引用类型)或者 0、false(原始类型)。

提示：

(1) 带有可见性修饰符的变量是类的成员，而不是方法的局部变量。在方法内部使用可见性修饰符会引起编译错误。

(2) 大多数情况下，构造方法应该是 public 的。但是，如果想防止用户创建类的实例，可以使用私有的构造方法。

2. 方法的可见性修饰符

方法的访问控制修饰符和属性的一样，方法头的定义如下：

```
[修饰符]  返回值类型 方法名(参数列表)
```

类的构造方法不能够有返回类型。如表 5.4 所示。

表 5.4　类的方法的可见性修饰符

名　称	说　　明	备　　注
public	可以被所有类访问	
protected	可以被同一包中的所有类访问	子类没有在同一包中也可以访问
private	只能够被当前类的方法访问	
缺省的	可以被同一包中的所有类访问	如果子类没有在同一个包中，不能访问

5.2　访问器方法

由于对象不能直接通过引用访问私有数据域(属性或方法)，为了能够访问到私有数据域，可以为私有数据域添加读取方法和设置方法。

1. 读取——getter 方法

为了能够访问私有数据域，可以编写一个 getter 方法返回该数据值，通常称 getter 方法为访问器。getter 方法的定义形式如下：

```
public 返回值类型 get 属性名(){
    return 属性名;
}
```

2. 设置——setter 方法

为了能够修改私有数据域，可以编写一个 setter 方法进行设置，通常称 setter 方法为设置器。setter 方法的定义形式如下：

```
public void set属性名(数据类型 参数值){
    属性名=参数值;
}
```

例 5.1 访问器方法的应用。

```
public class Example5_1{
    public static void main(String[] args) {
        Telephone2 tel;
        tel=new Telephone2("TCL", "8309600", 100);
        tel.setRate(0.2);
        tel.setDialledTime(150);
        tel.display();
        tel.callCost();
        tel.recharge(50);
    }
}
class Telephone2{
    private String brand;
    private String number;
    private double dialledTime;
    private double rate;
    private double balance;

    public Telephone2(String brand,String number, double balance){
        this.brand=brand;
        this.number=number;
        this.balance=balance;
    }

    public String getBrand(){
        return brand;
    }
    public void setBrand(String brand){
        this.brand=brand;
    }

    public String getNumber() {
          return number;
    }
    public void setNumber(String number) {
        this.number=number;
```

```java
    }
    public double getDialledTime() {
        return dialledTime;
    }
    public void setDialledTime(double dialledTime) {
        this.dialledTime=dialledTime;
    }
    public double getRate() {
        return rate;
    }
    public void setRate(double rate) {
        this.rate=rate;
    }

    public double getBalance() {
        return balance;
    }
    public void recharge(double cost) {
        balance=balance+cost;
        System.out.println("冲值后的余额:"+balance);
    }

    public void callCost() {
        double callcost=dialledTime * rate;
        balance=balance - callcost;
        System.out.println("话费:"+callcost);
        System.out.println("余额:"+balance);
    }

    public void display() {
        System.out.println("电话品牌:"+brand+"电话号码:"+number);
        System.out.println("通话时间:"+dialledTime+"费率:"+rate);
    }
}
```

运行结果如图 5.1 所示。

```
Problems Javadoc Declaration Console
<terminated> Example5_1 [Java Application] C:\Program Files\Java\jdk1.8.0\bin\javaw.ex
电话品牌：TCL电话号码：8309600
通话时间：150.0费率：0.2
话费：30.0
余额：70.0
冲值后的余额：120.0
```

图 5.1　Example5_1 的运行结果

5.3 包

包是 Java 语言最具革新性的特点之一，它是 Java 类的容器。本节将对这方面的内容作具体介绍。

包(Package)是类的容器，用来保存划分的类名空间。包以分层方式保存，被引入新的类定义。本节将对 Java 中包的相关问题进行讨论。

在前面的章节里，每个例子的类名从相同的名称空间获得，即为避免名称冲突，每个类都必须用唯一的名称。下面没有管理名称空间的办法，可能觉得不方便，因为每个单独的类都有描述性的名称。还需要确保选用的类名是独特的且不和其他程序员选择的类名相冲突的方法。Java 语言提供了把类名空间划分为更多易管理的块的机制，这种机制就是包。

包既是命名机制，也是可见度控制机制。可以在包内定义类，而且在包外的代码不能访问该类。这使得各个类之间有隐私，但不被外界所知。

创建一个包是很简单的：只要包含一个 package 命令作为一个 java 源文件的第一句就可以了。该文件中定义的任何类将属于指定的包。package 语句定义了一个存储类的名字空间。如果省略 package 语句，类名被输入一个默认的没有名称的包(这是为什么在以前不用担心包的问题的原因)。尽管默认包对于短例程序很好用，但对于实际的应用程序是不适当的。多数情况，需要为自己的代码定义一个包。

5.3.1 包的声明

下面是 package 声明的一级形式：

```
package pkg;
```

这里 pkg 为包名。例如，下面的语句创建一个名为 myPackage 的包：

```
package myPackage;
```

Java 用文件系统目录来存储包。例如，任何声明为 myPackage 中的类的.class 文件被存储在一个 myPackage 目录中。记住这种规则是很重要的，目录名称必须和包名严格匹配。

多个文件可以包含相同 package 声明。package 声明仅仅指定了文件中所定义的类属于哪一个包。它不拒绝其他文件的其他方法成为相同包的一部分。多数实际的包会包括很多文件。

可以创建包层次。为了做到这点，只要将每个包名与它的上层包名用点号“.”分隔开就可以了。一个多级包的声明的通用形式如下：

```
package pkg1[.pkg2[.pkg3]];
```

包层次一定要在 Java 开发系统的文件系统中有所反映。例如，一个由下面语句定义的包：

```
package java.awt.image;
```

提示：

(1) 如果Java程序中省略了包的声明，则认为这个类是在一个"无名包"中。

(2) 有包的类是不能访问无名包中的类的。

(3) 包的声明语句必须是类文件里的第一条非注释语句(如果有package语句)。

5.3.2 包的引入

如果程序中需要使用其他包中的类，那么要先引入该包才能不加前缀地调用这个类。引入其他包中的类的语法如下：

```
import  包名.类名;
```

例 5.2 包的引入例子。

```
package myweb.person;
public class Package_1{
public void intro(){
        int age=12;
      String name="甘罗";
      System.out.println(name+":"+age);
}
}
//在工作目录下建立文件来引用上面的包
import myweb.person.*;
public class Import_1{
    public static void main(String args[])    {
        Package_1 p=new Package_1();
        p.intro();
    }
}
```

提示：

(1) 只能引入其他包中的public类。

(2) 一个类可以使用多个import语句引入其他包。

(3) import语句是在package语句(如果有)后的第一条非注释语句。

5.4 封装的应用

下面通过一个例子来了解类的可见性修饰符和包的应用。

例 5.3 可见性修饰符和包的应用。

```
import packageA.*;
import packageB.*;
public class Example5_3{
    public static void main(String[] args){
        A1 Myobj=new A1();
```

```
            System.out.println("创建 A1 对象!");
        }
    }
    //A1.java
    package packageA;
    import packageB.*;
    public class A1{
    public void funA(){
            B1 obj=new B1();
            A2 two=new A2();
        }
    }
    class  A2{
    public void funA2(){
            A1 obj1=new A1();
            B1 obj2=new B1();
        }
    }
    //B1.java
    package packageB;
    import packageA.*;
    public class B1{
    public void funB(){
            A1 obj=new A1();
            B2 two=new B2();
        }
    }
    class B2{
    public void funB2(){
            B1 obj1=new B1();
            A1 obj2=new A1();
        }
    }
```

从上面的例子中可以看出,两个类在同一个包中,无论访问权限是公有的还是默认的,都可以互相访问。如果不在同一个包中,可以通过 import 语句导入其他包中的公有的类,然后对其进行访问。

5.5 继　　承

现实生活中,父母(Parent)生出小孩(Child),而小孩在很多地方与其父母长得很像,长得像的原因是 Child 继承了 Parent 的基因,同时小孩是独立于父母的单独个体(不是包含关系),且有其自己不同于父母的部分。

Java 中,类之间的关系也具有与 Parent 和 Child 相似的地方,如类 Person 具有社会人的共同属性，身份证号、姓名、年龄以及与属性相应的存取方法，而 Teacher 类与 Student 类继承了 Person 类的这些属性和方法，同时又具有自己的属性教师号和学生号，如图 5.2 所示。

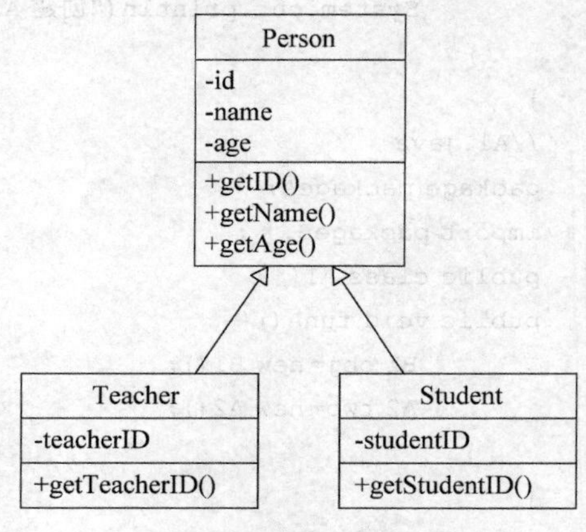

图 5.2　类的继承关系

在图 5.2 中，Person 类为父类(parent class)，Teacher 类和 Student 类为 Person 类的子类(child class)。父类也叫超类(super class)或基类(base class)，子类又叫派生类(derived class)或扩展类(extend class)。基于图 5.2 中表述的关系可以说 Teacher 类和 Student 类继承了 Person 类，也可以说 Person 类派生了 Teacher 类和 Student 类。

5.5.1　继承的实现

Java 语言中，类的继承的声明使用关键字 extends，格式为：

```
[修饰符] class 类名 extends 父类名称 {
    属性声明及初始化;
    方法声明及方法体;
}
```

在继承关系中：

- 子类可以得到父类的属性和方法，这是从父类继承来的。
- 子类可以添加新的属性和方法，添加父类所没有的。
- 子类可以重新定义父类的属性和方法，修改父类的属性和方法，为自己所用。

先来看一个例子。

例 5.4　练习继承的使用。

```
public class  Example5_4{
    public static void main(String[] args){
        Teacher t=new Teacher();                         //生成子类的对象实例
        t.setId("410111197302185590");
        t.setName("王大朋");                ←—这里的三个方法是从父类继承来的，第四个方法
        t.setBirthday("1973-02-18");         是子类自己定义的
        t.setTeacherID("123456789");
        System.out.println(t.getName());
        System.out.println("身份证:"+t.getId());
        System.out.println("生日:"+t.getBirthday());
        System.out.println("教工号:"+t.getTeacherID());
    }
}
class Person {                                           //父类 Person
    protected String id;
    protected String name;
```

```
    protected String birthday;
    public String getBirthday(){
        return birthday;
    }
    public void setBirthday(String birthday){
        this.birthday=birthday;
    }
    public String getId(){
        return id;
    }
    public void setId(String id){
          this.id=id;
    }
    public String getName(){
        return name;
    }
    public void setName(String name){
        this.name=name;
    }                    表示继承
}
class Teacher extends Person{                              //子类 Teacher
    protected String teacherID;
    public String getTeacherID(){
        return teacherID;
    }
    public void setTeacherID(String teacherID){
        this.teacherID=teacherID;
    }
}
```

运行结果如图 5.3 所示。

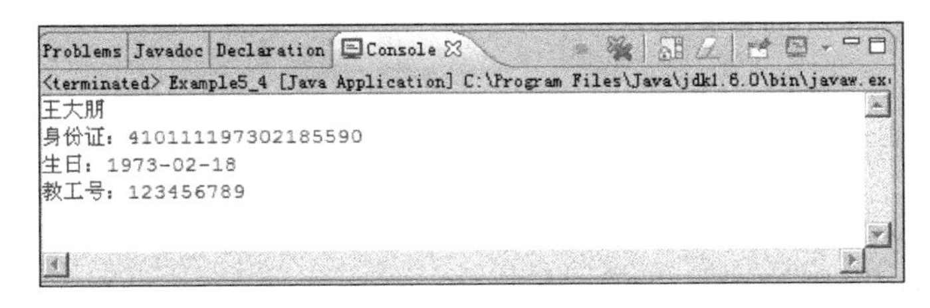

图 5.3　Example5_4 的运行结果

从上面的例题中看出，子类拥有了父类的属性和方法，这里定义的父类的属性是 protected，方法是 public 的。子类是否可以继承父类所有访问修饰符控制的属性或方法呢？下面通过一个例子来看一下。

例 5.5　第一种情况：父类和子类在同一个包中。

```
package Base;
```

```
public class Father{←—父类
private String id;
String name;
protected int age;
public double salary;
}
class Son extends Father{ ←—子类
    public void output(){
        System.out.println("id is"+id);
        System.out.println("name is"+name);
        System.out.println("age is"+age);
        System.out.println("salary is"+salary);
    }
}
```

这个程序存在语法错误，如图 5.4 所示。

```
class Son extends Father
{
    public void output()
    {
The field id is not visible intln("id is"+id);
        System.out.println("name is"+name);
        System.out.println(" age is"+age);
        System.out.println("salary is"+salary);
    }
}
```

图 5.4　子类语法错误提示一

从图 5.4 中可以看出，父、子类在一个包中，子类可以继承父类中的非私有属性，这里用 private 修饰的属性不能被继承。

例 5.6　第二种情况：父类和子类不在同一个包中。

```
package Base;
public class Father {←—父类
    private String id;
    String name;
    protected int age;
    public double salary;
}
package Derived;
import Base.Father;
class Son extends Father{ ←—不同包中的子类
    public void output(){
        System.out.println("id is"+id);
        System.out.println("name is"+name);
        System.out.println("age is"+age);
        System.out.println("salary is"+salary);
    }
}
```

这个程序存在语法错误,如图 5.5 所示。

如果父类不是 public 的,那么就会出现下面的情况,如图 5.6 所示。

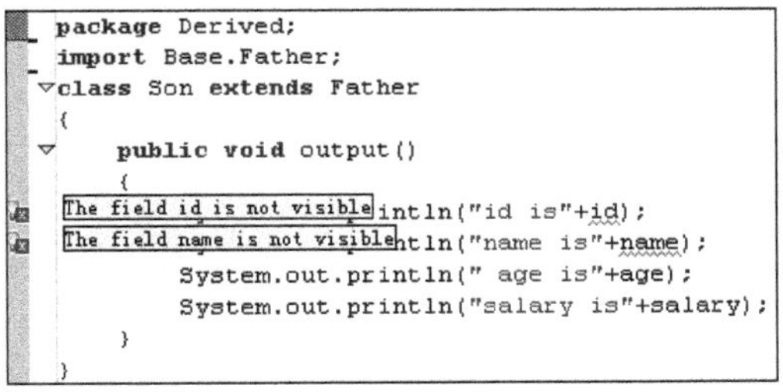

```
package Derived;
import Base.Father;
class Son extends Father
{
    public void output()
    {
        The field id is not visibleintln("id is"+id);
        The field name is not visiblentln("name is"+name);
            System.out.println(" age is"+age);
            System.out.println("salary is"+salary);
    }
}
```

图 5.5　子类语法错误提示二

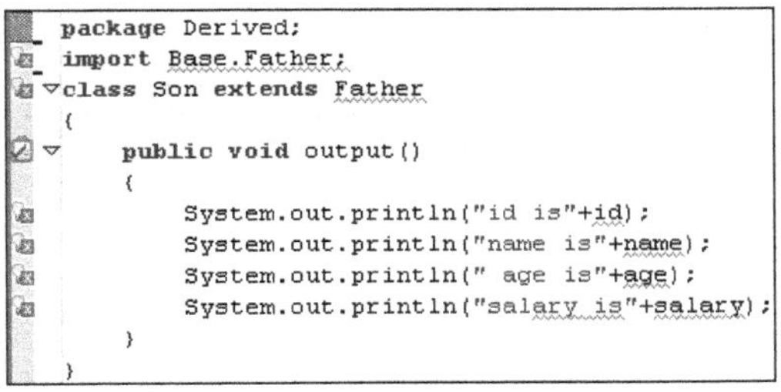

```
package Derived;
import Base.Father;
class Son extends Father
{
    public void output()
    {
        System.out.println("id is"+id);
        System.out.println("name is"+name);
        System.out.println(" age is"+age);
        System.out.println("salary is"+salary);
    }
}
```

图 5.6　子类语法错误提示三

图 5.6 表示出在导入父类的时候就出错了。因此可以得出,父、子类不在一个包中,子类可以继承 public 类中的 public 属性和 protected 属性。

对于问题"子类是否可以继承父类所有访问修饰符控制的属性或方法?"的答案为:

(1) 父、子类在一个包中,子类可以继承父类中的非私有属性。

(2) 父、子类不在一个包中,子类可以继承 public 类中的 public 属性和 protected 属性。

5.5.2　属性的隐藏

子类可以定义与父类同名的属性,这时在子类中将不能直接访问到父类的属性,称为属性的隐藏。也就是说子类可以重新定义父类的属性。

例 5.7　属性的隐藏。

```
public class Example5_7{
    public static void main(String[] args){
        Son s=new Son();
        s.output();
    }
}
class Father{
    String id="230621195802020256";
    String name="王建国";
    int age=50;
    double salary=4000;
}
class Son extends Father{                              //这里重新定义了父类的两个属性
String name="王一";
    int age=24;
    public void output(){
System.out.println("id is "+id);
        System.out.println("name is "+name);
        System.out.println("age is "+age);
        System.out.println("salary is "+salary);
```

```
    }
}
```

运行结果如图 5.7 所示。

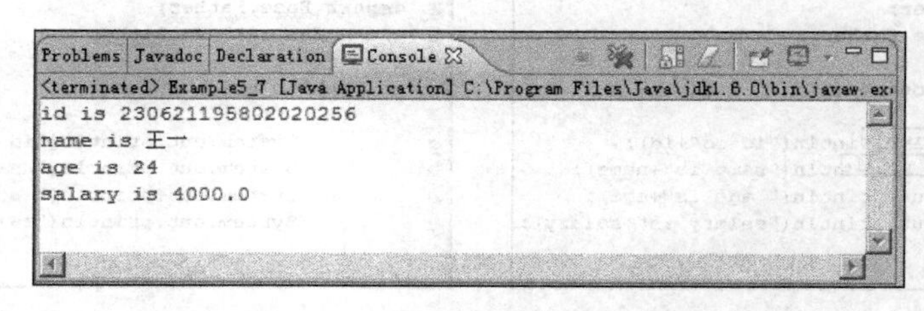

图 5.7　Example5_7 的运行结果

从结果中可以看出，在运行子类的方法时调用属性的规则是先在当前类中找，如果没有再到其父类中找，依此类推。

那么如果想要调用被隐藏的父类属性，静态属性可以使用“父类名.属性名”，非静态属性可以用“super. 属性名”，例如 super. name。

5.5.3　方法的覆盖

子类将从父类中继承下来的方法重新实现叫做覆盖(Overriding)。方法覆盖的原因是父类中对应方法的行为不适合子类的需要，因此在子类中进行相应的调整。

请看下面关于哺乳动物和人类(高级哺乳动物)的相关类的演示。

例 5.8　方法的覆盖。

```
public class TestHuman{
    public static void main(String[] args) {
        System.out.print(" (1)Animal walking : ");
        new Animal().walk();
        System.out.print(" (2)Wrong Human walking : ");
        //没有对 walk()行为进行覆盖的人的走路方式(没有进化完整)
        new HumanWithoutOverriding().walk();
        System.out.print(" (3)Human walking : ");
        new Human().walk();
    }
}
class Animal {
    public void walk() {
        System.out.println("我是哺乳动物,我能用我的四条腿走路!");
    }
}
class Human extends Animal {
    public void walk() {                              //哺乳动物都有走路行为,人类也不例外
        System.out.println("我是人(类),我能用我的两条腿走路!");
    }
}
```

```
class HumanWithoutOverriding extends Animal {
    //该类中没有对基类中的 walk 函数进行 override,会出问题
}
```

运行结果如图 5.8 所示。

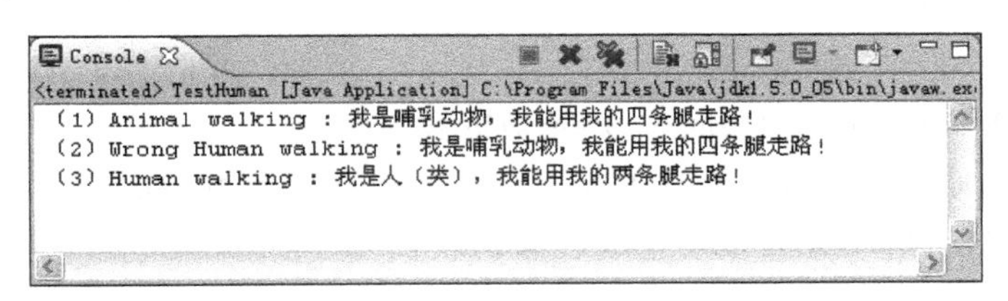

图 5.8　TestHuman 的运行结果

运行结果(1)是普通的哺乳动物的走路方式;运行结果(2)是错误的人类的走路方式,因为没有对其 walk()方法进行覆盖,因此就出现了人类也用 4 条腿走路的效果;运行结果(3)是正确的人类的走路方式。

为什么会产生运行结果(2)中的错误的人类走路方式?就是因为类 HumanWithoutOverriding 没有覆盖(重新实现)父类的方法。

提示:方法覆盖时,子类只能扩大父类方法的访问权限,不能缩小父类方法的访问权限。

5.6　多　　态

多态是 Java 的重要特征之一,方法的覆盖、重载与动态绑定构成了多态性。

多态性的实现与静态联编、动态联编有关。静态联编支持的多态性称为编译时的多态性,也称为静态多态性,它是通过方法重载实现的;动态联编支持的多态性称为运行时的多态性,也称为动态多态性,它是通过继承实现的。

因此对于 Java 中的多态,可以简单理解为包括两种方式:一种是编译时多态,即重载;另一种是运行时多态,即覆盖。

覆盖在上面的章节中已经介绍,下面重点介绍一下重载的实现,然后了解一下两者的区别。

5.6.1　重载

Java 语言与其他语言不同的一点就是:在同一个类中允许有相同名字的方法存在,这就是重载。重载的好处就是避免为相同或相近功能但参数不同的方法而取不同的名字,这样开发者不方便,调用者也不方便。也就是说,重载方法可以使程序清晰易读。执行相似任务的方法应该给予相同的名称。

方法重载是指两个方法具有相同名称和不同的参数形式(参数个数和类型)。被重载的方法必须具有不同的参数形式。不能基于不同的修饰符或返回值类型重载方法。

调用方法时,Java 运行系统能够根据方法名与参数形式决定调用哪个方法。下面这个方法就是对前面见过的方法的重载。

```
double max(double num1,double num2){
    if (num1>num2)
        return num1;
    else
        return num2;
}
```

这个方法与前面的 max 方法同名,但参数形式不同。

提示:当参数可以通过类型转换进入到任意的方法入口时,程序优先匹配不用发生类型转换即可进入的方法,其次匹配类型转换级别较低的方法。

例 5.9 重载 max 方法。

```
public class Example5_9 {
    public static void main(String[] args) {
        int a=9;
        double b=10;
        //int a=9; int b=10;
        double d=max(a, b);
        System.out.println(d);
    }
    public static double max(float a, float b) {
        System.out.println("float");
        return a>b ?a : b;
    }
    public static double max(double a, double b) {
        System.out.println("double");
        return a>b ?a : b;
    }
}
```

使用语句"int a=9; int b=10;"时的运行结果如图 5.9 所示。

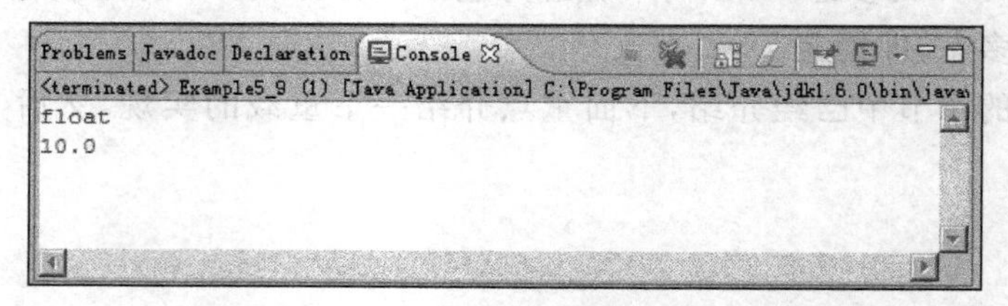

图 5.9 Example5_9 的运行结果 1

使用语句"int a=9; double b=10;"时的运行结果如图 5.10 所示。

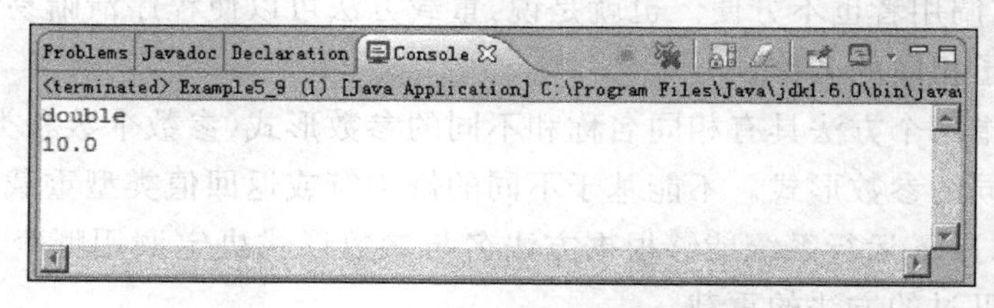

图 5.10 Example5_9 的运行结果 2

例 5.10 重载涨工资的方法。

```
public class Employee{
    String name;
    int age;
    double salary;
    public Employee(){ ←
        name="zhangsan";
        age=32;                              两个构造方法重载
        salary=2000;
    }
public Employee(String n,int a,double s){
        name=n;
        age=a;
        salary=s ;
    }
    //方法声明
    void raise(double p){ ←————————两个 raise 方法重载
        salary=salary+p;
        System.out.println("涨工资之后的工资为:"+salary);
    }
    void raise(){
        salary=salary+salary*0.05;                    //默认涨 5%
        System.out.println("涨工资之后的工资为:"+salary);
    }
}
```

上面的例题包含了对构造方法(Employee)的重载和涨工资方法(Raise)的重载。

5.6.2 重载与覆盖

重载和覆盖是多态时多态的两种实现方式。重载方法是提供多于一个方法,这些方法的名字相同,但是参数形式不同;覆盖方法就是在子类定义一个方法,该方法与父类中的方法方法名相同,参数形式也相同,并且返回值类型也相同。

下面使用一个例子来介绍一下重载和覆盖的区别。在图 5.11(a)中,A 类中有两个同

```
public class A {
public void method (int a) {
    }

public void method (double b)
{
    System.out.println ();
    }

}
```

(a)

```
public class A {
public void method(int a) {
    }
}
public class B extends A{
public void method(int a)
{
    System.out .println();
    }
}
```

(b)

图 5.11 重载和覆盖的对比

名的方法 method，但是它们的参数形式不同，一个方法带了一个 int 类型的参数，另外一个带了一个 double 类型的参数，这两个方法之间的关系是重载；在图 5.11(b)中，B 类中的方法 method 和它的父类 A 中的方法 method 的方法头是完全相同的，这两个方法之间的关系是覆盖。

5.7 super 关键字

在前面章节中，学习过如何使用关键字 this。关键字 this 指对象自己，关键字 super 指父类对象，super 也可以用于两种用途：

(1) 在子类构造方法中指明调用父类的构造方法。

(2) 子类中调用父类的属性和方法。

提示：如果调用父类的构造方法，super 语句必须写在子类构造方法的第一条。

先来看一下第一种功能，调用父类的构造方法的例子如下。

例 5.11 调用父类构造方法。

```
public class Person {                                    //父类 Person
protected String id;
    protected String name;
    public Person(){  }
    public Person(String id,String name){
        this.id=id;
        this.name=name;
    }
}
public class Teacher extends Person{                     //子类 Teacher
    public Teacher(){
        super();←——调用父类的构造方法
}
    public Teacher(String id,String name){
        super(id,name);←——调用父类的构造方法
    }
}
```

在子类的构造方法 public Teacher()和 public Teacher(String id,String name)分别调用了基类中的构造方法 public Person()和 public Person(String id,String name)，但不是直接通过基类中的构造方法名 Person 来调用，而是采用了 super 来代替基类中构造方法的名称，否则就会出错。如果子类的构造方法 public Teacher()和 public Teacher(String id,String name)中还有其他代码，则 super();和 super(id,name);必须位于子类构造方法的第一行，否则就会出错。可以做一个练习，将构造方法：

```
public Teacher(){
    super();
}
```

改成

```
public Teacher(){
    System.out.println("this is constructor!");
    super();
}
```

如图 5.12 所示，看看 Java 编译器会有什么反应？

```
public Teacher(String id,String name){
Syntax error on tokens, delete these tokens s is constructor!");
        super(id,name);
    }
```

图 5.12　super 位置不对的语法错误提示

再来看一下第二种功能，调用父类的属性或者方法的例子如下。

例 5.12　调用父类属性和方法。

```
public class Person {
    protected String birthday;
    public String getBirthday() {
        return this.birthday;
    }
}
public class Teacher extends Person {
    public String getBirthday() {
        return super.getBirthday();                    //或者 return super.birthday;
    }←——调用父类的方法或属性
}
```

提示：super 不能在静态方法中使用。

5.8　继承关系中的构造方法

在创建子类对象时，它首先调用父类的构造方法，然后运行实例变量和静态变量的初始化器，最后才运行构造方法本身。默认情况下，会调用父类无参的构造方法。

例 5.13　继承关系下构造方法的调用。

```
public class Example5_13{
    public static void main(String[] args){
        B b=new B();
    }
}
class  A{
    A(){
        System.out.println("A 的构造方法");
    }
}
```

```
class B extends A{
    B(){
        System.out.println("B的构造方法");
    }
}
```

运行结果如图 5.13 所示。

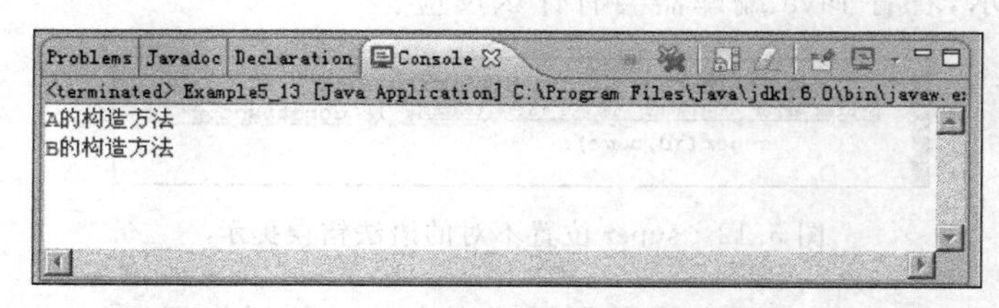

图 5.13　Example5_13 的运行结果

如果父类中没有无参的构造方法,则在默认情况下,创建其子类对象时会出错。这时如果希望调用父类的有参构造方法,可以借助 super 完成。

例 5.14　继承关系下构造方法的调用。

```
public class Example5_14 {
    public static void main(String[] args){
        BB b=new BB();
    }
}
class  AA {
    int a ;
    AA(int a){
        this.a=a;
        System.out.println("AA构造方法");
    }
}
class BB extends AA {
    BB()     {
        System.out.println("BB构造方法");
    }
}
```

如果把例子改为上面的状态,就会出现错误提示,如图 5.14 所示。

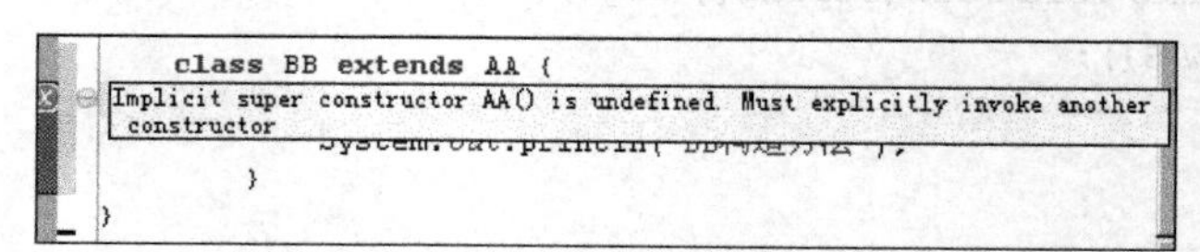

图 5.14　父类无默认的构造方法语法错误

修改上面的子类 BB 为:

```
class BB extends AA {
    BB()    {
        super(1);
        System.out.println("this is B constructor");
    }
}
```

这样修改后,程序的运行结果如图 5.15 所示。

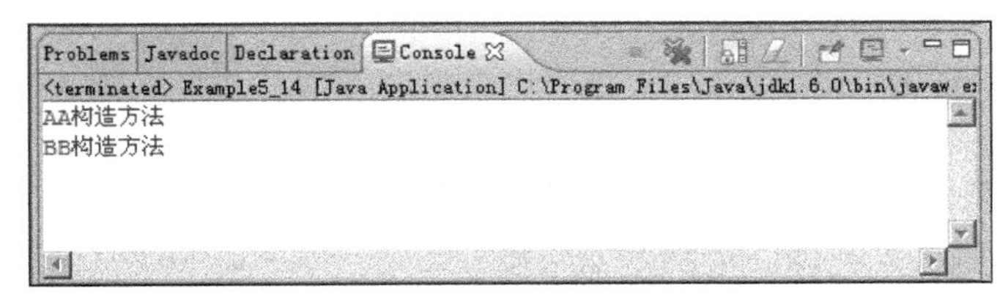

图 5.15　Example5_14 的运行结果

5.9　final 关键字

学习了继承的应用,了解了类的继承关系,但是有时可能不希望某个类被其他的类继承,在这样的情况下需要使用修饰符 final 来说明一个类是终极的,不能做父类。例如 Math 类,还有 String 类都是终极类。

例 5.15　终极类。

```
final class Example5_15
{
    void fprintln()
    {
        System.out.println("This is FinalClass");
    }
}
class Child extends Example5_15
{


}
```

运行界面如图 5.16 所示。

```
final class Example5_15
{
    void fprintln()
    {
        System.out.println("This is FinalClass");
    }
}

The type Child cannot subclass the final class Example5_15
{


}
```

图 5.16　把终极类作为父类的语法错误

也可以把一个方法定义为终极的，终极方法不能被它的子类覆盖。

例 5.16 终极方法。

```
class Example5_16
{
    final void method1()
    {
        System.out.println("这是父类的一个终极方法");
    }
    void method2()
    {
        System.out.println("这是父类的一个非终极方法");
    }
}
class Child extends Example7_13{
    final void method1()
    {
        System.out.println("这是子类的一个终极方法");
    }
    void  method2()
    {
        System.out.println("这是子类的一个非终极方法");
    }
}
```

运行界面如图 5.17 所示。

```
class  Example5_16
{
    final void  method1()
    {
        System.out.println("这是父类的一个终极方法");
    }
    void  method2()
    {
        System.out.println("这是父类的一个非终极方法");
    }
}
class Child  extends Example5 16{
Multiple markers at this line
    - overrides 继承.Example5_16.method1
    - Cannot override the final method from Example5 16
        System.out.println("这是子类的一个终极方法");
    }
    void  method2()
    {
        System.out.println("这是子类的一个非终极方法");
    }
}
```

图 5.17 覆盖终极方法的语法错误

用 final 修饰的属性和局部变量都不能被重新赋值。

例 5.17 属性和常量。

```
class Example5_17 {
    final int a=1;
```

```
    void method() {
        final int b=1;
        a=2;
        b=2;
        System.out.println("这是父类的一个终极方法");
    }
}
```

运行界面如图 5.18 和图 5.19 所示。

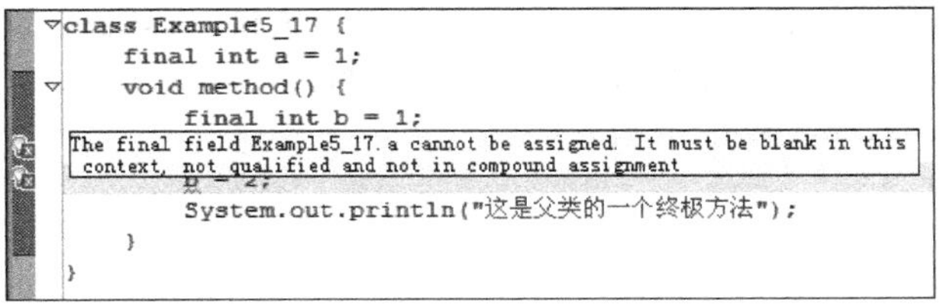

```
class Example5_17 {
    final int a = 1;
    void method() {
        final int b = 1;
The final field Example5_17.a cannot be assigned. It must be blank in this
 context, not qualified and not in compound assignment
        System.out.println("这是父类的一个终极方法");
    }
}
```

图 5.18　改变 final 修饰的属性值的语法错误

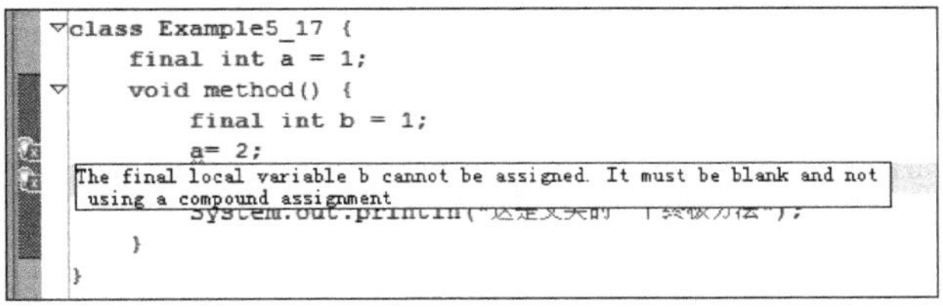

```
class Example5_17 {
    final int a = 1;
    void method() {
        final int b = 1;
        a= 2;
The final local variable b cannot be assigned. It must be blank and not
 using a compound assignment
    }
}
```

图 5.19　改变常量值的语法错误

在以后的学习中，还将进一步了解常量的应用。

提示：final 是唯一一个既可修饰属性又可以修饰局部变量的修饰符。

5.10　继承与多态的应用

这一节用例子来演示继承和多态的应用。

这个例子使用图形的继承关系为例来介绍继承和多态的应用。首先所有的图形都可以计算面积和体积，因此声明一个抽象类 Shape，可利用它来实现二维的几何形状类 Circle 和 Rectangle，把计算面积的方法声明在抽象类里，pi 值是常量，把它声明在抽象类的数据成员里。又利用 Rectangle 来实现二维的几何形状类 RectangleEx。其中包含了类的继承、方法的覆盖等知识点。

1. 图形继承

例 5.18　图形继承。

```
public class Example5_18{
    public static void main(String args[])  {
        //创建三个 Shape 对象
        Shape shape[]=new Shape[3];
        shape[0]=new Circle(50, 50, 40);
```

```
        shape[1]=new Rectangle(0, 0, 40, 30);
        shape[2]=new RectangleEx(20, 30, 40, 30, 5);
        //创建三个 Shape 对象的信息数组
        String ShapeName[]=new String[3];
        ShapeName[0]="圆 Circle(50, 50, 40)";
        ShapeName[1]="矩形 Rectangle(0, 0, 40, 30)";
        ShapeName[2]="圆角矩形 RectangleEx(20, 30, 40, 30, 5)";
        //求面积和周长
        for(int i=0; i<shape.length; i++) {
            System.out.println(ShapeName[i]+"的面积="+shape[i].area());
            System.out.println(ShapeName[i]+"的周长="+shape[i].perimeter());
            System.out.println();
        }
    }
}
class Shape{
    public final double PI=3.141592654;
    double area(){ return 0; };
    double perimeter(){ return 0;  };
}
//子类 Circle 的声明
class Circle extends Shape{
    int centerX;                                      //圆心 X 坐标
    int centerY;                                      //圆心 Y 坐标
    int radius;                                       //圆的半径

    public Circle(int x, int y, int r)  {
        super();
        centerX=x;
        centerY=y;
        radius=r;
    }
    public double area() {
        return (int)(PI * radius * radius );
    }
    public double perimeter()  {
        return (int)(2 * PI * radius);
    }
}
class Rectangle extends Shape{
    int left;                                         //矩形左上角 X 坐标
    int top;                                          //矩形左上角 Y 坐标
    int width;                                        //矩形长度
    int height;                                       //矩形宽度
```

```
    public Rectangle(int l, int t, int w, int h) {
        super();
        left=l;
        top=t;
        width=w;
        height=h;
    }
    public double area() {
        return (int)(width * height);
    }
    public double perimeter() {
        return (int)((width+height) * 2);
    }
}
class RectangleEx extends Rectangle{
    int radius;                                         //圆角半径

    public RectangleEx(int l, int t, int w, int h, int r){
        super(l, t, w, h);
        radius=r;
    }
    public double area() {
        return (int)(super.area() - (4 - PI) * radius * radius);
    }
    public double perimeter() {
        return (int)((width+height) * 2 - 8 * radius+2 * PI * radius);
    }
}
```

运行结果如图 5.20 所示。

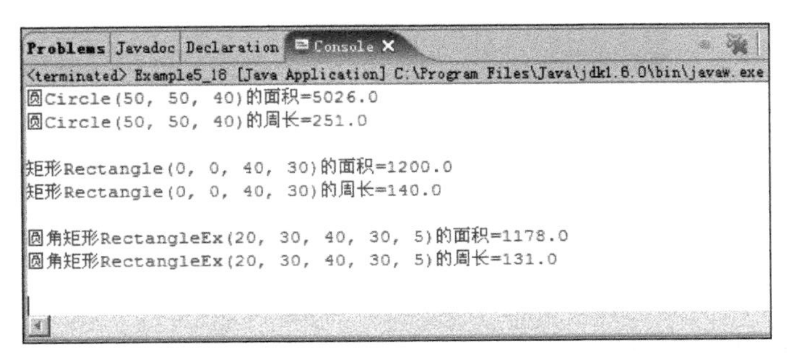

图 5.20 Example5_18 的运行结果

2. 电话

定义 Mobilephone,它是第 4 章中 Telephone 的子类,除了具有 Telephone 类的属性外,它还有自己的属性如网络类型、被叫时间,同时它有自己的计算话费和显示信息的方法。最后程序中应包含一个主类来使用上述两个类并显示它们的信息。

例 5.19 电话的子类。

```
public class Example5_19{
    public static void main(String[] args) {
        Telephone tel;
        tel=new Telephone("步步高","84259588",80);
        tel.setRate(0.3);
        tel.setDialledTime(100);
        tel.display();
        tel.callCost();
        tel.recharge(10);
        Mobilephone mobile;
        mobile=new Mobilephone("Nokia","13007091010",50,"CDMA");
        mobile.setRate(0.4);
        mobile.setReceivedTime(120);
        mobile.display();
        mobile.callCost();
        mobile.recharge(100);
    }
}
class Telephone{
    private String brand;
    private String number;
    private double dialledTime;
    private double rate;
    double balance;
    public Telephone(String brand, String number, double balance){
        this.brand=brand;
        this.number=number;
        this.balance=balance;
    }
    public String getBrand(){
        return brand;
    }
    public void setBrand(String brand){
        this.brand=brand;
    }

    public String getNumber(){
        return number;
    }

    public void setNumber(String number){
        this.number=number;
    }
    public double getDialledTime(){
```

```
        return dialledTime;
    }
    public void setDialledTime(double dialledTime){
        this.dialledTime=dialledTime;
    }
    public double getRate(){
        return rate;
    }
    public void setRate(double rate){
        this.rate=rate;
    }
    public double getBalance(){
        return balance;
    }
    public void recharge(double cost){
        balance=balance+cost;
        System.out.println("冲值后的余额:"+balance);
    }
    public void callCost(){
        double callcost=dialledTime * rate;
        balance=balance -callcost;
        System.out.println("话费:"+callcost);
        System.out.println("余额:"+balance);
    }
    public void display(){
        System.out.println("电话品牌:"+brand+"电话号码:"+number);
        System.out.println("通话时间:"+dialledTime+"费率:"+rate);

    }
}

class Mobilephone extends Telephone {
    private String network;
    private double callTime;
    private double receivedTime;
    public String getNetwork() {
        return network;
    }
    public void setNetwork(String network) {
        this.network=network;
    }
    public double getCallTime() {
        return callTime;
    }
    public void setCallTime(double callTime) {
```

```
        this.callTime=callTime;
    }
    public double getReceivedTime() {
        return receivedTime;
    }
    public void setReceivedTime(double receivedTime) {
        this.receivedTime=receivedTime;
    }
    public Mobilephone(String brand,String num,double balance){
        super(brand,num,balance);
    }
    public Mobilephone(String brand,String num,double balance,String network) {
        super(brand,num,balance);
        this.network=network;
    }
    public void callCost(){
        double callcost=(this.callTime+0.5*this.receivedTime)
                                                    *this.getRate();
        balance=balance -callcost;
        System.out.println("话费:"+callcost);
        System.out.println("余额:"+balance);
    }
    public void display() {
        System.out.println("电话品牌:"+getBrand()+"电话号码:"+getNumber()+"网
        络:"+network);
        System.out.println("主叫时间:"+callTime+"被叫时间:"+receivedTime+"费
        率:"+getRate());
    }
}
```

运行结果如图 5.21 所示。

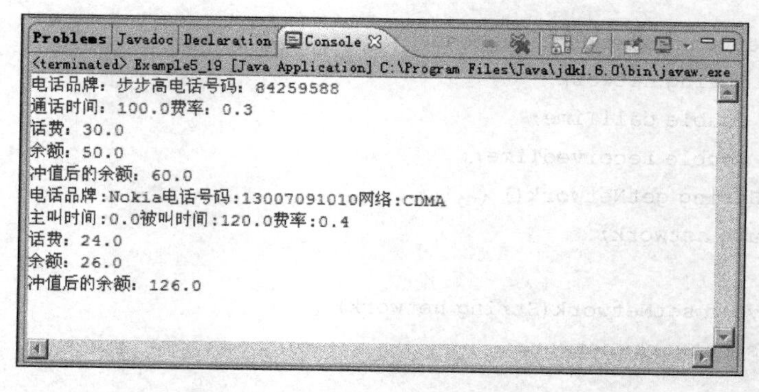

图 5.21　Example5_19 的运行结果

思考：如果 Telephone 类中的属性 balance 也定义为私有的，那么应该如何修改程序？

【总结与提示】

(1) 可见性修饰符是指定类、方法和属性的访问权限的。

(2) 类的可见性修饰符有两种,其中 public 是包内外都可见,默认的是只能包内可见。

(3) 类的成员的可见性修饰符有 4 种,其中 public 是包内+包外可访问,protected 是包内+包外子类可访问,默认的为包内可访问,private 是类内可访问。

(4) 包是类的容器,用来保存划分的类名空间。

(5) 如果写 package 语句,那么它必须是文件中第一条非注释语句。

(6) 如果写 import 语句,那么它必须是继 package 语句后的第一条非注释语句。

5.11 实训任务——继承与多态设计与实现

任务 1:可见性修饰符的应用

目标:通过编写代码,掌握访问控制修饰符的使用,掌握如何通过访问器和设置器方法实现对私有属性的使用。

内容:创建称为 Invoice 的类,电子产品商店用它来代表商店内所卖产品的一张发票。Invoice 类应该包括 4 部分信息作为属性:编号部分(String 类型),商品名称(String 类型),所购买产品的数量(int 类型)和每个产品的价格(double 类型)。该类有一个构造方法,初始化 4 个属性。为每个属性提供访问器和设置器方法。提供一个名为 getInvoiceAmount 的方法,计算发票总计数额(产品数量×每个产品的价格),然后将这个数额作为 double 值返回。如果数量不是正数,它应该被设置为 0。如果每个产品的价格不是正数,它应该被设置为 0.0。编写一个 InvoiceTest 的应用程序,测试类 Invoice 的功能。

任务 2:继承的应用

目标:通过编写代码,掌握继承机制的应用。

内容:编写一个商品类 Good;编写商品类的子类牛奶,增加了表示会员价格的属性,覆盖父类的计算折扣的方法,要求能计算出会员和非会员折扣后各是多少钱。编写测试类,初始化牛奶的价格为 3 元,会员价格为 2.6 元,折扣的百分比为 0.8,测试子类的应用,输出折扣后的价格。

任务 3:多态的应用

目标:通过编写代码,掌握多态的应用。

内容:编写一个类 Telephone,属性有号码和话费余额;构造方法包括一个带参的和一个不带参的;定义计算话费的方法 telephoneCharge,计算话费的方式不同,一种是 3 毛钱+(本次通话时间−3 分钟)×1 毛钱;另一种是每分钟的话费×本次通话时间。使用重载的方式完成两个同名方法的编写,定义查询余额的方法。

编写测试类,分别创建两个电话对象,调用不同的计算话费的方法,并显示余额。

5.12 学习效果评估

1. 选择题

(1) 若在某一个类定义中定义有如下的方法，该方法属于(　　)。

```
final void workDial()
```

A. 本地方法　　B. 最终方法　　C. 静态方法　　D. 抽象方法

(2) int 型变量 MAX_LENGTH，该值保持为长数 100，则定义这个变量需要的修饰符为(　　)。

A. final　　B. static　　C. public　　D. private

(3) 下面(　　)方法与 public int max(int x,int y)不是重载方法。

A. public double max(double x,double y)

B. public int max(int n,int k)

C. public int max(int x,int y,int z)

D. public double max(double n,double k)

(4) 为了区分类中重载的同名的不同方法，要求(　　)。

A. 参数列表不同　　B. 调用时用类名或对象名做前缀

C. 参数名不同　　D. 返回值类型不同

(5) 某个类中存在一个方法：void getSort(int x)，以下能作为该方法的重载声明的是(　　)。

A. public getSort(float x)　　B. double getSort(int x,int y)

C. int getSort(int y)　　D. void get(int x,int y)

(6) 设有下面的类定义：

```
class  AA {
void  Show(){ System.out.println("我喜欢 Java!"); }}
class  BB extends  AA {
void  Show(){ System.out.println("我喜欢 C++!");}}
```

则顺序执行如下语句后输出结果为(　　)。

```
AA   a;
BB   b;
a.Show();
b.Show();
```

A. 我喜欢 Java！我喜欢 Java！我喜欢 C++！

B. 我喜欢 C++！我喜欢 Java！

C. 我喜欢 Java！我喜欢 C++！

D. 我喜欢 C++！我喜欢 C++！

(7) A 派生出子类 B，B 派生出子类 C，并且在 Java 源代码中有如下声明：

```
A a0=new  A();
```

```
A a1=new B();
A a2=new  C();
}
```

则以下(　　)说法是正确的。

A. 只有第1行能通过编译

B. 第1、2行能通过编译,但第3行编译出错

C. 第1、2、3行能通过编译,但第2、3行运行时出错

D. 第1、2、3行的声明都是正确的

(8) 设有下面两个类的定义:

```
class Person {
    long id;                              //身份证号
    String name;                          //姓名
}
class Student extends Person {
    int score;                            //入学总分 }
    int getScore() {
        return score;
    }
}
```

则类 Person 和类 Student 的关系是(　　)。

A. 包含关系　　B. 继承关系

C. 关联关系　　D. 上述类定义有语法错误

(9) 下列叙述中正确的是(　　)。

A. 子类继承父类的所有属性和方法

B. 子类可以继承父类的私有的属性和方法

C. 子类可以继承父类的公有的属性和方法

D. 创建子类对象时,父类的构造方法都要被执行

(10) 现有两个类 A、B,以下描述中表示 B 继承自 A 的是(　　)。

A. class A extends B　　B. class B implements A

C. class A implements B　　D. class B extends A

(11) 下列叙述中错误的是(　　)。

A. 一个子类可有多个父类　　B. 父类派生出子类

C. 子类继承父类　　D. 子类只能有一个父类

(12) 关于继承,下面说法正确的是(　　)。

A. 子类能够继承父类私有的属性

B. 子类可以重写父类的 final 方法

C. 子类能够继承不同包父类的 protected 属性

D. 子类能够继承不同包父类的缺省属性;

(13) 有名字为 A 的包和名为 B 的类,下面的语句正确的是(　　)。

A. package A.B;　　B. package B;　　C. import A.*;　　D. import B;

(14) 声明一个名字为 P 的包，下面的语句正确的是(　　)。

A. package Pkg;　B. Package P;　C. package P;　D. package "p";

(15) 导入包 A 中的类 AA 应该使用的语句是(　　)。

A. import A. AA;　B. import AA. A;

C. package A;　D. package AA;

(16) 下列针对 int 类型的私有属性 age 的访问器方法格式正确的是(　　)。

A. void getAge(int age)　B. int getAge(int age)

C. void setAge(int age)　D. int setAge()

(17) 下列关于访问器方法说法正确的是(　　)。

A. get 方法可以读取属性的值

B. set 方法用来读取属性的值

C. 必须为每个 private 属性提供访问器方法

D. public 属性不能有访问器方法

(18) 表示数据或方法只能被定义它的类访问的是(　　)。

A. public　B. 默认的　C. private　D. protected

(19) 表示数据或方法只能被其他包中的子类访问的是(　　)。

A. public　B. 默认的　C. private　D. protected

(20) 表示数据或方法可以被其他包中的任何类访问的修饰符是(　　)。

A. public　B. 默认的　C. private　D. protected

(21) 当编译运行下列程序代码，得到的结果是(　　)。

```
class A {
    int i;
    A() {
        add(1);
    }
    void add(int v) {
        i=i+v;
    }
    void print() {
        System.out.println(i);
    }
}
class AA extends A {
    AA() {
        add(2);
    }
    void add(int v) {
        i=i+v*2;
    }
}
public class Test {
    public static void main(String args[]) {
```

```
        show(new AA());
    }
    static void show(A b) {
        b.add(8);
        b.print();
    }
}
```

A. 9　　　B. 20　　　C. 21　　　D. 22

(22) 对于子类的构造函数说明,下列叙述中不正确的是(　　)。

A. 子类无条件地继承父类的无参构造函数

B. 子类可以在自己的构造函数中使用 super 关键字来调用父类的含参数构造函数,但这个调用语句必须是子类构造函数的第一个可执行语句

C. 在创建子类的对象时,将先执行继承自父类的无参构造函数,然后再执行自己的构造函数

D. 子类不但可以自动执行父类的无参构造函数,也可以自动执行父类的有参构造函数

(23) 当编译运行下列程序代码,得到的结果是(　　)。

```
private class Base{
        Base(){
        int i=100;
        System.out.println(i);
        }
    }
    public class Pri extends Base{
        static int i=200;
        public static void main(String argv[]){
        Pri p=new Pri();
        System.out.println(i);
        }
    }
```

A. 这段代码不能通过编译　　　B. 输出 200

C. 输出 100 和 200　　　D. 输出 100

2. 简答题

(1) 简述修饰类的可见性修饰符有哪些及其作用。

(2) 简述修饰类的成员的可见性修饰符有哪些及其作用。

(3) 导入包时可导入其他包中的哪些类? 如何导入包 p 中全部可以使用的类? 请写出语句。

(4) 包的作用是什么? 如何声明一个包?

(5) 写出 set 和 get 方法定义的格式。

(6) 简述 this 和 super 的区别。

(7) super 的作用有哪些?

(8) final 修饰符都能用来修饰程序中的哪些成员？

(9) final 修饰符修饰的方法和类都有什么特点？

(10) 什么是属性的隐藏？什么是方法的覆盖？

(11) 多态有哪两种实现方式？有何区别？

(12) 请写出下列输出结果。

```
class FatherClass {
public FatherClass() {
System.out.println("FatherClass Create"); }
}
class ChildClass extends FatherClass {
public ChildClass() {
System.out.println("ChildClass Create"); }
public static void main(String[] args) {
FatherClass fc=new FatherClass();
ChildClass cc=new ChildClass(); }
```

(13) 下列程序的输出结果是什么？

```
class Base {
    int i=99;
    public void amethod(){
        System.out.println("Base.amethod()"); }
    Base(){
        amethod(); }
}
class Derived extends Base{
    int i=-1;
    public static void main(String argv[]){
        Base b=new Derived();
        System.out.println(b.i);
        b.amethod();}
    public void amethod(){
        System.out.println("Derived.amethod()");}
}
```

(14) 现有类说明如下，请回答问题：

```
class A
{
    String x="gain";
    String str=" no pain ";
    public String toString()
    {   return   str+x;   }
}
public class B extends A
{      String x=" no ";
```

```
        public String toString()
        { return  str+x+" and "+super.x;  }
    }
```

问题：类 A 和类 B 是什么关系？若 a 是类 A 的对象，则 a. toString( )的返回值是什么？若 b 是类 B 的对象，则 b. toString( )的返回值是什么？

(15) 下面是一个类的定义，填写程序空白处。

```
    class B {
        private int x;
        private char y;
        public B(________, char j) {
            x=i;
            y=j;    }
    public ________ getX()
    {    return x;}
    public void setX(int x)
    {______________}
    public char getY()
    {    return y;}
    public void setY(________)
    {    this.y=y;}
    }
```

(16) 定义类 A 和类 B 如下：

```
    class  A{
        int  m=1;
        double  n=2.0;
        void  print( ) {
            System.out.println("Class A: m="+m+",n="+n);    }
    }
    class  B  extends  A{
        float  m=3.0f;
        String  n="Good .";
         void  print( ) {
            super.print( );
            System.out.println("Class B: m="+m+",n="+n);    }
    }
```

问题：① 若在应用程序的 main 方法中有以下语句：

```
A  a=new A();
a.print();
```

则输出的结果如何？

② 若在应用程序的 main 方法中定义类 B 的对象 b：

```
B  b=new B();
```

```
b.print();
```

则输出的结果如何?

(17) 写出程序的运行结果。

```
class Parent {
    void printMe() {
        System.out.println("parent");}
}
class Child extends Parent {
    void printMe() {
        System.out.println("child");  }
    void printAll() {
        super.printMe();
        this.printMe();
        printMe();    }
}
public class T {
    public static void main(String args[]) {
        Child myC=new Child();
        myC.printAll();}
}
```

(18) 请写出下列输出结果。

```
public class Class1 {
    public static void main(String[] args) {
        A a1=new A();
        a1.printa();
        B b1=new B();
        b1.printb();
        b1.printa();
    }
}
class A {
    int x=1;
    void printa() {
        System.out.println(x);
    }
}
class B extends A {
    int x=100;
    void printb() {
        super.x=super.x+10;
        System.out.println("super.x="+super.x+"x="+x);
    }
}
```

(19) 请写出下列输出结果。

```
class Parent {
    void printMe() {
        System.out.println("parent");
    }
}

class Child extends Parent {
    void printMe() {
        System.out.println("child");
    }
    void printAll() {
        super.printMe();
        this.printMe();
        printMe();
    }
}
class Class1 {
    public static void main(String[] args) {
        Child myC=new Child();
        myC.printAll();
    }
}
```

3. 编程题

(1) 有 Person 类的定义,要求根据此类定义一个派生类 Employee,该类有工龄和工资两个特有属性,要求该类覆盖父类的 show 方法,显示类名和人名。该类还有两个方法 addSal(重载)用来表示加薪方式,第一种加薪方式是如果工龄大于 1 年,加当前工资的 10%。第二种加薪方式是如果工龄大于 1 年,可以指定加薪的数目,但此数目不可大于该员工工资的 50%,如果指定的数目超过 50%则只能加 50%。

```
class Person    {
    String name;                                //姓名
    String addr;                                //家庭住址
    String tel;                                 //电话号码
    public void show()          {
System.out.println("class Person");          }
}
```

(2) 定义一个学生类,要求属性包括学号(ID)、姓名(name)、成绩(score),构造方法带三个参数,写出每个属性的访问器方法。

(3) 创建类 A1,实现构造方法中输出 This is A;创建 A1 的子类 B1,实现构造方法中输出 This is B;创建 B1 的子类 C1,实现构造方法中输出 This is C。

(4) 定义一个矩形类,包含有长(length)、宽(width)两种属性,构造方法(要求写出初始化长和宽)和计算面积方法 findArea()(实现返回面积值)。编写一个长方体类,继承自矩形类,具有长(length)、宽(width)、高(height)属性,构造方法和计算体积的方法 findVolume()(实现返回体积值)。编写一个测试类 Test,对以上两个类进行测试,通过调用其构造方法创建一个长方体对象(其中长为 2、宽为 5、高为 7),要求输出其底面积和体积。

定义一个人类(Person),它包含属性:姓名(name)、性别(sex);带两个参数的构造方法;属性的访问器方法。定义上面人类的子类学生类(Student),包括属性:学号(ID);带参数的构造方法;属性的访问器方法。

第 6 章　抽象类与接口

学习要求

抽象类就是没有实例的类，接口是帮助类实现多重继承的方式，本章将对抽象类和接口进行探讨。通过本章的学习应该能够掌握如何创建和继承抽象类，掌握如何创建和实现接口。

知识要点及掌握程度

- 抽象类；
- 接口。

教学重点与难点

（1）重点：
- 抽象类的定义和应用。
- 接口的定义和应用。

（2）难点：抽象类和接口的综合应用。

实训任务

任务代码	任 务 名 称	任 务 内 容	任 务 成 果
任务 1	抽象类的应用	抽象类的练习	使用抽象类及其子类编写程序
任务 2	接口的应用	接口的练习	使用接口及接口的子类编写程序

【项目导引】

在继承的层次结构中，随着新的子类的出现，类变得越来越专门和具体，有时将一个父类设计得很抽象，这样的类没有具体的实例，这就是抽象类。有时需要从多个类派生出一个子类，就是多重继承。Java 语言不支持多重继承，如果使用接口就可以起到多重继承的效果。本章学习 Java 语言中的抽象类和接口。本章学习结束后，可以协助完成项目中父类、子类和接口的设计及代码编写，如表 6.1 所示。

表 6.1　接口和抽象类在项目中的应用

序　号	子项目名称	本章技术支持
1	开发及运行环境搭建	
2	基础知识准备	
3	面向对象设计与实现	接口与抽象类的设计与实现

续表

序　号	子项目名称	本章技术支持
4	容错性的设计与实现	
5	图形用户界面的设计与实现	
6	数据库的设计与实现	

6.1 抽　象　类

在继承中学习了如何在已有类的基础上扩展出新的类，随着新类的出现，类越来越具体。但是反过来却不是这样，从子类向父类追溯，类就变的更通用。在面向对象的概念中，所有的对象都是通过类来描绘的，但是并不是所有的类都是用来描绘对象的，如果一个类中没有包含足够的信息来描绘一个具体的对象，它只能被继承，派生出子类，这样的类就是抽象类。

抽象类往往用来表征在对问题领域进行分析、设计中得出的抽象概念，是对一系列看上去不同，但是本质上相同的具体概念的抽象。比如，如果进行一个图形编辑软件的开发，就会发现问题领域存在着圆、三角形这样一些具体概念，它们是不同的，但是它们又都属于形状这样一个概念，形状这个概念在问题领域是不存在的，它就是一个抽象概念。正是因为抽象的概念在问题领域没有对应的具体概念，所以用以表征抽象概念的抽象类是不能够实例化的。

6.1.1 创建抽象类

在Java中定义抽象类的结构如下：

```
[public] abstract class 类名[extends 父类][implements 接口列表]
{
    属性声明及初始化;
    抽象方法的声明;
    非抽象方法声明及方法体;
}
```

提示：

(1) 修饰抽象类的修饰符有public和默认修饰符两种。

(2) 抽象类中可以有抽象方法，也可以有非抽象的方法。

(3) 抽象方法是无方法体的方法。

定义抽象类时，要在关键字class的前面添加abstract。例如：

```
abstract class Myclass {
    int myint;

    public abstract void noAction();←——这是抽象方法，没有方法体
```

```
    public int getMyint() {←—这是非抽象方法,包含方法体
        return myint;
    }
}
```

下面是定义一个抽象类的例子,定义了一个表示柜子的抽象类 Chest。类有两个属性,分别代表宽和高,还有一个方法 open,另外还有一个抽象方法 storage,表示可以存放东西。

例 6.1 定义一个抽象类。

```
abstract class Chest {
    double width;

    double high;

    public void open() {
        System.out.println("柜子能打开");
    }

    public abstract void storage();
}
```

6.1.2 继承抽象类

抽象类不能创建对象,只有被继承了才能创建对象,继承的方式和一般的类相同。继承上面的抽象类,如下:

```
class ChildClass extends Myclass
{
    public void noAction(){←—实现了抽象方法,即定义了方法体
        System.out.println("This is noAction");
    }
}
```

下面来看一个继承抽象类 Chest 的例子。

例 6.2 定义抽象类的子类。

```
class Wardrobe extends Chest {
    public void storage() {←—实现抽象方法
        System.out.println("衣柜能存放衣服");
    }
}

class Cupboard extends Chest {
    public void storage() {←—实现抽象方法
        System.out.println("橱柜能存放盘子和碗");
    }
}
```

```
public class Example6_2{
    public static void main(String[] args) {
        Wardrobe w=new Wardrobe();
        w.open();
        w.storage();
        Cupboard c=new Cupboard();
        c.open();
        c.storage();
    }
}
```

运行结果如图 6.1 所示。

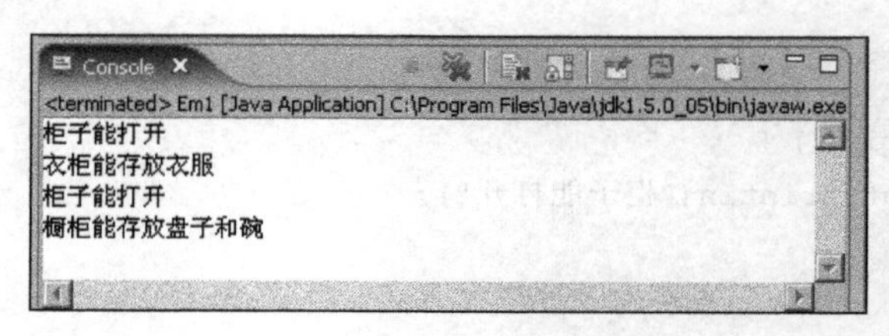

图 6.1 Example6_2 的运行结果

6.2 接口

接口是一种用于描述类对外提供功能规范的、能够多重继承的、特殊的抽象类。接口中只能定义静态常量和抽象方法。

那么为什么要定义接口呢？主要是某些现实问题需要用多重继承描述，但又不适合放在父类中。例如下面这种情况，如图 6.2 所示。

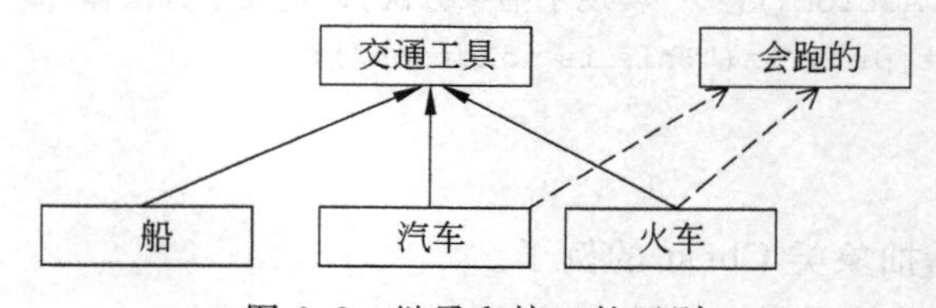

图 6.2 继承和接口的区别

由于类的多重继承能够导致方法调用的冲突，因此 Java 中的类只能单继承。但是很多时候还是需要多重继承的，Java 中的接口就可以实现多重继承，接口中不存在具体方法，不会引起方法调用的冲突。

6.2.1 创建接口

接口规定了类的共同行为。在 Java 中，接口的声明采用 interface 关键字，接口定义的语法如下：

```
[public] interface 接口名 [extends 父接口列表]{
    //属性声明
```

```
    [public] [static] [final] 属性类型 属性名=常量值 ;
    //方法声明
    [public] [abstract] 返回值类型 方法名 ( 参数列表 ) ;
}
```

提示：

(1) 修饰接口的修饰符只有 public 和默认修饰符两种。

(2) 接口可以是多重继承，接口只能继承接口，不能继承类。

(3) 属性必须是常量(有初值)，方法必须是抽象的(无方法体)。

例如：

```
public interface IA {←——接口 IA
    public abstract int Action1();←——抽象方法
    public int Action2();←——接口中，不使用 abstract 声明的方法也是抽象方法
}
```

Java 接口中不能包含具体实现的方法，例如：

```
public interface IB{
    public void function(){
        System.out.println("Hello!");
    }
}
```

上面的用法是错误的，正确的写法是：

```
public interface IB{
    public void function();
}
```

在接口中除了包含抽象方法外，还可以包含常量的声明，例如：

```
public interface IA{
    public static final int CODE=1001;←——常量
    public int Action1();
    public int Action2();
}
```

接口与类之间的关系：类实现了接口，一个类可以同时实现多个接口，一个接口可以被多个类实现。

例 6.3 定义一个圆柱体接口。

```
//定义一个圆柱体接口，代表所有圆柱体对象的共同行为
public interface ICylinder{
    static final double PI=3.14;              //说明圆周率常量
    public  double  area();                   //计算圆柱体表面积的方法
    public  double  bulk();                   //计算圆柱体体积的方法
}
```

6.2.2 实现接口

用 implements 子句表示一个类用于实现某个接口。一个类可以同时实现多个接口,接口之间用逗号“,”分隔。在类体中可以使用接口中定义的常量,由于接口中的方法为抽象方法,因此必须在类体中加入要实现接口方法的代码,如果一个接口是从别的一个或多个父接口中继承而来,则在类体中必须加入实现该接口及其父接口中所有方法的代码。在实现一个接口时,类中对方法的定义要和接口中相应的方法的定义相匹配,其方法名、方法的返回值类型、方法的访问权限和参数的数目与类型信息要一致。语法格式如下:

```
class 类名 [extends 父类] [implements 接口列表]
{
    覆盖所有接口中定义的方法;
}
```

提示:

(1) 一个类可以同时实现多个接口,但只能继承一个类。

(2) 类中必须覆盖接口中的所有方法,而且都是公开的。

例 6.4 实现多个接口的例子。

```
public class A implements IA, IB{
    public int Action1(){←—IA 中抽象方法的实现
        System.out.println("this is Action1! ");
    }
    public int Action2(){
        System.out.println("this is Action2! ");
    }
    public void function(){←—IA 中抽象方法的实现
        System.out.println("this is  function from  IB ! ");
    }
}
```

Java 中不允许一个类继承多个类,但允许一个类同时实现多个接口。

接口与抽象类之间的关系:抽象类是类,因此接口与类之间的关系也适用于抽象类。此外,应该注意的是,一个最常用的设计模式就是抽象类实现接口,多个具体类继承抽象类,则多个具体类也间接实现了接口。

下面来看一个实现接口的例子。

例 6.5 定义一个类实现圆柱体接口。

```
public class Cylinder implements ICylinder {
    double r;
    double h;
    public Cylinder(double r, double h) {
        this.r=r;
        this.h=h;
    }
```

```
    public double area() {←——实现接口规定的面积方法
        return 2 * PI * r * (h+r);
    }
    public double bulk() {←——实现接口体积方法
        return PI * r * r * h;
    }
    public static void main(String args[]) {
        ICylinder c1=new Cylinder(10, 6);
        double arearesult;
        arearesult=c1.area();
        double bulkresult;
        bulkresult=c1.bulk();
        System.out.println("面积为"+arearesult);
        System.out.println("体积为"+bulkresult);
    }
}
```

运行结果如图 6.3 所示。

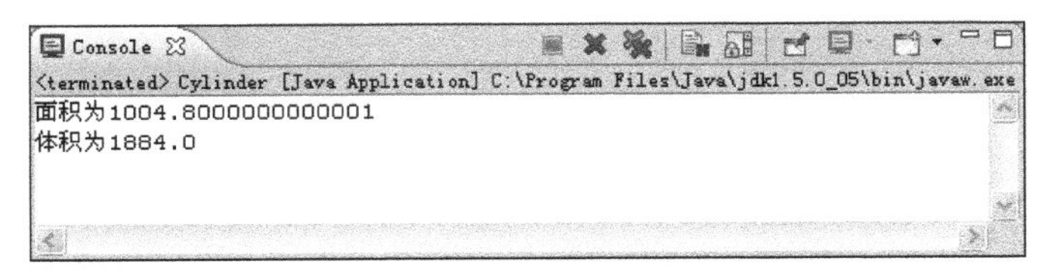

图 6.3　Cylinder 的运行结果

6.3　抽象类和接口的应用

客观世界中存在如下的实体关系，为了表示这种多重的继承关系，可以声明一个抽象类表示二维图形，可利用它来派生出多个不同的二维几何形状类，然后把颜色定义为接口，各个类通过实现接口来实现多重继承，如图 6.4 所示。

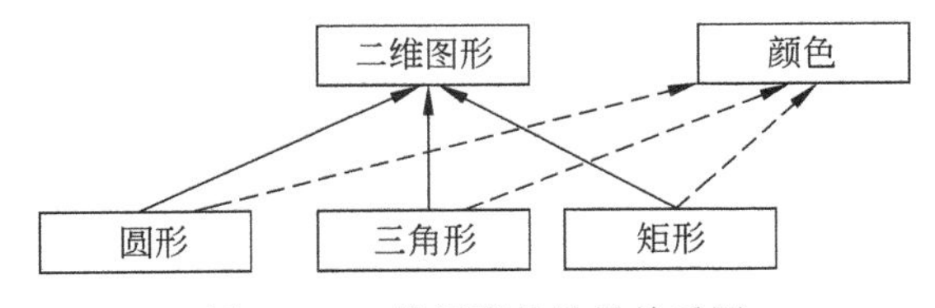

图 6.4　二维图形的继承关系图

下面是这个例子的具体实现，定义一个抽象类 Shape2D，把计算面积的方法声明在抽象类 Shape2D 里，pi 值是常量，把它声明在抽象类的数据成员里。利用 Shape2D 派生出两个子类 Circle 和 Rectangle，分别表示圆形和矩形。

例 6.6　抽象类在图形中的应用。

```
public class Example6_6 {
```

```
    public static void main(String args[]) {
        Rectangle rect=new Rectangle(5, 6);
        System.out.println("Area of rect="+rect.area());
        Circle cir=new Circle(2.0);
        System.out.println("Area of cir="+cir.area());
    }
}

abstract class Shape2D {
    final double pi=3.14;←——常量一定要初始化

    public abstract double area();
}

class Circle extends Shape2D {
    double radius;

    public Circle(double r) {
        radius=r;
    }

    public double area() {
        return (pi * radius * radius);
    }
}

class Rectangle extends Shape2D {
    int width, height;

    public Rectangle(int w, int h) {
        width=w;
        height=h;
    }

    public double area() {
        return (width * height);
    }
}
```

运行结果如图 6.5 所示。

例 6.7 接口在图形的应用。

一个类只能继承一个父类，但是可以实现多个接口，如果需要继承多个类，就可以通过实现接口来实现。现在对例 6.6 进行扩展，定义一个表示颜色的接口 Color，声明 ColorCircle 类继承 Shape2D，并且实现接口。

(1) Shape2D 具有 pi 与 area()方法，用来计算面积。

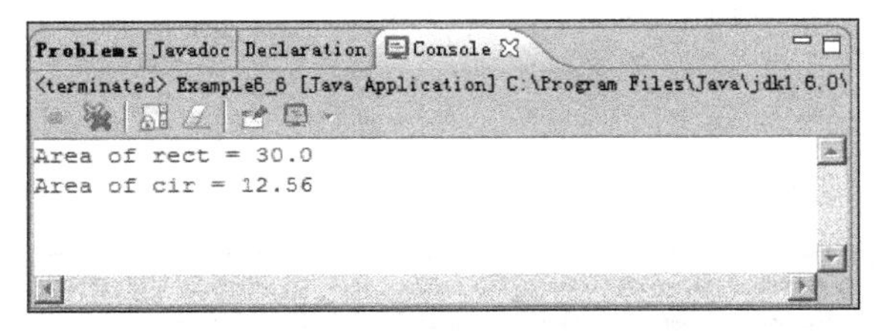

图 6.5　Example6_6 的运行结果

(2) Color 则具有 setColor 方法，可用来赋值颜色。

(3) 通过继承抽象类，实现一个接口，ColorCircle 类达到了多重继承的目的。

```
public class Example6_7 {
    public static void main(String args[]) {
        ColorCircle cir;
        cir=new ColorCircle(2.0);
        cir.setColor("blue");
        System.out.println("Area="+cir.area());
    }
}

abstract class Shape2D {
    final double pi=3.14;

    public abstract double area();
}

interface Color {
    void setColor(String str);
}

class ColorCircle extends Shape2D implements Color {
    double radius;

    String color;

    public ColorCircle(double r) {
        radius=r;
    }

    public double area() {
        return (pi * radius * radius);
    }

    public void setColor(String str) {
        color=str;
```

```
        System.out.println("color="+color);
    }
}
```

运行结果如图 6.6 所示。

```
Problems  Javadoc  Declaration  Console
<terminated> Example6_7 (1) [Java Application] C:\Program Files\Java\jdk1.
color=blue
Area = 12.56
```

图 6.6　Example6_7 的运行结果

【总结与提示】

(1) 要掌握属性的继承和隐藏,方法的继承和覆盖。

(2) 在继承关系中,构造方法的调用是先从父类开始。

(3) 要区分 this 关键字和 super 关键字。

(4) 接口中只能存在常量和抽象方法。

6.4　实训任务——抽象类和接口的应用

任务 1: 抽象类的应用

目标: 通过编写代码,掌握抽象类的定义,以及如何使用抽象类派生出子类。

内容: 定义抽象的商品类 Goods,包含单价 unitPrice 和数量 account 两个属性,方法包括价格计算方法 totalPrice()。定义苹果子类 Apple,它继承商品类 Goods,并有苹果类别的属性、构造方法和显示苹果信息的 show 方法。定义测试类,创建苹果对象(红富士,10 元/斤,2 斤,),测试苹果子类的各个方法。

任务 2: 接口的应用

目标: 通过编写代码,掌握接口的定义,以及如何使用接口派生出子类。

内容: 定义 VIP 会员价格接口 VipPrice,包含 DISCOUNT 属性和 reducedPrice()方法。定义服装子类 Clothing,它继承上个实验中的商品类 Goods 并实现接口 VipPrice,使 VIP 会员商品价格享受 8 折优惠,并有服装样式 style 属性、构造方法和显示服装信息的 show 方法。编写一个测试类,创建一种服装("女装",300,2),利用 show 方法输出服装的单价、数量、样式及 VIP 价格信息。

6.5　学习效果评估

1. 选择题

(1) 以下(　　)接口的定义是正确的。

A. interface B{ void print() { }; }

B. abstract interface B { void print() ; }

C. abstract interface B extends A1,A2 { abstract void print(){ }; }

D. interface B { void print();}

(2) 定义一个接口时,下列(　　)关键字用不到。

A. public　　B. extends　　C. interface　　D. class

(3) 定义一个接口时,要使用的关键字是(　　)。

A. abstract　　B. final　　C. interface　　D. class

(4) 在使用 interface 声明一个接口时,只可以使用(　　)修饰符修饰该接口。

A. private　　B. protected

C. private 或者 protected　　D. public

(5) 下列类头定义中错误的是(　　)。

A. public x extends y　　B. public class x extends y

C. class x extends y implements y1　　D. class x

(6) 下列类定义中不正确的是(　　)。

A. class x　　B. class x extends y

C. class x implements y1,y2　　D. public class x extends X1,X2

(7) Java 中能实现多重继承功能的方式是(　　)。

A. 接口　　B. 同步　　C. 抽象类　　D. 父类

(8) 下列叙述正确的是(　　)。

A. Java 中允许多重继承　　B. Java 中一个类只能实现一个接口

C. Java 中只能单重继承　　D. Java 中一个类可以继承多个抽象类

2. 简答题

(1) 接口中方法的修饰符都有哪些? 属性的修饰符有哪些?

(2) 接口的作用是什么? 简述接口与类的关系。

(3) 抽象方法和非抽象方法在定义和使用上各有何区别?

(4) 如何定义一个抽象类? 抽象类与类有哪些不同?

(5) 请写出下列输出结果。

```
interface A {
    int x=1;
    void showX();
}
interface B {
    int y=2;
    void showY();
}
class InterfaceTest implements A, B {
    int z=3;
    public void showX() {
        System.out.println("x="+x);
```

```
        }
        public void showY() {
            System.out.println("y="+y);
        }
        public void showMe() {
            System.out.println("z="+(z+x+y));
        }
    }
    public class Class1 {
        public static void main(String[] args) {
            InterfaceTest myObject=new InterfaceTest();
            myObject.showX();
            myObject.showY();
            myObject.showMe();
        }
    }
```

3. 编程题

(1) 定义抽象的商品类Goods,包含单价 unitPrice 和数量 account 两个属性,计算价格的抽象方法 totalPrice();定义 VIP 会员价格接口 VipPrice,包含 DISCOUNT 属性和 reducedPrice()方法;定义服装子类 Clothing,它继承商品类 Goods 并实现接口 VipPrice,使 VIP 会员商品价格享受 8 折优惠,并有服装样式 style 属性、构造方法和显示服装信息的 show 方法。

(2) 定义一个有抽象方法 display()的超类 SuperClass,以及提供不同实现方法的子类 SubClassA 和 SubClassB,并创建一个测试类 PolyTester,分别创建 SubClassA 和 SubClassB 的对象。调用每个对象的 display()。

要求:输出结果为:

```
display A
display B
```

(3) 创建一个接口,接口的名字叫 TestInterface,接口里至少有一个常量 String myVar="Helo Interface",两个抽象方法 write()和 read()。

第7章 基础类库

学习要求

在 Java 语言中，有一种介于基本数据类型和引用数据类型之间的类型叫数组，它在概念上属于类的范畴，但处理的方式又与类和对象不完全相同。与数组类似的还有字符串，本章将介绍数组、向量、字符串和 Math 类的基本内容。

知识要点

- 数组；
- 向量；
- 字符串；
- Math 类。

教学重点与难点

(1) 重点：
- 数组；
- 向量；
- 字符串。

(2) 难点：
- 数组；
- 向量。

实训任务

任务代码	任务名称	任务内容	任务成果
任务 1	数组和向量的使用	练习使用数组和向量	可访问、存取数组及向量数据
任务 2	字符串的使用	练习对字符串进行操作	可对字符串进行操作，获取想要的数据

【项目导引】

程序存储数据的过程中会遇到多种不同需求，比如说需要存储大量的文字或者存储一个类型相同、数值不同的序列，有时需要对某些数值进行复杂运算。本章将会学习 Java 语言中的数组、向量、字符串和 Math 类。学习结束后，可以协助对项目中的数据进行处理及代码的编写，如表 7.1 所示。

表 7.1 数组和字符串知识在项目中的应用

序 号	子项目名称	本章技术支持
1	开发及运行环境搭建	
2	基础知识准备	
3	面向对象设计与实现	数组或向量等数据容器的设计与使用
4	容错性的设计与实现	
5	图形用户界面的设计与实现	
6	数据库的设计与实现	

7.1 数 组

数组是相同类型的数据按照顺序组合后的一种复合数据类型。数组的长度一旦确定后就不能更改,因此它是一个固定长度的结构。数组结构中每个存储的数据叫数组元素,数组元素由索引来定位。索引(或叫数组下标)是指当前元素相对于第一个元素的位移,因此第一个元素的下标就是 0,第二个元素的下标就是 1,依此类推。

7.1.1 声明数组

用方括号“[]”来区分普通变量和数组变量。见下面声明整型数组的例子:

```
int[] numbers;
```

上面的语句声明了一个数组 numbers,它的元素都是整型的,但是现在并没有确定数组的长度,也就是说没有确定 numbers 里有多少个元素。

数组声明的语法是:

```
数据类型[] 数组名;
```

或者

```
数据类型 数组名[];
```

提示: 方括号“[]”既可以放在数据类型的后面,也可以放在数组名的后面,两者都可以标识一个数组的声明。

例如:

```
char[] c;
String strs[];
```

数组在声明后,但是没有创建前,并没有给分配具体的内存空间,所以这个时候访问数组会出现 NullPointerException 异常。需要在访问数组前创建数组,确定数组的长度,以便能为数组分配内存空间。

7.1.2 创建数组

数组的长度在创建时确定，并且一旦确定就不能更改。创建数组有两种方式：

1. 声明时初始化

这种方式在声明的同时就直接初始化数组，同时也创建了数组空间。如：

```
int[] m={3,75,234,41,16};
```

上面的语句运行后，就会创建一个数组 m，这个数组的长度是 5，它有 5 个元素，分别是 3,75,234,41,16。

2. 创建而不初始化

这种方式只是按照指定的长度来创建数组空间，但是数组里的元素是空的，数组没有被初始化，就好比是一个一个的空格子。例如：

```
numbers=new int[6];
```

上面的语句运行后，会创建一个数组 numbers，这个数组的长度是 6，但它是空格子，格子里的元素是空的，使用这个数组前还需要进一步的初始化。

这种创建方式的语法是：

```
数组名=new 数组类型[数组长度];
```

例如：

```
char[] c=new char[128];
String[] strs=new String[10];
double[] incoming=new double[73];
```

7.1.3 访问数组

数组的元素通过下标来标识，下标表示当前元素相对于第一个元素的位移，因此从 0 开始。比如 name[0]就表示 name 数组的第 1 个元素，name[4]就表示 name 数组的第 5 个元素。其中方括号“[]”中的整数就是下标(又叫索引)，注意，下标的范围从 0～数组长度－1，如果访问超过范围的下标，就会发生 ArrayIndexOutOfBoundsException 下标越界异常。

例 7.1 创建数组并初始化。

```
public class Example7_1 {
    public static void main(String args[]){
        int num1[]=new int[5];
        num1[0]=32;
        num1[1]=543;←—每个元素单独初始化
        num1[2]=17;
        num1[3]=8;←—每个元素单独初始化
        num1[4]=95;
        int num2[]=new int[10];
        for(int i=0;i<10;i++){←—采用循环方式初始化
```

```
            num2[i]=i+1;
        }
        System.out.println("第一个数组:");
        for(int j=0;j<num1.length;j++){←—采用循环方式输出数组的所有元
            System.out.print(num1[j]);
        }
        System.out.println();
        System.out.println("第二个数组:");
        for(int x=0;x<num2.length;x++){
            System.out.print(num2[x]);
        }
    }
}
```

7.1.4 对象数组

前面的例子里都是基本数据类型的数组。如果一个数组里的元素都是一个类的对象，那么这个数组又叫对象数组，这个数组里的每个元素都是那个对象的引用。例如：

```
Student students=new Student[2];
```

这里的 students 就是一个对象数组，它有两个元素，每个元素都是 Student 类型。初始化 students 数组如下：

```
Student st1=new Student("王一");
students[0]=st1;
Student st2=new Student("李二");
students[1]=st2;
```

那么 students[0]和对象 st1 就是同一个引用，students[1]和对象 st2 也是相同的引用。它们的关系就好像是说明同一物体的两个别名，那么修改了 students[0]，则 st1 对象也会随之更改，反之也一样，如图 7.1 所示。

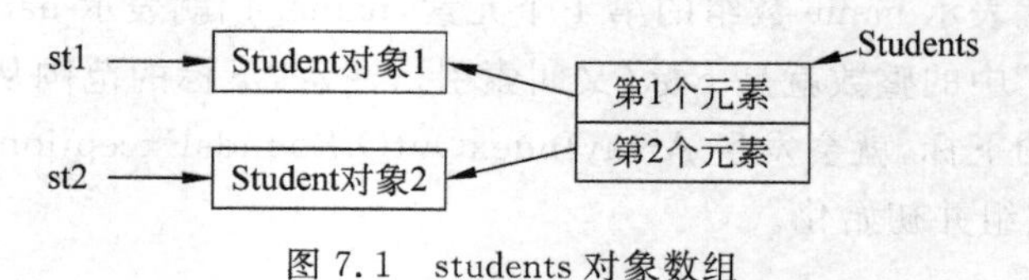

图 7.1　students 对象数组

7.1.5 二维数组

前面介绍的是一维的数组，好像只有一行的线性表，或只有一列的书架格子。那么如何表示矩阵或二维表格呢？这时就得使用二维数组来表示了。也可以把二维数组看成是一维数组里的元素其实就是一个数组对象。例如，下面用二维数组表示一个 3 行 4 列的矩阵：

```
1   2   3   4
5   6   7   8
9   10  11  12
```

声明二维数组如下：

```
int array=new int[3][4];
```

或者在声明的时候直接初始化：

```
int array={{1,2,3,4},{5,6,7,8},{9,10,11,12}};
```

不论是哪种声明方式，array 数组的长度都是 3，而不是 4，array[0]的长度才是 4。

二维数组的访问采用两个方括号“[][]”表示，前面的方块里表示行的下标，后面的方块里表示列的下标，下标还是都从 0 开始，如 array[1][3]=8。

例 7.2 查找二维整型数组中的最大数及其位置。

```
public class Example7_2 {
    public static void main(String args[]){
int array[][]={{23,2,64,16},{35,56,97,28},{29,10,81,12}};
int max=0;
int x=-1;
int y=-1;
for(int i=0;i<array.length;i++){
    for(int j=0;j<array[i].length;j++){
        if(array[i][j]>max){
            max=array[i][j];
            x=i+1;
            y=j+1;
        }
        System.out.print(array[i][j]+"\t");
    }
    System.out.println();
}
System.out.println("该二维数组中最大值是:"+max);
System.out.println("位置是第"+x+"行,第"+y+"列");
    }
}
```

运行结果如图 7.2 所示。

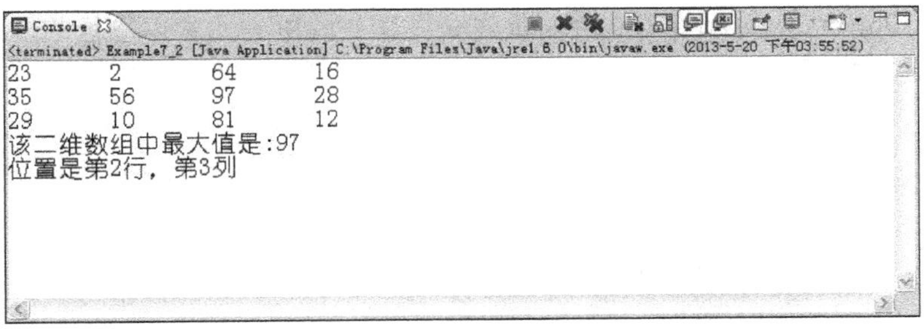

```
Console
<terminated> Example7_2 [Java Application] C:\Program Files\Java\jre1.6.0\bin\javaw.exe (2013-5-20 下午03:55:52)
23	2	64	16
35	56	97	28
29	10	81	12
该二维数组中最大值是:97
位置是第2行，第3列
```

图 7.2　Example7_2 的运行结果

7.2 向　　量

数组的特点是固定长度，并且存储的元素都是相同类型的。为了解决数组的局限性，Java 提供了向量 java.util.Vector。向量 Vector 类可以实现可增长的对象数组。与数组一样，它包含可以使用索引进行访问的元素。与数组相比，Vector 的大小可以根据需要增大或缩小，以适应创建 Vector 后进行添加或移除元素的操作。Vector 的常用构造方法如表 7.2 所示。

表 7.2　Vector 类的常用构造方法

构造方法	说　　明
Vector()	构造一个空向量，使其内部数据容量的大小为 10，其标准容量增量为 0
Vector(int initialCapacity)	使用指定的初始容量构造一个空向量，其标准容量增量为 0
Vector(int initialCapacity, int capacityIncrement)	使用指定的初始容量和容量增量构造一个空的向量

Vector 类有下列常用方法来对元素进行操作：

- public void addElement(Object obj)：将指定的元素追加到向量的末尾，向量的大小增加 1。如果向量的大小比容量大，则按照容量增量增大其容量。
- public int capacity()：返回向量的容量。
- public Object elementAt(int index)：返回指定索引处的元素。
- public int indexOf(Object obj)：返回第一次出现的指定元素的索引，如果不存在，则返回－1。
- public void removeElementAt(int index)：移除指定位置的元素。将所有后续元素前移(即索引减 1)，向量的大小减 1。
- public void insertElementAt(Object obj,int index)：在指定位置插入指定的元素，将位于该位置的原来的元素及所有后续元素后移(即索引加 1)。
- public void setElementAt(Object obj,int index)：用指定的元素覆盖指定位置的元素。
- public int size()：返回向量的大小即实际元素数量，而不是容量。
- public Object[] toArray()：将向量中顺序存放的所有元素以数组的形式返回。

例 7.3　使用向量的例子。

```
import java.util.Vector;
public class Example7_3 {
    public static void main(String args[]){
        Vector v=new Vector();
        v.addElement(10);
        v.addElement(25.6);
        v.addElement('A');
        v.addElement("Hello");
```

```
        showVector (v);
        v.insertElementAt(true,2);
        showVector(v);
    }
    static void showVector(Vector v){
        System.out.println("容量:"+v.capacity());
        System.out.println("大小:"+v.size());
        for(int i=0;i<v.size();i++){
            System.out.println(v.elementAt(i).toString());
        }
    }
}
```

运行结果如图 7.3 所示。

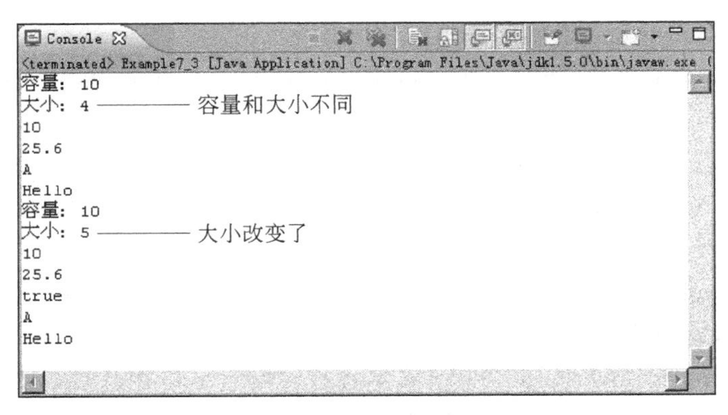

图 7.3　Example7_3 的运行结果

7.3 字　符　串

7.3.1 String 类

我们已经可以很熟练地使用字符串类 String,字符串由双引号""来标识。声明或初始化字符串有如下的方法:

```
String s1="abc";
String s2=new String("abc");
```

字符串是常量,它们的值在创建之后不能更改。也就是说如果执行下面的语句:

```
s1="hello";
```

那么此时的 s1 已经不再指向第一次声明并初始化("abc")时的内存地址,而是重新开辟了内存空间来存放"hello",如图 7.4 所示。

String 类有下列常用方法:

- public char charAt(int index):返回指定索引位置的字符。

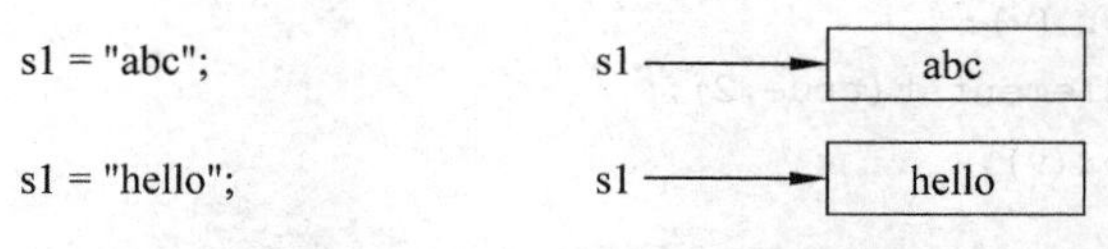

图 7.4　字符串是常量

- public boolean endsWith(String suffix)：判断是否以指定的后缀结束。
- public boolean equals(Object obj)：与指定的对象比较，如果参数对象是与该字符串具有相同字符序列的字符串时(区分大小写)才会返回 true。
- public boolean equalsIgnoreCase(String str)：与另一个字符串的值进行比较，不区分大小写。
- public int indexOf(char c)：返回指定字符在字符串中第一次出现处的索引，如果不存在则返回−1。
- public int length()：返回字符串的长度。
- public String replace(char oldChar,char newChar)：用 newChar 替换字符串中的所有 oldChar，返回替换后的新字符串。
- public boolean startsWith(String prefix)：判断是否以指定的前缀开始。
- public String substring(int begin)：从指定索引处的字符开始到字符串末尾，返回这个子串。
- public String substring(int begin,int end)：从指定索引处的字符开始到 end-1 处的字符为止，返回这个子串。子串的长度是 end-begin。
- public String toLowerCase()：所有字符都转换为小写并返回新字符串。
- public String toUpperCase()：所有字符都转换为大写并返回新字符串。
- public String trim()：将字符串前导空格和结尾空格去掉，返回新的字符串。
- public static String valueOf(int i)：将指定参数转换成字符串，该方法有很多个重载方法，参数类型支持 char、boolean、double、float、long、char[]以及 Object。

例 7.4　判断两个字符串。

```
public class Example7_4 {
   public static void main(String args[]){
String s1="abc";
String s2=new String("abc");
        boolean result1=false;
        boolean result2=false;
        if(s1==s2) result1=true;   ←——两种字符串比较的方式
        if(s1.equals(s2)) result2=true;
        System.out.println("s1==s2?"+result1);
        System.out.println("s1.equals(s2)?"+result2);
   }
}
```

运行结果如图 7.5 所示。

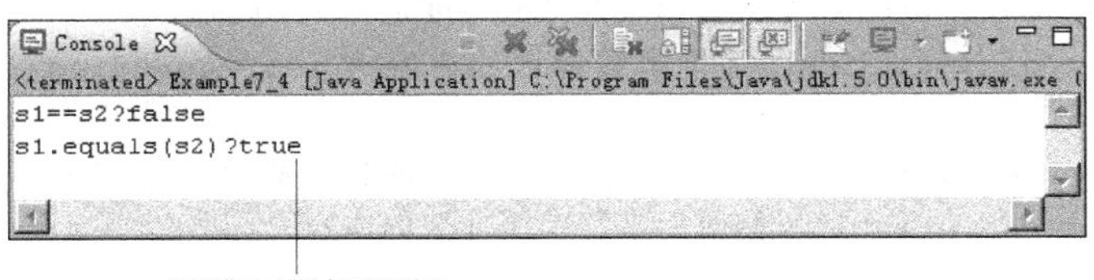

图 7.5 Example7_4 的运行结果

7.3.2 StringBuffer 类

前面介绍了字符串是常量，一旦初始化就不能改变。Java 语言为了解决这个问题，提供了 StringBuffer 类，使得字符串操作更方便快捷。StringBuffer 的常用构造方法如表 7.3 所示。

表 7.3 StringBuffer 类的常用构造方法

构 造 方 法	说 明
StringBuffer()	构造一个字符串缓冲区，初始容量为 16 个字符，没有内容
StringBuffer(int capacity)	构造一个字符串缓冲区，初始容量为指定容量，没有内容
StringBuffer(String str)	构造一个字符串缓冲区，将指定字符串作为初始内容

StringBuffer 类有下列常用方法：

- public StringBuffer append(String str)：在字符串缓冲区后追加指定内容，该方法有很多个重载方法。参数类型支持 int、char、boolean、double、float、long、char[]、StringBuffer 以及 Object。
- public int capacity()：返回字符串缓冲区的容量。
- public char charAt(int index)：返回指定索引位置的字符。
- public StringBuffer deleteCharAt(int index)：将指定索引处的字符删除。
- public StringBuffer insert(int index,String str)：在字符串缓冲区指定索引处插入指定内容，该方法有很多个重载方法。参数类型支持 int、char、boolean、double、float、long、char[]、StringBuffer 以及 Object。
- public int length()：返回字符串缓冲区的长度。
- public String toString()：返回字符串内容。

例 7.5 使用 StringBuffer 的例子。

```
public class Example7_5 {
    public static void main(String args[]){
        StringBuffer sbf=new StringBuffer();
        sbf.append(100);
        sbf.append("hello");
        sbf.append(4.76);
        sbf.append('B');
        System.out.println("字符串缓冲区的容量是:"+sbf. capacity());
```

```
        System.out.println("字符串缓冲区的长度是:"+sbf.length());
        System.out.println("字符串缓冲区的内容:"+sbf.toString());sbf.insert(8,
        true);
        System.out.println("修改后字符串缓冲区的长度是:"+sbf.length());
        System.out.println("修改后字符串缓冲区的内容:"+sbf.toString());
    }
}
```

运行结果如图 7.6 所示。

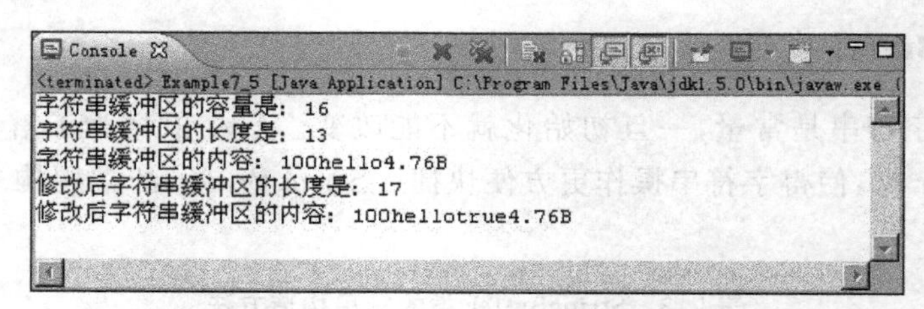

图 7.6　Example7_5 的运行结果

7.3.3　String 与其他数据类型间的转换

1. 其他数据类型转换成字符串

使用 String 的 valueOf()方法，可以很方便地把任何类型转换成字符串类型，例如：

```
String s1=String.valueOf(100);
String s2=String.valueOf(36.27);
String s3=String.valueOf(true);
String s4=String.valueOf('f');
```

2. 字符串转换成其他数据类型

字符串转换成 int 型：

```
int i=Integer.parseInt("123");
```

字符串转换成 double 型：

```
double d=Double.parseDouble("123.87");
```

字符串转换成 float 型：

```
float f=Float.parseFloat("123.87");
```

字符串转换成 boolean 型：

```
boolean b=Boolean.parseBoolean("true");
```

7.4　Math 类

Java 提供了 java.lang.Math 类，Math 类包含用于执行基本数学运算的方法，如初等指数、对数、平方根和三角函数。Math 类的静态属性及常用方法如下：

- public static final double E：比任何其他值都更接近 e(即自然对数的底数)的 double 值。
- public static final double PI：比任何其他值都更接近 pi(即圆的周长与直径之比)的 double 值。
- public static double abs(double a)：返回 double 值的绝对值。该方法的重载方法还支持 float,int 和 long 类型的参数。
- public static double max(double a,double b)：返回两个 double 值中较大的一个，该方法的重载方法还支持两个 float 值的比较，两个 int 值的比较，两个 long 值的比较。
- public static double min(double a,double b)：返回两个 double 值中较小的一个，该方法的重载方法还支持两个 float 值的比较，两个 int 值的比较，两个 long 值的比较。
- public static double pow(double a,double b)：返回第一个参数的第二个参数次幂的值。比如 pow(2,3)返回 2 的 3 次幂的值。
- public static double random()：返回一个随机 double 值，该值大于等于 0.0 且小于 1.0。
- public static long round(double a)：返回最接近参数的 long 值。
- public static int round(float a)：返回最接近参数的 int 值。
- public static double sqrt(double a)：返回 double 值的正平方根。

例 7.6 使用 Math 类随机生成 100～1000 之间的整数。

```
public class Example7_6 {
    public static void main(String args[]){
        double random=Math.random();
        String temp=String.valueOf(random);
        String s=temp.substring(3,6);
        int i=Integer.parseInt(s);
        System.out.println("随机生成 100~1000 内的整数:"+i);
    }
}
```

【总结与提示】

(1) 数组里只能存储相同类型的数据。
(2) 数组的长度一旦创建便不能改变。
(3) 声明数组时，方括号“[]”既可以放在数据类型的后面，也可以放在数组名的后面。
(4) 数组的下标从 0 开始。
(5) 字符串变量只能用方法 equals()来判断内容是否相同，不能用“==”。
(6) 字符串 String 创建后，值不能改变，因此也叫字符串常量。
(7) StringBuffer 的值可以改变。

7.5 实训任务——基础类库的使用

任务1：数组和向量的使用

目标：通过编写代码，掌握数组及向量的使用方法，体会数组和向量的各自优缺点。

内容：

(1) 编写程序，把11个元素的整型数组a复制到有13个元素的整型数组b的开头，数组b所有元素的初始值都是0。

(2) 编写程序，把11个元素的向量c复制到有13个元素的整型数组b的开头，数组b所有元素的初始值都是0。

(3) 编写程序，把11个元素的整型数组d复制到有13个元素的向量eb的开头，向量e所有元素的初始值都是0。

任务2：字符串的使用

目标：通过编写代码，掌握字符串处理的常用方法。

内容：

(1) 编写程序，判断一个字符串是否是回文数。所谓回文数，就是从前往后读和从后往前读都是一样的，比如aba就是回文数。

(2) 编写程序，实现字符串获取子串的功能。

7.6 学习效果评估

1. 选择题

(1) Math. random()方法的执行结果是(　　)。

A. 大于等于0.0且小于等于1.0的值　　B. 大于等于0.0且小于1.0的值

C. 大于0.0且小于1.0的值　　D. 大于等于0.0且小于等于1.0的值

(2) 将一个double类型的变量a转化成String类型时，下列语句中正确的是(　　)。

A. String s=new Double(a). toString();

B. String s=a. toString();

C. String s=(String) a;

D. String s=new double(a). toString();

(3) 设有定义：String s="World";，下面语句错误的是(　　)。

A. int m=s. indexOf('r');　　B. char c=s. charAt(0);

C. int n=s. length();　　D. String str=s. append('2');

(4) 创建二维数组a[3][4]后，a[0]. length的值应该等于(　　)。

A. 0　　B. 2　　C. 3　　D. 4

(5) 有下列程序：

```
Student st1=new Student("王一");
```

```
students[0]=st1;
System.out.println(students[0]);
```

关于上述程序的运行结果,说法正确的是(   )。

A. 控制台将会打印出"王一"

B. 控制台将会打印出"st1"

C. 控制台将会打印出对象 st1 的地址引用

D. 控制台将会打印出数组 students[0]的地址引用

(6) 下列对长度为 4 的数组 a 的定义中,正确的是(   )。

A. int[4] a=new int[];　　B. int a[]=new int[5];

C. int a[]={2,4,2,1};　　D. int[4] a=new int[4];

(7) System. out. println(Math. floor(-2.1));的打印结果是(   )。

A. -2.0　　B. -2　　C. -3.0　　D. -3

(8) 将一个 int 类型的变量 a 转化成 String 类型时,下列语句中不正确的是(   )。

A. String s=""+a;　　B. String s=a. toString();

C. String s=new Integer(a). toString();　　D. String s=String. valueof(a);

(9) 下列方法中,(   )方法不属于 StringBuffer 类。

A. append 方法　　B. random 方法　　C. insert 方法　　D. delete 方法

(10) 将一个整数转换成字符串的正确表示是(   )。

A. Integer. parseInt(123);　　B. String. parseString(123);

C. Integer. valueOf(123);　　D. String. valueOf(123);

(11) 字符串长度的正确表示是(   )。

A. length;　　B. length();　　C. size;　　D. size();

(12) 创建二维数组 a[3][4]后,a. length 的值应该等于(   )。

A. 0　　B. 2　　C. 3　　D. 4

(13) 下面关于对象数组的叙述正确的是(   )。

A. 对象数组的长度可以修改

B. 对象数组里的每个元素都是那个对象的引用

C. 对象数组的索引是从 1 开始的

D. 数组中可以存放多种类型的对象

(14) 下列关于数组的使用,不正确的是(   )。

A. 数组长度定义后不可以修改

B. 数组中只能存放同类型数据

C. 数组下标范围从 0 开始,最大到数组长度

D. 数组中可以存放普通数据,也可以存放对象

2. 简答题

(1) 请将程序补充完整。

```
public static void main(String args[]){
    String str="abcdefghaijklmna";
    System.out.println("索引为 10 的字符为:"+________);
```

```
    System.out.println("是否包含 z:"+________);
    System.out.println("str 字符串总长度:"+________);
    System.out.println("str 是否以 abc 作为开始字符串:"+________);
    System.out.println("把 str 变化大写:"+________);
}
```

(2) 阅读下面程序并分析程序的输出结果。

```
public class Exam1 {

    public static void main(String[] args) {
        String s1="我爱你";
        StringBuffer s2=new StringBuffer();
        for (int i=s1.length()-1;i>=0;i--)
            s2.append(s1.charAt(i));
        System.out.println("经过转换后的字符串为:");
        System.out.println(s2);

}
```

(3) 阅读以下程序段,并分析语句执行结果。

```
public class StringBufferTest {
    public static void main(String args[]){
        StringBuffer sbf=new StringBuffer();
        sbf.append(100);
        sbf.append("hello");
        sbf.append(4.76);
        System.out.println("字符串缓冲区的长度是:"+sbf.length());
       sbf.insert(8,true);
        System.out.println("修改后字符串缓冲区的内容:"+sbf.toString());
    }
}
```

(4) 阅读以下程序段,并分析语句执行结果。

```
String s1="Welcome to Java";
String s2=s1;
String s3=new String(" welcome to Java ");
```

求下列语句的结果。

① s1. equals(s2);

② s1. length();

③ s1. charAt(6);

④ s3. indexOf('w');

⑤ s1. substring(6,12);

(5) 写出程序的运行结果。

```
public class ClassX {
    public static void main(String[] args) {
        int a[]={45,18,98,56,304};
        for(int i=a.length-1;i>=0;i--)
            System.out.println(a[i]);
    }
}
```

(6) 写出程序的运行结果。

```
public class ABC {
    public static void main(String[] args) {
        int i,j;
        int a[]={9,27,10,1,49};
        for(i=0;i<a.length-1;i++){
            int k=i;
            for(j=i;j<a.length;j++)
                if(a[j]>a[k]) k=j;
            int temp=a[i];
            a[i]=a[k];
            a[k]=temp;
        }
        for(i=0;i<a.length;i++)
            System.out.println(a[i]+"");
        System.out.println();
    }
}
```

3. 编程题

(1) 编写程序,查找下述二维整型数组中的最大数及其位置,将结果打印出来。

1 3 2 5
3 8 6 2
7 2 4 1
2 3 1 6

(2) 编写程序,计算并打印(1)题的矩阵中各行元素的和,并打印出和最大的行。

(3) 编写程序,定义一个字符串对象 s="Hello! Java!"。求该字符串每一个位置上的字符,要求结果显示如下:

```
第 0 个字符:H
第 1 个字符:e
第 2 个字符:l
……
```

(4) 定义一个长度为 8 的布尔型数组,数组名为 fig,并用循环语句将数组的所有元素赋值为 false。

(5) 某一歌手参加歌曲大奖赛,有 5 个评委对她进行打分(存放在一个数组 score[]

里),试编程求这位选手的最终得分(原则:去掉一个最高分和一个最低分后的平均得分)。

(6) 有一个字符串数组,初始值是{"tab","index","red","as","zero"},请编写程序,按字典顺序输出数组中的字符串。

(7) 编写程序,判断某个字符串是否是回文(从前读它和从后读它都是一样的,例如"aba")。

(8) 用整型数组表示数组{34,61,3,77,89,15,29},编写程序输出此数组中的最大值和最小值,以及它们相对应的索引。

(9) 编写程序顺序比较两个数组中的元素是否一致。

(10) 使用 Vector 表示第(1)题中的数组,编写程序输出此向量中的最大值和最小值,以及它们相对应的索引。

(11) 编写程序,实现可以把数组中对指定位置的元素进行替换的功能。

(12) 编写程序,实现把一个数组转换成向量的方法,以及把向量转换成数组的方法。

(13) 编写程序,输出字符串"This is test."从第 2 个索引到第 7 个索引的子串。

(14) 使用 charAt()方法,编写判断两个字符串的值是否相同的方法。

第8章　异常及其处理

学习要求

程序设计中如果没有对异常进行考虑并处理，就会大大降低程序的健壮性。Java语言具有异常处理机制，通过本章的学习应该能够了解Java语言的异常处理机制，掌握异常的概念，掌握异常的捕获、声明和抛出的方法，掌握如何创建自己的异常。

知识要点

- 异常；
- 捕获异常；
- 声明异常；
- 抛出异常；
- 创建自己的异常。

教学重点与难点

(1) 重点：

- 捕获异常；
- 声明异常；
- 抛出异常。

(2) 难点：捕获异常。

实训任务

任务代码	任务名称	任务内容	任务成果
项目1	异常的捕获	观察异常的发生及提示信息，对异常进行捕获并处理	用try-catch块处理异常
项目2	自定义异常	自定义异常，并测试该异常	可以自定义异常，并进行异常的声明、抛出及捕获处理

【项目导引】

在Java中异常的处理包括捕获异常、声明异常和抛出异常，开发者还可以自行创建自定义异常。本章学习结束后，可以进行项目中的异常处理设计及实现，如表8.1所示。

表 8.1　异常在项目中的应用

序　号	子项目名称	本章技术支持
1	开发及运行环境搭建	
2	基础知识准备	
3	面向对象设计与实现	
4	容错性的设计与实现	创建个性化异常,容错性的设计与实现
5	图形用户界面的设计与实现	
6	数据库的设计与实现	

8.1　什么是异常

在进行程序设计和运行过程中,发生错误是不可避免的。尽管 Java 语言的设计便于写出整洁、安全的代码,并且程序员也会尽量地去避免错误的发生。但错误的存在仍然不可避免,有时甚至会使程序被迫终止。为此,Java 提供了异常处理机制来帮助程序员处理可能出现的错误,保证了程序的健壮性。本章将向读者介绍异常处理的概念以及如何处理异常,如何创建自己的异常等知识。

8.1.1　异常与错误

异常是程序中的一些错误,但并不是所有的错误都是异常,并且有些错误是可以避免的。思考一下编写 Java 程序时可能会遇到哪些异常或错误问题?把编写、运行 Java 程序时会遇到的错误问题分为三种:

1. 语法错误

这种错误在编译程序时就会发现,比如关键字拼写错误,变量定义时违反了命名规则等。相信读者在之前的实践练习中经常会遇到这样的问题。先来阅读下面的一段代码,看看你能找出几个语法错误?

例 8.1　测试语法错误。

```
public class Example8_1{
    String name
    public void test(){
        Name="Test_Java";
    }
}
```

细心的读者会发现,上面的一段代码中有两处语法错误:

```
public class Example8_1{
    String name                                    //这里缺少分号";"
    public void test(){
        Name="Test_Java";                          //这里 Name 没有定义
```

```
    }
}
```

语法错误也就是编码不符合 Java 语法规范，在编写过程中或编译时就可以被发现，导致编译无法通过。编译器在发现语法错误时就会显示错误信息，编译过程也就此终止。上面代码例子经过编译后就会得到图 8.1 所示错误信息。

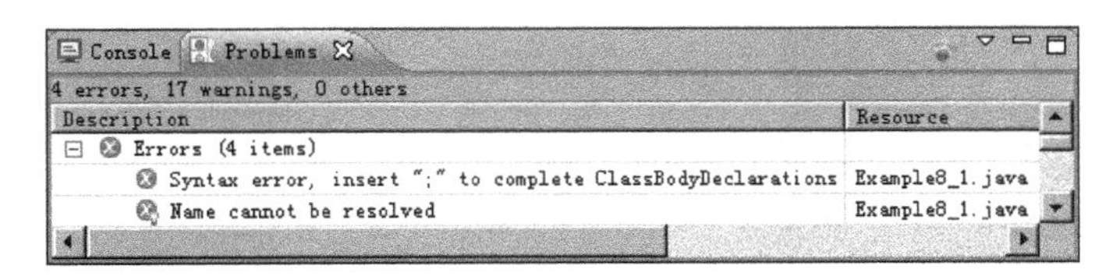

图 8.1　Example8_1 类的编译错误信息

经过编译后的程序是没有语法错误的，也就是说可以在编译程序前消灭语法错误。

2. 逻辑错误

这种错误很少在编写程序时被轻易地发现，因为这种错误不是语法错误，所以编译器无法提示相应的错误信息。接下来阅读下面的一段代码。

例 8.2　测试逻辑错误，求 1～100 之和。

```
public class Example8_2{
    public static void main(String args[]){
        int sum=0;
        for(int i=0;i<100;i++)
            sum+=i;
        System.out.println("1~100 之和是:"+sum);
    }
}
```

我们知道 1～100 之和是 5050，但是编译并运行上面的程序后，得到的结论却是 4950。为何少了 100 呢？来分析一下这个程序：

```
public class Example8_2{
    public static void main(String args[]){
        int sum=0;
        for(int i=0;i<100;i++)                    //这里的循环条件不对
            sum+=i;
        System.out.println("1~100 之和是:"+sum);
    }
}
```

原来是循环条件写错了，让循环体少运行了一遍，因此少加了 100。把循环条件改为：

```
for(int i=0;i<=100;i++)
```

修改后再编译运行，结果就正确了。

逻辑错误，也就是程序设计中常说的 Bug，一般存在逻辑错误的程序都是可以顺利地被编译器编译通过的，并且也能够顺利运行，但是得出的结果却并不是我们所希望的。这种错误也是编程新手会经常出现的错误。可以通过不断地实践，积累更多的编程经验来减少这样的错误发生。

3. 运行时错误

有些程序虽然编译通过了，但是在运行过程中却出现了问题而导致程序异常终止，出现了运行时的错误。我们来编译、运行下面的一段代码：

例 8.3 测试运行时错误。

```
public class Example8_3{
    public static void main(String args[]){
        int a=0;
        int b=100/a;
        System.out.println("除法结束。");
    }
}
```

这段程序的运行结果如图 8.2 所示。

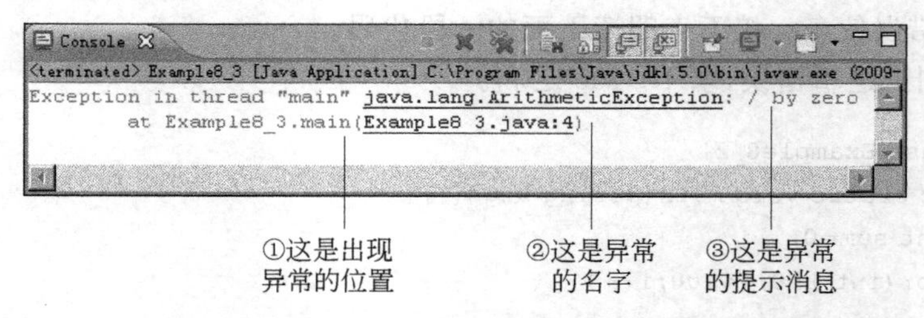

图 8.2 Example8_3 类的运行结果及异常信息

在结果中显示出，在程序运行时出现了错误，程序终止了运行，因此第 5 行的代码没有执行输出。根据异常信息显示，该异常叫 ArithmeticException，异常的消息是“用 0 做除数(/ by zero)”，出现异常的位置是第 4 行。像 ArithmeticException 这种错误就属于 Java 的异常，也就是说 Java 中的异常是一种运行时的错误，会导致程序异常终止，同时显示异常信息。

8.1.2 异常的分类

异常是程序执行的时候所遇到的非正常情况或意外行为。一般情况下，如数组下标越界、算法溢出、除数为 0、访问未初始化变量等都可以引发异常发生。所有异常类型都是内置类 Throwable 的子类，Throwable 处在异常类层次结构的顶层。它是所有异常对象的父类。它有三个基本子类，如图 8.3 所示。

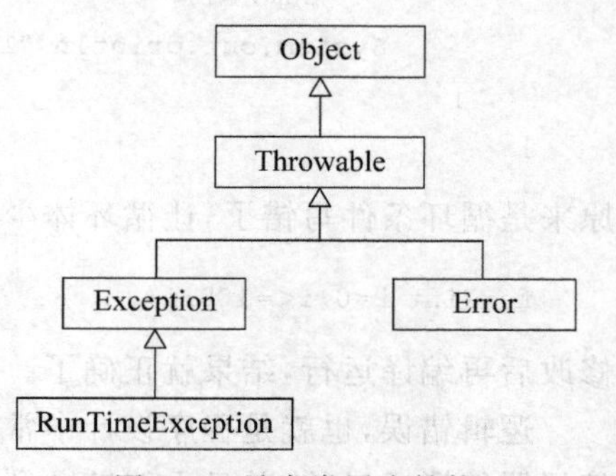

图 8.3 异常类层次结构

对于具体的异常，不应该使用 Throwable 接口，而应该使用其他三者之一，其中每个类使用的目的如下：

(1) Error：表示很难恢复的错误，如堆栈溢出。一般不期望用户程序来处理这种异常错误，本章将不讨论关于 Error 类型的异常处理,因为它们通常是灾难性的致命错误,不是程序可以控制的。

(2) RuntimeException:用来表示设计或实现方面的问题,如数组下标越界、除数为 0 等问题。因为设计和实现正确的程序不会引发这类异常,所以 Java 并不强制提前处理它。发生这类异常时,运行时环境会输出一条信息,提示用户如何去修正错误。可以利用 Java 提供的异常处理机制,对可能出现的异常进行预见性处理,以保证程序的顺利运行而不是异常终止。

(3) 其他异常:表示运行时因环境的影响可能发生并可被处理的问题,如文件没找到或不正确的 URL 等。因为用户的疏忽很可能导致这类问题在程序运行时发生,比如用户输入的内容不完整等,所以 Java 鼓励程序员提前处理它们。Java 中常见的异常类如表 8.2 所示。

表 8.2 Java 中常见的异常类

异常类	说明
ClassNotFoundException	未找到相应类异常
ArithmeticException	算术异常类
ArrayIndexOutOfBoundsException	数组下标越界异常类
ArrayStoreException	数组中包含不兼容的值抛出的异常
SQLException	操作数据库异常类
NullPointerException	空指针异常
NoSuchFieldException	字段未找到异常
NoSuchMethodException	方法未找到抛出的异常
NumberFormatException	字符串转换为数字抛出的异常
NegativeArraySizeException	数组元素个数为负数抛出的异常类
StringIndexOutOfBoundsException	字符串索引超出范围抛出的异常
IOException	输入输出异常类
InstantiationException	试图使用 Class 类中的 newInstance()方法创建一个类的实例,而指定的类对象无法被实例化时,抛出该异常
EOFException	文件已结束异常
FileNotFoundException	文件未找到异常

表 8.2 中的常见异常都是 Exception 异常类的子类。

8.1.3 异常是如何产生的

Java 语言是一种面向对象的编程语言,因此在 Java 语言中异常也是作为某种异常类的实例的形式出现的。当在某一方法中发生错误时,运行环境就创建一个异常对象,并且把它传递给系统,可以利用 Java 提供的异常处理机制捕获这个异常对象,并且可以脱离主程序流程进行处理。不但可以捕获系统创建的异常实例,还可以创建自己的异常,并可以主动抛出异常实例，达到控制程序执行顺序的作用。对于异常的捕获、抛出和创建，将在后面详细讲解。

8.2 捕获异常

8.2.1 使用 try/catch 子句

使用 Java 提供的异常捕获结构，就可以捕获到可能出现的异常，避免程序异常终止。Java 的异常捕获结构由 try/catch/finally 子句组成，先来讲讲 try/catch 子句。修改一下例 8.3，对它运行时出现的 ArithmeticException 异常进行捕获，然后对异常实例进行处理。

例 8.4 捕获例 8.3 中的异常实例，使程序可以成功运行。

```
public class Example8_4{
    public static void main(String args[]){
        int a=0;
        try{
            int b=100/a;
          System.out.println("除法结束。");    ←try 块，把可能出异常的语句放这里
        }
        catch(ArithmeticException e){
            System.out.println("捕获到异常，程序继续运行…");    ←catch 块，在这里处理异常
        }
      System.out.println("主程序结束。");
    }
}
```

运行例 8.4，没有显示异常信息，可以顺利运行，运行结果如图 8.4 所示。可以观察到第 6 行代码并没有输出，那是因为在运行到第 5 行时便发生了异常，由 catch 子句捕获到这个异常实例，开始执行 catch 子句中的代码，并且再也不会回到 try 子句中了。也就是说在 try 子句中，在发生异常的语句后面的代码将不再被执行，而是跳转到相应的 catch 子句中继续执行。

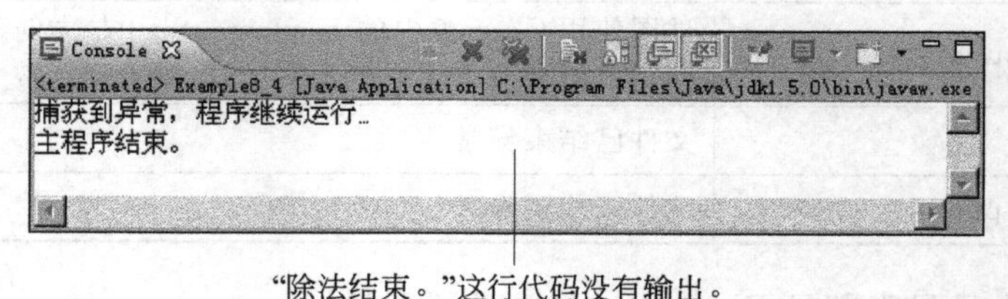

图 8.4 Example8_4 类的运行结果

如例 8.4 所示，一般情况下如下使用 try/catch 块：

```
try{
    //把可能会出现异常的语句放在这里
    //在异常发生时，会由 catch 块捕获到相应的异常实例
}catch(XXXException e){
```

```
    //e 就是捕获到的异常实例,它由系统自动创建,里面包含了异常的信息
    //XXXException 就是 Exception 异常的任意子类
    //在这里可以对出现异常的情况进行处理,比如输出错误信息
}
```

例 8.5 修改例 8.4,对异常实例进行处理。

```
public class Example8_5{
    public static void main(String args[]){
        int a=0;
            try{
                int b=100/a;
                System.out.println("除法结束。");
            }catch(ArithmeticException e){
                  System.out.println("捕获到异常");
                  System.out.println("toString()信息:"+e.toString());
                  //getMessage()方法用来获取异常描述
                  System.out.println("getMessage()信息:"+e.getMessage());
            }
        System.out.println("主程序结束。");
    }
}
```

toString() 方法用来获取异常名称及描述

运行结果如图 8.5 所示。

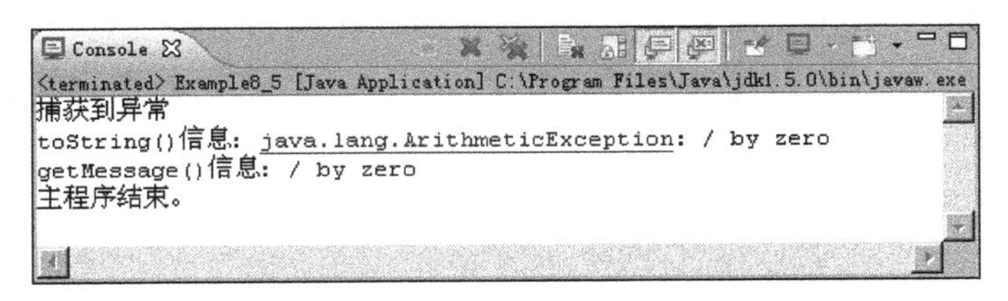

图 8.5 Example8_5 类的运行结果

8.2.2 多重 catch 子句

有时一段程序可能会产生多种异常,这时就可以设置多个 catch 子句来进行捕获,每个子句都来捕获不同类型的异常。当有异常发生时,每个 catch 子句依次被匹配检查,当发生的异常是 catch 子句所声明的类型或其子类型时,程序执行流程就转入到该 catch 子句中继续执行,其余的 catch 子句将不再检查或执行。

例 8.6 使用多重 catch 子句捕获不同的异常。

```
public class Example8_6{
public static void main(String args[]){
    try{
        String s=args[0];
        int a=Integer.parseInt(s);
        int b=100/a;
```

```
    }catch(ArithmeticException e1){←—捕获除数为0的异常
            System.out.println(e1.toString());

      }catch(ArrayIndexOutOfBoundsException e2){←—数组索引越界的异常
    System.out.println(e2.toString());
    }
    }
    }
```

例 8.6 运行时，如果没有输入参数，则会在第 4 行访问参数数组时发生 ArrayIndexOutOfBoundsException 异常，并跳转到第 2 个 catch 子句；如果运行有输出参数，则不会发生前面的异常，如果输出参数是 0，则会在第 6 行发生 ArithmeticException 异常，并跳转到第 1 个 catch 子句。

思考：

(1) 如果有一个异常类型及其子类型都在各自的 catch 块中，那么应该把哪个 catch 块放在前面？

(2) 如果有捕获 Exception 异常类的 catch 块，那么这个 catch 块应该放在其他 catch 块的前面还是最后面？

8.2.3 finally 子句

从前面的内容中了解到，当 try 子句中的某行代码发生异常时，会终止程序的运行，跳转到 catch 子句来执行。但是有些时候，为了程序的健壮性和完整性，无论有没有异常发生都要执行某些代码，比如说打开了文件的 I/O 流需要关闭，建立的数据库连接需要释放等操作。finally 子句就是为了完成必须执行的代码而设计的。

例 8.7 使用 finally 子句。

```
public class Example8_7{
public static void main(String args[]){
            try{
                String s=args[0];
                int a=Integer.parseInt(s);
                int b=100/a;
    }catch(ArithmeticException e1){
                  System.out.println(e1.toString());
            }catch(ArrayIndexOutOfBoundsException e2){
            System.out.println(e2.toString());
            }finally{←—无论有无异常发生,都执行
          System.out.println("执行 finally 子句。");
}
}
}
```

不带参数运行例 8.7，结果如图 8.6 所示。

如果带参数运行例 8.7，而参数为 0，结果如图 8.7 所示。

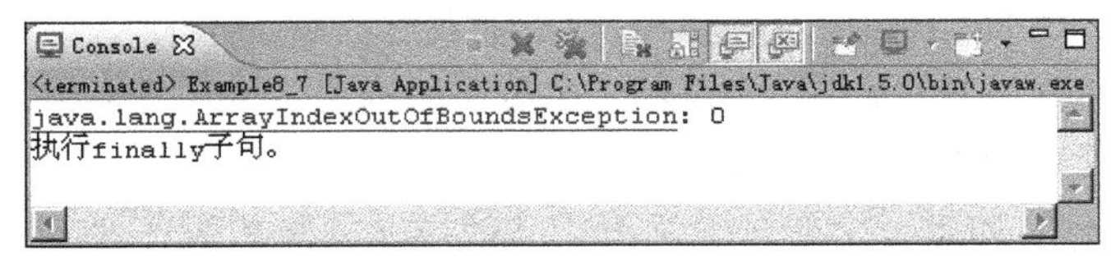

图 8.6　Example8_7 类的运行结果 1

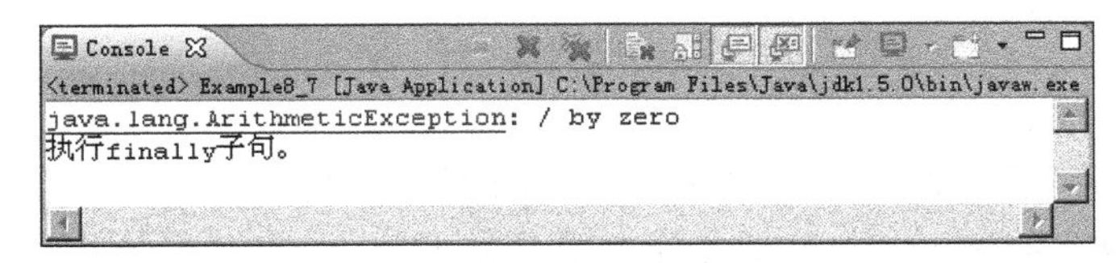

图 8.7　Example8_7 类的运行结果 2

如果带参数运行例 8.7,而参数不为 0,结果如图 8.8 所示。

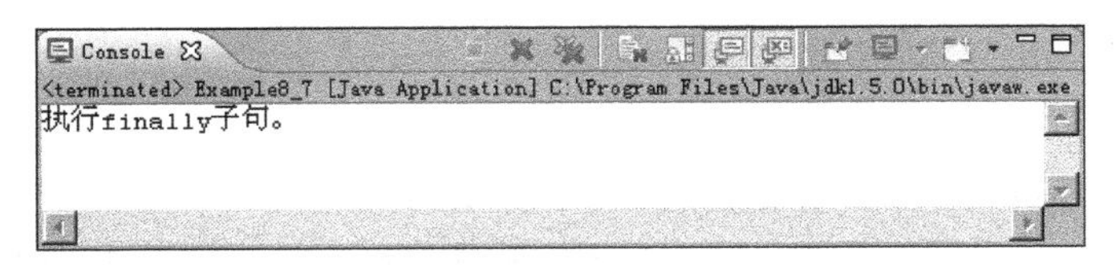

图 8.8　Example8_7 类的运行结果 3

由上面两种运行结果来看,无论有无异常发生或者发生了何种异常,最后都会执行 finally 子句。

8.3　声明异常

如果一个方法中发生了异常而没有捕获它,那么必须在这个方法头进行声明,由方法的调用者来进行处理。声明异常使用 throws 关键字。来看看下面的代码。

例 8.8　在方法头声明异常。

```
public class Example8_8{
public void test1(int i) throws ArithmeticException{←—声明异常
    System.out.println(100/i);
}
public void test2(){
    try{
        test1(0);←—调用者,处理异常
}catch(ArithmeticException e1){
         System.out.println(e1.toString());
}
}
}
```

在例 8.8 中,方法 test1()是被调用者,方法 test2()是调用者,在方法 test1()中可能会发生"除数为 0"的异常,但是并没有对其捕获处理,而是在方法头中声明,这样调用者

test2()就必须对这个可能的异常进行处理,要么捕获要么继续声明。

如上所述,不建议一味地使用声明异常,在最终的调用者里还是应该对异常进行捕获处理,否则就和没有处理异常是一样的效果了。

在 Java 的语法中,如果一个方法中调用了已经声明异常的另一个方法,那么 Java 编译器会强制调用者必须处理被声明的异常,要么捕获要么继续声明。

8.4 抛出异常

在上面的代码例子中都是在处理系统所发生的异常,其实 Java 为我们提供了自己产生异常的机会——抛出异常 throw。要区分声明异常 throws 和抛出异常 throw 两个不同的关键字。抛出异常的语法如下:

```
throw 异常实例;
```

例 8.9 自己抛出异常。

```
public class Example8_9{
public void test1(int i) throws ArithmeticException{
if(i==0) throw new ArithmeticException("除数不能为 0。");←——抛出异常
 else System.out.println(100/i);
 }
}
```

在上面的代码中抛出了 ArithmeticException 异常的一个实例,因为在方法中没有对抛出的异常进行捕获处理,所以在方法头必须进行声明,由调用者来处理。另外,需要注意的就是在 throw 语句后不允许有其他语句,因为这些语句没有机会执行到。

8.5 创建自己的异常

上面所捕获、声明或抛出的都是已经存在的系统异常,事实上,Java 还允许创建自己的异常,其实这样做非常简单,只要做一个异常类 Exception 的子类就可以了。

Exception 类是 Throwable 的子类,它本身没有定义什么方法,其方法都是从 Throwable 继承而来的。下面介绍几个常见的方法,如表 8.3 所示。

表 8.3 Throwable 定义的常见方法

方　法	说　明
Throwable()	不带参数的构造方法
Throwable(String message)	带参数的构造方法,参数为 String 型描述信息
String getMessage()	返回异常的描述
String toString()	返回异常类的名称及描述
void printStackTrace()	输出堆栈轨迹

可以直接使用这些方法，也可以覆盖重新实现。自己创建的异常和系统异常都是异常类型，都可以使用在下面的例子中。我们创建了一个 Exception 的子类，并重新实现了 getMessage()方法。

例 8.10 创建自己的异常，并使用自己的异常。

```
public class Example8_10{
 public static void main(String args[]){
 try{
throw new TestException("测试自定义异常的使用。");←——抛出自定义异常
}catch(Exception e){
System.out.print(e.toString());
}
}
}
class TestException extends Exception{←——Exception 的子类
 public TestException(){
super();
}
public TestException(String message){
    super(message);
}
    public String getMessage() {←——覆盖了父类的方法
         return "我的异常:"+super.getMessage();
    }
}
```

运行结果如图 8.9 所示。

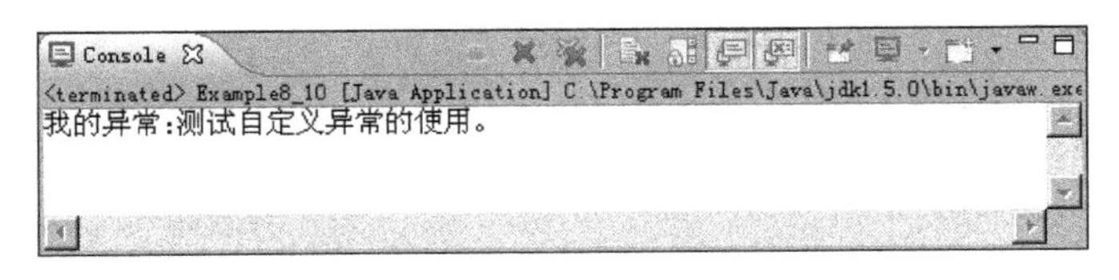

图 8.9 Example8_10 类的运行结果

【总结与提示】

(1) catch 子句的捕获范围限制于与其匹配的 try 子句，不能捕获其他 try 子句中的异常。

(2) 不能单独使用 try 子句，它必须和 catch 子句或 finally 子句结合使用，catch 子句可以设置多个，finally 子句只能有一个。

(3) 有多重 catch 子句时，只能执行那个捕获到异常的子句，其余的 catch 子句不能执行。

(4) try/catch/finally 三个子句中变量的作用域独立而不能相互访问。如果要在三个子句中都可以访问，则需要将变量定义到这些子句的外面。

(5) 不要写过大的 try 子句,一个 try 子句中尽量不要存在太多的异常。

(6) 一个方法中如果有发生异常的可能,则可以进行捕获处理,也可以声明由调用者来处理。

(7) throw 语句后不允许有其他语句,因为这些语句没有机会执行。

(8) 不能利用异常处理来进行程序的分支处理,它只是处理非正常情况的一种机制。

8.6 实训任务——异常处理

任务1:异常的捕获

目标:巩固学生对教材中异常处理部分内容的掌握。在这个实验中学生将练习如何观察异常提示信息,如何在 try-catch 块中处理异常。

内容:

(1) 创建类 Test8_1,在主方法 main 中写入如下语句:

```
String a=null;                                    //初始化为空
String b=a.substring(0);                          //从第一个字符开始获取 a 的一个子串
System.out.println("a="+a);
System.out.println("b="+b);
```

运行类 Test8_1,观察运行结果。结果中都提示了哪些信息?有没有告诉你哪句话出的错?出的什么错?

(2) 对出现异常的语句使用 try/catch 进行异常的捕获,捕获后输出异常的信息。

(3) 创建类:

```
public class TException {
    public static void main(String[] args) {
        System.out.println("开始休眠");
        Thread.sleep(1000);
        System.out.println("休眠结束");
    }
}
```

运行类,观察出现了什么类型的错误?如何解决?

(4) 对出现异常的语句使用 try/catch 进行异常的捕获,捕获后输出异常的信息。

任务2:自定义异常

目标:巩固学生对教材中异常处理部分内容的掌握。在这个实验中学生将练习:

- 使用异常处理;
- 在 try-catch 块中处理异常;
- 自定义异常;
- 异常的声明;
- 异常的抛出。

内容：

(1) 自定义一个异常 FailException，表示不及格。

(2) 创建类 Student，有两个属性表示平时成绩和期末成绩，一个方法计算总成绩，用平时成绩加上期末成绩的 1/2 来计算总成绩，如果总成绩小于 60 分，则抛出异常 FailException。

(3) 创建测试类，实例化 Student 对象，调用 getScore 方法来计算总成绩，注意异常的捕获。

8.7 学习效果评估

1. 选择题

(1) 对于 try 和 catch 子句的排列方式，下面选项中(　　)是正确的。

A. 子类异常在前，父类异常在后

B. 父类异常在前，子类异常在后

C. 只能有子类异常

D. 父类异常和子类异常不能出现在同一个 try 程序段内

(2) 下列错误不属于 Error 的是(　　)。

A. 动态链接失败　　B. 虚拟机错误　　C. 线程死锁　　D. 被 0 除

(3) 下列不属于免检异常的是(　　)。

A. Error　　B. RuntimeException

C. NullPointerException　　D. IOException

(4) 有如下代码，(　　)的执行结果是正确的。

```
import java.io.*;
public class TestTryCatch {
    public static void main(String args[]) {
        try {
            ma(1);
            System.out.println("No Exception");
        } catch (EOFException ex1) {
            System.out.println("ex1");
        } catch (IOException ex2) {
            System.out.println("ex2");        }
    }
    public static void ma(int n) throws Exception {
        if (n==1) {
            throw new IOException();
        } else if (n==2) {
            throw new EOFException();        }    }
}
```

A. 编译不通过　　B. 编译通过，输出 No Exception

C. 编译通过，输出 ex1　　D. 编译通过，输出 ex2

(5) 关于异常的定义，下面描述正确的是(　　)。

A. 程序编译错误

B. 程序语法错误

C. 程序自定义的异常事件

D. 程序编译或运行中所发生的可预料或者不可预料的异常事件，它会引起程序的中断，影响程序的正常运行

(6) 下列异常处理语句编写正确的是(　　)。

A. try {System. out. println(2/0);}

B. try {System. out. println(2/0);}catch (Exception e) {System. out. println(e. getMessage());}

C. try {System. out. println(2/0);}catch (e) {System. out. println(e. getMessage());}

D. try {System. out. println(2/0);} catch{System. out. println(e. getMessage());}

(7) 抛出异常时使用的关键字是(　　)。

A. throw　　B. catch　　C. finally　　D. throws

(8) 声明异常时使用的关键字是(　　)。

A. throw　　B. catch　　C. finally　　D. throws

(9) 当方法产生该方法无法确定该如何处理的异常时，应该(　　)。

A. 声明异常　　B. 捕获异常　　C. 抛出异常　　D. 嵌套异常

2. 简答题

(1) 接口中方法的修饰符都有哪些？属性的修饰符有哪些？

(2) 异常处理的三个步骤是什么？

(3) 异常类的父类是什么？可处理的异常类的父类是什么？

(4) 声明、抛出和处理异常要用到的关键字都是什么？

(5) 程序的错误有哪三种？

(6) 写出程序的运行结果。

```
public class ExceptionDemo {
    public static void mySqrt (int a) throws Exception {
        if (a<0)        throw new Exception ();
            System.out.println (Math.sqrt (a));    }
    public static void main (String args[]) {
            try { System.out.println ("begin" );
    mySqrt (25);               mySqrt (-5);
            } catch (Exception e) {        System.out.println ("Caught e" );
  }    }
```

(7) 写出程序的运行结果。

```
public class Test {
    public static void main (String args[]) {
```

```
            System.out.println(ma());
        }
        public static int ma() {
            int b=10;
            try {
                int n=100;
                return n / b;
            } catch (Exception e) {
                return 10;
            } finally {
                return 100;
            }
        }
    }
```

(8) 写出程序的运行结果。

```
try {     System.out.println("begin");
          int i=0;       int y=2 / i;
          System.out.println(y);
          System.out.println("end");
    } catch (Exception e){     System.out.println("exception");       }
    finally {       System.out.println("exit");       }
```

3. 编程题

(1) 创建类 Student,属性有平时成绩,期末成绩;方法有计算总成绩的方法 getScore()(用平时成绩加上期末成绩的 3/5 来计算总成绩)。在上面的方法中,在方法头声明异常 Exception,如果总成绩小于 60 分,则抛出异常 Exception。创建测试类,实例化 Student 对象,给平时成绩和期末成绩赋值,然后调用 getScore()方法来计算总成绩,注意异常的捕获。

(2) 自定义异常类 BNEException。编写账户类 Account,属性包括账号和余额。方法包括存钱方法 save(double d),增加收入后,打印输出余额;取钱方法 pay(double d),减少收入后,打印输出余额,当余额小于 0 时,抛出余额不足的异常 BNEException。编写测试类,创建 Account 的对象,并且调用该对象的 save 和 pay 方法。

第9章　图形用户界面

学习要求

图形界面技术在程序设计中占据着重要的地位，本章将对其进行探讨。通过本章的学习应该能够了解Java图形界面(GUI)构建的基本流程，掌握GUI的常用组件使用方法、常用的三种布局形式及面板的使用，并能使用Java图形界面技术解决实际应用问题；能够了解Java GUI事件处理的基本流程，掌握GUI窗口、动作、键盘3种事件处理方法，并能使用Java GUI事件处理技术解决实际应用问题；能够了解Java图形绘制的基本流程，掌握在面板上绘制图形的方法，并能使用Java图形绘制技术解决实际应用问题。

知识要点

- 框架；
- 布局管理器；
- 面板；
- 组件；
- 事件处理；
- 基本图形绘制；
- 辅助类。

教学重点与难点

(1) 重点：
- 框架的使用；
- 组件的使用；
- 布局管理器的使用；
- 面板的使用；
- 动作事件的使用。

(2) 难点：
- 根据实际需求灵活地应用布局管理器布局；
- 组件方法的灵活使用；
- 根据实际需求灵活地应用各种事件。

实训任务

任务代码	任务名称	任务内容	任务成果
任务1	布局管理器的应用	应用布局管理器设计界面	使用布局管理器、面板及框架设计并实现图形用户界面
任务2	组件的应用	应用各种组件实现图形界面程序	使用布局管理器、面板和组件共同实现图形用户界面

续表

任务代码	任务名称	任务内容	任务成果
任务3	事件处理的应用	练习事件处理的应用	在编写好的界面中添加事件处理功能,实现用户和界面的交互
任务4	绘制图形和辅助类的应用	练习绘制图形和辅助类的应用	应用Java图形绘制技术绘制图形

【项目导引】

通过本章的学习应该能够了解Java语言中GUI编程的基础知识,掌握布局管理器的使用,掌握面板和组件使用,掌握GUI基础编程应用。本章学习结束后,可以协助完成项目中运行界面的设计及代码编写,如表9.1所示。

表9.1 图形用户界面在项目中的应用

序号	子项目名称	本章技术支持
1	开发及运行环境搭建	
2	基础知识准备	
3	面向对象设计与实现	
4	容错性的设计与实现	
5	图形用户界面的设计与实现	图形用户界面的设计与实现
6	数据库的设计与实现	

9.1 认识GUI

前面已经学习了大部分Java语言的基础知识,并且能够编写程序解决一些实际问题,比如猜数字游戏,小型信息管理系统,小型银行账户处理系统等。

但是前面编程时输入输出只能在控制台中实现,不能直接表现程序的效果,尽管编写的游戏很精彩,简单的问答型输入输出也让人提不起兴趣。

学完本章内容后将会改善这种情况,自己制作美观实用的图形界面,让使用者能与程序直接交流。

9.1.1 什么是GUI

GUI(Graphic User Interface,图形用户接口)是可视化的,具有非常好的交互效果。

Java中提供了大量的GUI类,这些类是应用继承和接口的很好的范例,存放于Java的swing和awt包中,按照功能可以分为三组:容器类、辅助类和组件类。容器类包括框架(JFrame)、面板(JPanel)等;辅助类包括图形(Graphics)、颜色(Color)和字体(Font)等;组件类包括按钮(JButton)、文本框(JTextField)等。其中,大部分以大写字母J开头的类都在swing包中;相反地,不以大写字母J开头的类大部分在awt包中。

9.1.2 第一个 GUI 程序

编写 GUI 程序需要使用 Java 已有的类，实现起来相对比较简单，基本的思路就是以框架为基础，它是屏幕上 window 的对象，能够最大化、最小化、关闭。图 9.1 就是一个最简单的框架。

下面是该框架实现的代码。

例 9.1 框架实现代码。

```
import javax.swing.JFrame;←—要引框架类
public class Example9_1 {
    public static void main(String[] args) {
        JFrame frame=new JFrame();
        frame.setSize(300,300);←—设置框架的大小
        frame.setTitle("框架");←—设置框架的标题
          frame.setLocation(100,100);←—设置框架的位置
        frame.setDefaultCloseOperation(JFrame.EXIT_ON_CLOSE);
        frame.setVisible(true);←—最后把框架显示出来
    }                                              ↖
}                                         这行代码会在 window 关
                                          闭时把程序结束掉
```

当前显示的框架不包含任何的组件，这不能满足用户的需求，通常是在框架上摆放按钮、文本框等组件，如图 9.2 所示。

图 9.1 框架

图 9.2 添加按钮的框架

例 9.2 添加了按钮的框架。

```
import javax.swing.*;
import java.awt.*;
public class Example9_2 {
    public static void main(String[] args) {
        JFrame frame=new JFrame();
        frame.setSize(300, 300);
        frame.setLocation(100,100);
        frame.setTitle("框架");
```

```
        JButton button=new JButton("按钮");                    //创建按钮
        Container container=frame.getContentPane();
        container.add(button);                                 //添加按钮
frame.setDefaultCloseOperation(JFrame.EXIT_ON_CLOSE);
        frame.setVisible(true);
    }
}
```

添加了按钮后的框架，整个都被按钮占满了，这是因为没有给框架进行布局，可以通过添加布局管理器来解决。添加了布局管理器的框架如图 9.3 所示。

可以在界面的一个部分放多个组件了，当然代码也要复杂一些了。看看例 9.3 的代码。

图 9.3　添加了布局管理器的框架

例 9.3　添加了布局管理器和面板的框架的实现代码。

```
import java.awt.*;
import javax.swing.*;
public class Example9_3 {
    public static void main(String[] args) {
        JFrame frame=new JFrame();
        frame.setSize(300, 300);
        frame.setLocation(100,100);
        frame.setTitle("框架");
        JButton button1=new JButton("按钮 1");
        JButton button2=new JButton("按钮 2");
        Container container=frame.getContentPane();
        container.setLayout(new FlowLayout());←——引入布局管理器类
        container.add(button1);
        container.add(button2);
        frame.setDefaultCloseOperation(JFrame.EXIT_ON_CLOSE);
        frame.setVisible(true);
    }
}
```

9.2　框　　架

例 9.1～例 9.3 已经展示了一个框架的基本应用，那么现在来总结一下框架的使用。

(1) 创建框架对象 frame：JFrame frame＝new JFrame()；

(2) 创建内容窗格对象 container：

```
Container container=frame.getContentPane();
```

(3) 对内容窗格对象布局：container. setLayout(创建布局管理器对象)；

(4) 在内容窗格上添加组件：container. add(组件对象)；

(5) 设置框架大小：frame. setSize(宽,高)；

(6) 设置框架标题：frame. setTitle(标题)；

(7) 设置框架关闭方式：

```
frame.setDefaultCloseOperation(JFrame.EXIT_ON_CLOSE);
```

(8) 设置框架显示方式：frame. setVisible(true)；

除此之外，框架还有多个方法，需要的时候可以查阅 Java 的帮助文档。

除了前面框架的使用方式外，有的时候需要自定义框架来满足我们的各种要求，这个时候可以通过继承的方式得到需要的自定义框架，而不是只使用 Java 中提供的框架。见下面的例 9.4。

例 9.4 通过继承生成框架。

```
import javax.swing.JButton;
import javax.swing.JFrame;
public class Example9_4 {
    public static void main(String[] args) {
        MyFrame frame=new MyFrame();
    }
}
class MyFrame extends JFrame {←——继承 JFrame 类，创建自定义框架
    MyFrame() {
        this.setSize(200, 200);
        this.getContentPane().add(new JButton("按钮"));
        this.setTitle("我自己的框架");
        this.setDefaultCloseOperation(JFrame.EXIT_ON_CLOSE);
        this.setVisible(true);
    }
}
```

运行结果如图 9.4 所示。

图 9.4 通过继承方式得到的框架

通过前面的介绍知道使用框架有两种途径：一种是可以直接使用 Java 中提供的框架类；另一种就是通过继承 JFrame 框架类定义自己的框架类。后一种方式更灵活、更方便。

9.3 布局管理器

在前面的讲解中知道要制作复杂的 GUI 就要对框架的内容窗格进行布局，在这一节介绍三种布局管理器：流水布局(FlowLayout)、网格布局(GridLayout)和边界布局(BorderLayout)，每种布局都有自己的特点。

9.3.1 流水布局管理器

流水布局是一种比较简单的布局，在其上加载的组件会按照添加的顺序，由左到右排

列，放满一行，就开始新的一行。它还可以设置这些组件的对齐方式和组件之间的距离。具体使用见例 9.5。

流水布局的构造方法：

```
FlowLayout(对齐方式,水平间距,垂直间距);
```

对齐方式包括三个值：FlowLayout. CENTER、FlowLayout. LEFT 和 FlowLayout. RIGHT。水平间距和垂直间距是两个整数值。

例 9.5 流水布局。

```
import javax.swing.*;
import java.awt.*;
public class Example9_5 {
    public static void main(String[] args) {
        MyFrame frame=new MyFrame();
    }
}
class MyFrame extends JFrame {
    JButton[] b=new JButton[10];
    MyFrame() {
        this.setSize(300, 200);
        Container container=this.getContentPane();
        FlowLayout f=new FlowLayout(FlowLayout.CENTER,10,10);←——定义流布局管理器
        container.setLayout(f);←——设置布局管理器
        for (int i=0; i<b.length; i++) {
            b[i]=new JButton("按钮"+i);
            container.add(b[i]);
        }
        this.setTitle("流布局管理器");
        this.setDefaultCloseOperation(JFrame.
        EXIT_ON_CLOSE);
        this.setVisible(true);
    }
}
```

图 9.5 流水布局

运行结果如图 9.5 所示。

9.3.2 网格布局

网格布局将容器划分成等分的几块，所以要制定划分的行数和列数，组件会占满整个块空间。详细的使用方法请见例 9.6。

网格布局管理器的构造方法：

```
GridLayout(行数,列数,水平间距,垂直间距);
```

例 9.6 网格布局。

```
import javax.swing.*;
```

```
import java.awt.*;
public class Example9_6 extends JFrame {
    public static void main(String[] args) {
        MyFrameGrid frame=new MyFrameGrid();
    }
}
class MyFrameGrid extends JFrame {
    JButton[] b=new JButton[10];
    MyFrameGrid() {
        this.setSize(400, 200);
        Container container=this.getContentPane();
        GridLayout g=new GridLayout(3,4,10,10);←——定义网格布局管理器
        container.setLayout(g);←——设置布局管理器
        for (int i=0; i<b.length; i++) {
            b[i]=new JButton("按钮"+i);
            container.add(b[i]);
        }
        this.setTitle("网格布局管理器");
        this.setDefaultCloseOperation(JFrame.EXIT_ON_CLOSE);
        this.setVisible(true);
    }
}
```

运行结果如图 9.6 所示。

图 9.6　网格布局

9.3.3　边界布局

边界布局应用得比较多，对于不规则的布局具有很好的效果。它将容器分为上北、下南、左西、右东和中间 5 块，具体见例 9.7。

边界布局的构造方法：

```
BorderLayout(水平间距,垂直间距)
```

例 9.7　边界布局。

```
import javax.swing.*;
import java.awt.*;
public class Example9_7 extends JFrame {
```

```
    public static void main(String[] args) {
        MyFrameBorder frame=new MyFrameBorder();
    }
}
class MyFrameBorder extends JFrame {
    MyFrameBorder() {
        this.setSize(300, 200);
        Container container=this.getContentPane();
        BorderLayout b=new BorderLayout(10,10);←定义边界布局管理器
        container.setLayout(b);←设置布局管理器
        container.add(new JButton("东面"),BorderLayout.EAST);
        container.add(new JButton("南面 "),BorderLayout.SOUTH);
        container.add(new JButton("西面"),BorderLayout.WEST);
        container.add(new JButton("北面"),BorderLayout.NORTH);
        container.add(new JButton("中间"),BorderLayout.CENTER);
        this.setTitle("边界布局管理器");
        this.setDefaultCloseOperation(JFrame.EXIT_ON_CLOSE);
        this.setVisible(true);
    }
}
```

运行结果如图 9.7 所示。

边界布局如果不添加北面和西面的组件,效果如图 9.8 所示。

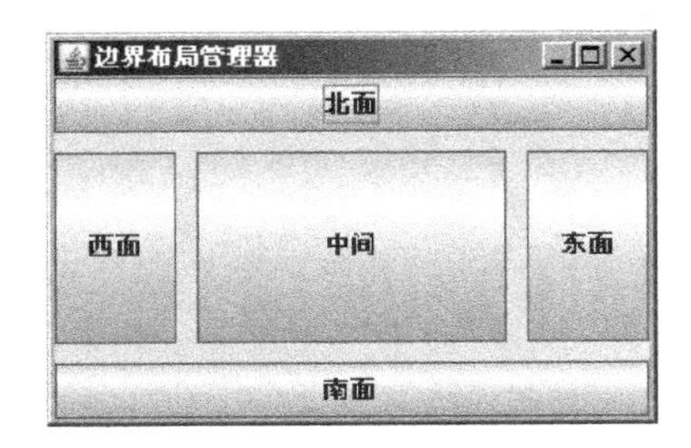

图 9.7 边界布局 1

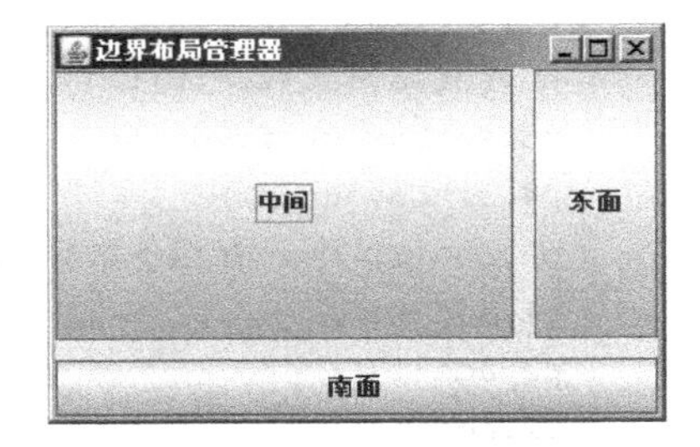

图 9.8 边界布局 2

9.4 面　　板

布局有很多种,但是复杂的界面不能只满足一次布局就能解决问题,如果多次布局的话,就需要新的容器来承受布局,这就是这一节要介绍的面板(JPanel),它也是一种容器,对它可以进行各种布局,它的上面可以加载组件,它还可以被加载在其他的容器上。见例 9.8。

例 9.8 面板的使用。

```
import javax.swing.*;
import java.awt.*;
public class Example9_8 {
```

```
    public static void main(String[] args) {
        MyFramePanel frame=new MyFramePanel();
    }
}
class MyFramePanel extends JFrame {
    JButton b1=new JButton("登录 (L)");
    JButton b2=new JButton("取消 (C)");
    JTextField t1=new JTextField(15);
    JTextField t2=new JTextField(15);
    JLabel l1=new JLabel("用户账号(A)");
    JLabel l2=new JLabel("登录密码(p)");
    JPanel p1=new JPanel();←——创建面板
    JPanel p2=new JPanel();
    JPanel p3=new JPanel();
    JPanel p4=new JPanel();
    MyFramePanel() {
        this.setSize(300, 200);
        Container container=this.getContentPane();
        FlowLayout fleft=new FlowLayout(FlowLayout.CENTER, 10, 10);
        FlowLayout fright=new FlowLayout(FlowLayout.RIGHT, 10, 10);
        BorderLayout border=new BorderLayout(10, 10);
        GridLayout g=new GridLayout(2, 1);
        container.setLayout(border);
        p1.setLayout(fleft);←——给面板设置布局管理器
        p2.setLayout(fleft);
        p3.setLayout(fright);
        p4.setLayout(g);
        p1.add(l1);←——把组件添加到面板中
        p1.add(t1);
        p2.add(l2);
        p2.add(t2);
        p3.add(b1);
        p3.add(b2);
        p4.add(p1);
        p4.add(p2);
        container.add(p4, BorderLayout.CENTER);←——把面板添加到内容窗格中
        container.add(p3, BorderLayout.SOUTH);
        this.setTitle("面板的应用");
        this.setDefaultCloseOperation(JFrame.EXIT
        _ON_CLOSE);
        this.setVisible(true);
    }
}
```

运行结果如图 9.9 所示。

图 9.9　面板

由例 9.8 可以看出，面板的使用可以使我们制作出更复杂、更精美的界面。下面总结一下面板的使用。

(1) 面板的构造方法：

```
JPanel p1=new JPanel();
```

(2) 为面板布局：面板对象.setLayout(部局管理器对象)。

(3) 在面板上加载组件：面板对象.add(组件对象)。

9.5 组　　件

除了框架外，组成 GUI 的还有各种组件，这一部分就向大家介绍一下常用的 java GUI 组件：按钮(JButton)、文本框(JTextField)、标签(JLabel)、列表框(JList)、组合框(JComboBox)、复选框(JCheckBox)、单选按钮(JRadioButton)、菜单(JMenu)和对话框(JOptionPane)。

9.5.1 按钮

按钮在 javax.swing 包中，使用的时候要导入。前面已经看到了按钮的创建：JButton button=new JButton(按钮标题);，按钮标题是一个字符串。那么按钮还有没有其他创建方式呢？可不可以给按钮加上漂亮的图标？能不能修改标题的位置、对齐方式？想按照自己的意愿创建按钮，那就看看下面的代码。

例 9.9 带图片的按钮。

```
import javax.swing.*;
import java.awt.*;
public class Example9_9 {
    public static void main(String[] args) {
        MyFrame frame=new MyFrame();
    }
}
class MyFrame extends JFrame {
    JButton b1;←——声明按钮对象
    JButton b2;
    MyFrame() {
        this.setSize(400,100);
        Container container=this.getContentPane();
        FlowLayout f=new FlowLayout(FlowLayout.CENTER,10,10);
        container.setLayout(f);
        ImageIcon icon=new ImageIcon("icon\\icon1.jpg");←——定义图片对象
        b1=new JButton("添加图片的按钮",icon);←——将图片对象加载到按钮上
        b2=new JButton("未添加图片的按钮");
        container.add(b1);
        container.add(b2);
        this.setTitle("按钮的应用");
```

```
        this.setDefaultCloseOperation(JFrame.EXIT_ON_CLOSE);
        this.setVisible(true);
    }
}
```

运行结果如图 9.10 所示。

图 9.10 按钮的应用

现在总结一下按钮的使用。

(1) 构造方法：

- JButton button1＝new JButton(标题)；
- JButton button1＝new JButton(标题,图片对象)；
- JButton button1＝new JButton(图片对象)；

(2) 对齐方式：按钮对象. setHorizontalAlignment(对齐方式)；。

(3) 标题的位置：按钮对象. setHorizontalTextPosition(对齐方式)。

9.5.2 文本框和标签

文本框在 javax. swing 包中,使用的时候要引入。文本框是用户输入信息的组件,将文本框中用户的输入通过一些方式读入到程序中。标签也在 javax. swing 包中,它和文本框相反,它负责显示系统信息给用户看。有了文本框和标签,用户就能与程序进行交互了。通过例 9.10 看看文本框和标签的使用。

例 9.10 文本框和标签。

```
import javax.swing.*;
import java.awt.*;
public class Example9_10 {
    public static void main(String[] args) {
        MyFrame frame=new MyFrame();
    }
}
class MyFrame extends JFrame {
    JLabel l;←——声明标签和文本框对象
    JTextField t;
    MyFrame() {
        this.setSize(400, 100);
        Container container=this.getContentPane();
        FlowLayout f=new FlowLayout(FlowLayout.CENTER, 10, 10);
        container.setLayout(f);
        ImageIcon icon=new ImageIcon("icon\\icon1.jpg");
        l=new JLabel("添加图片的标签", icon, JLabel.LEFT);
```

```
        t=new JTextField(15);←——创建文本框对象
        container.add(l);
        container.add(t);
        this.setTitle("标签和文本框的应用");
        this.setDefaultCloseOperation(JFrame.EXIT_ON_CLOSE);
        this.setVisible(true);
    }
}
```

运行结果如图 9.11 和图 9.12 所示。

图 9.11　文本框和标签

图 9.12　在文本框中可以输入文字

现在来总结一下文本框和标签的用法。

(1) 构造方法：

- JLabel jl=new Jlabel()；
- JLabel jl=new Jlabel(图片对象)；
- JLabel jl=new Jlabel(图片对象,对齐方式)；
- JLabel jl=new Jlabel(标题)；
- JLabel jl=new Jlabel(标题,图片,对齐方式)；
- JLabel jl=new Jlabel(标题,对齐方式)；
- JTextField jf=new JTextField()；
- JTextField jf=new JTextField(列数)；
- JTextField jf=new JTextField(文本)；
- JTextField jf=new JTextField(文本,列数)；

(2) 其他常用方法：

- 标签对象.setText(文本);：设置标签的文本。
- 标签对象.getText();：获取标签的文本,返回一个字符串。
- 文本框对象.setText(文本);：设置文本框的文本。
- 文本框对象.getText();：获取文本框的文本,返回一个字符串。

文本框和标签的文本设置和获取方法在后面事件处理中将经常使用。

9.5.3　复选框和单选按钮

Java 的 GUI 还提供了复选框和单选按钮这样的组件,它们属于开关按钮。下面来看看复选框的使用。

例 9.11　单选按钮和复选框。

```
import javax.swing.*;
import javax.swing.border.*;
```

```
import java.awt.*;
public class Example9_11 {
    public static void main(String[] args) {
        MyFrame f1=new MyFrame();
    }
}
class MyFrame extends JFrame {
    JRadioButton r1=new JRadioButton("男", false);←——创建单选按钮
    JRadioButton r2=new JRadioButton("女", true);
    ButtonGroup bg=new ButtonGroup();←——创建按钮组
    JCheckBox c1=new JCheckBox("运动");
    JCheckBox c2=new JCheckBox("看书");←——创建复选框
    JCheckBox c3=new JCheckBox("旅游");
    Border e=BorderFactory.createEtchedBorder();
    Border bo1=BorderFactory.createTitledBorder(e, "性别");
    Border bo2=BorderFactory.createTitledBorder("兴趣爱好");
    JPanel p1=new JPanel();
    JPanel p2=new JPanel();
    public MyFrame() {
        this.setSize(300, 200);
        this.setTitle("单选按钮和复选框");
        Container c=this.getContentPane();
        //创建布局管理器的对象
        GridLayout f=new GridLayout(2, 1, 10, 10);
        //设置内容窗格布局管理器
        c.setLayout(f);
        bg.add(r1);
        bg.add(r2);
        p1.setBorder(bo1);
        p1.add(r1);
        p1.add(r2);
        p2.setBorder(bo2);
        p2.add(c1);
        p2.add(c2);
        p2.add(c3);
        c.add(p1);
        c.add(p2);
        this.setVisible(true);
        this.setDefaultCloseOperation(3);
    }
}
```

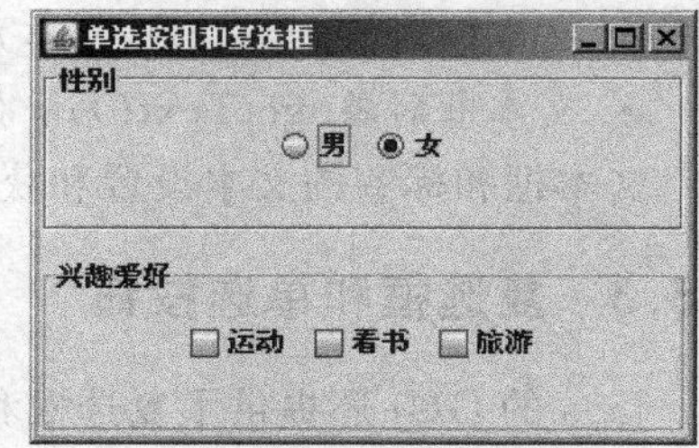

图 9.13 单选按钮和复选框

运行结果如图 9.13 所示。

现在来看看复选框的构造方法。

- JCheckBox c=new JCheckBox();：创建一个没有文本的复选框。

- JCheckBox c=new JCheckBox(文本);：创建一个有文本的复选框。
- JCheckBox c=new JCheckBox(文本,是否选中);：创建一个有文本并且确定起始选中状态的复选框。
- JCheckBox c=new JCheckBox(图片对象);：创建一个有图标的复选框。
- JCheckBox c=new JCheckBox(文本,图片对象);：创建一个有文本和图标的复选框。
- JCheckBox c=new JCheckBox(文本,图片对象,是否选中);：创建一个有文本和图标并且确定起始选中状态的复选框。

复选框的使用很简单,单选按钮也很简单,但是注意如果要实现单选功能,就一定要将单选按钮编在一个组内,这样才能实现单选功能,否则它和复选框就一样了。

- JRadioButton r=JRadioButton(文本);：创建一个有文本的单选按钮。
- JRadioButton r=JRadioButton(文本,是否选中);：创建一个有文本并且确定起始选中状态的单选按钮。
- JRadioButton r=JRadioButton(图片对象);：创建一个有图标的单选按钮。
- JRadioButton r=JRadioButton(图片对象,是否选中);：创建一个有图标并且确定起始选中状态的单选按钮。

将单选按钮加在一个组里的方法和语句如下：

- ButtonGroup bg=new ButtonGroup();
- bg.add(r);

9.5.4 列表框和组合框

列表框和组合框可以为用户提供各种选项,这在 GUI 中也是经常出现的。先来看看列表框,见例 9.12 及图 9.14 和图 9.15。

例 9.12 列表框的使用。

```
import javax.swing.*;
import javax.swing.border.*;
import java.awt.*;
public class Example9_12 {
    public static void main(String[] args) {
        MyFrame f1=new MyFrame();
    }
}
class MyFrame extends JFrame {
    Border e=BorderFactory.createEtchedBorder();
    Border bo1=BorderFactory.createTitledBorder(e, "出生年份");
    Border bo2=BorderFactory.createTitledBorder("籍贯");
    JPanel p1=new JPanel();
    JPanel p2=new JPanel();
    String[] selectedText1=new String[100];
    JComboBox jcmb=null;←—声明组合框
```

```
    String[] selectedText2={"北京","上海","广州","深圳","成都","南京","沈阳"};
    JList jlist=new JList(selectedText2);          ↖创建列表框
    public MyFrame() {
        this.setSize(300, 200);
        this.setTitle("列表框和组合框");
        Container c=this.getContentPane();
        //创建布局管理器的对象
        GridLayout f=new GridLayout(2, 1, 10, 10);
        //设置内容窗格布局管理器
        c.setLayout(f);
        p1.setBorder(bo1);
        for(int i=0;i<selectedText1.length;i++){
            int year=1950+i;
            selectedText1[i]=String.valueOf(year);
        }
        jcmb=new JComboBox(selectedText1);←—创建组合框
        p1.add(jcmb);
        p2.setBorder(bo2);
        jlist.setVisibleRowCount(4);
        JScrollPane js=new JScrollPane(jlist);←—给列表框添加进度条
        p2.add(js);
        c.add(p1);
        c.add(p2);
        this.setVisible(true);
        this.setDefaultCloseOperation(3);
    }
}
```

图 9.14　组合框和列表框

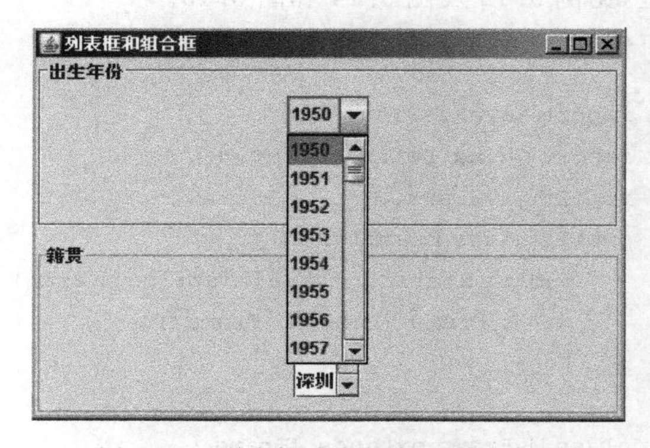

图 9.15　列表框选中某个选项的状态

现在总结列表框的用法。

(1) 构造方法：

- JList jlist=new JList();：创建一个空列表。
- JList jlist=new JList(对象数组);

(2) 其他方法：

- 列表框对象.setForeground(颜色);：设置列表框前景色。
- 列表框对象.setBackground(颜色);：设置列表框背景色。
- 列表框对象.setSelectionForeground(颜色);：设置列表框选中项的前景色。
- 列表框对象.setSelectionBackground(颜色);：设置列表框选中项的背景色。
- 列表框对象.setVisibleRowCount(个数);：设置列表框没有滚动条时显示的行数。
- 列表框对象.getSelectedIndex();：返回一个整数表示选中项的序号。
- 列表框对象.getSelectedValue();：返回一个对象表示选中项的值。
- 列表框对象.setSelectedMode(整数);：设置列表框的选择模式，包括单选、连续多选和跳跃多选。

组合框也可以提供多个选项，基本用法如下：

(1) 构造方法：

- JComboBox jcmb=new JComboBox();：创建空组合框。
- JComboBox jcmb=new JComboBox(对象数组);

(2) 其他方法：

- 组合框对象.setForeground(颜色);：设置组合框前景色。
- 组合框对象.setBackground(颜色);：设置组合框背景色。
- 组合框对象.addItem(对象);：向组合框中动态添加选项。
- 组合框对象.getSelectedIndex();：返回一个整数表示选中项的序号。
- 组合框对象.getSelectedItem();：返回一个对象表示选中项的值。
- 组合框对象.removeItem();：删除组合框中的项目；
- 组合框对象.getItemAt();：返回指定序号的对象。

9.5.5 菜单

一般的系统中都包括菜单，通过菜单可以很快速地找到想要的功能界面。Java 中的 GUI 提供的菜单分为三部分：菜单栏、菜单和菜单项。菜单栏是放在框架上的，菜单放在菜单栏上，多个菜单项放在菜单上。下面看看如何创建一个完整的菜单。

例 9.13 菜单。

```
import java.awt.*;
import javax.swing.*;
public class Example9_13{
    public static void main(String[] args) {
        MyMenuFrame frame=new MyMenuFrame();
    }
}
class MyMenuFrame extends JFrame {
    MyMenuFrame(){
        this.setSize(300,230);
        JMenuBar jmb=new JMenuBar();←—创建菜单栏
        this.setJMenuBar(jmb);←—设置菜单栏
```

```
        JMenu jmFile=new JMenu("文件");
        JMenu jmHelp=new JMenu("帮助");←—创建菜单
        jmb.add(jmFile);
        jmb.add(jmHelp);
        JMenuItem jmiNew=new JMenuItem("新建");←—创建菜单项
        JMenuItem jmiOpen=new JMenuItem("打开");
        JMenuItem jmiClose=new JMenuItem("关闭");
        JMenuItem jmiSave=new JMenuItem("保存");
        JMenuItem jmiSaveAnother=new JMenuItem("另存为");
        JMenu jmiPower=new JMenu("权限");
        jmiPower.add(new JMenuItem("普通用户"));←—给权限菜单添加子菜单
        jmiPower.add(new JMenuItem("管理员"));
        JMenuItem jmiExit=new JMenuItem("退出");
        jmFile.add(jmiNew);
        jmFile.add(jmiOpen);
        jmFile.add(jmiClose);
        jmFile.addSeparator();
        jmFile.add(jmiSave);
        jmFile.add(jmiSaveAnother);
        jmFile.add(jmiPower);
        jmFile.addSeparator();
        jmFile.add(jmiExit);
        this.setTitle("菜单");
        this.setDefaultCloseOperation(JFrame.EXIT_ON_CLOSE);
        this.setVisible(true);
    }
}
```

运行结果如图 9.16 所示。

以上是菜单的基本制作方法,除此之外菜单上还可以加载单选按钮、复选框,还可以为菜单设置快捷键,使菜单使用更方便。详见例 9.14 和图 9.17。

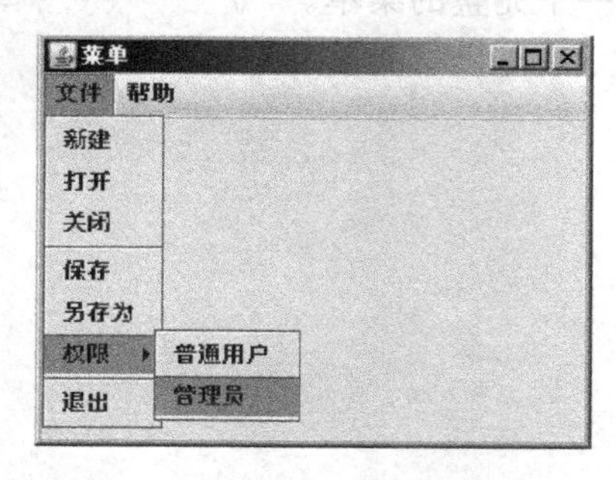

图 9.16 菜单

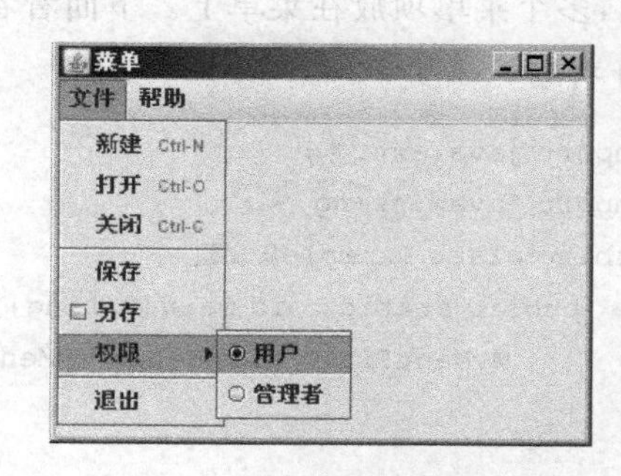

图 9.17 具有快捷键的菜单

例 9.14 给菜单加载快捷键。

```
import java.awt.event.ActionEvent;
import java.awt.event.KeyEvent;
```

```java
import javax.swing.*;
public class Example9_14 {
    public static void main(String[] args) {
        MyMenu frame=new MyMenu();
    }
}
class MyMenu extends JFrame {
    MyMenu() {
        this.setSize(300,230);
        JMenuBar jmb=new JMenuBar();
        this.setJMenuBar(jmb);
        JMenu jmFile=new JMenu("文件");
        JMenu jmHelp=new JMenu("帮助");
        jmb.add(jmFile);
        jmb.add(jmHelp);
        JMenuItem jmiNew=new JMenuItem("新建");

jmiNew.setAccelerator(KeyStroke.getKeyStroke(KeyEvent.VK_N,ActionEvent.CTRL_
MASK));
        JMenuItem jmiOpen=new JMenuItem("打开");

jmiOpen.setAccelerator(KeyStroke.getKeyStroke(KeyEvent.VK_O,ActionEvent.CTRL_
MASK));
        JMenuItem jmiClose=new JMenuItem("关闭");

jmiClose.setAccelerator(KeyStroke.getKeyStroke(KeyEvent.VK_C,ActionEvent.CTRL_
MASK));
        JMenuItem jmiSave=new JMenuItem("保存");
        JCheckBoxMenuItem jmiSaveAnother=new JCheckBoxMenuItem("另存");
        JMenu jmiPower=new JMenu("权限");                         // 创建复选框菜单
        JRadioButtonMenuItem jrbUser, jrbManager;
        jmiPower.add(jrbUser=new JRadioButtonMenuItem("用户"));
        jmiPower.add(jrbManager=new JRadioButtonMenuItem("管理者"));
        ButtonGroup bg=new ButtonGroup();                         // 创建单选按钮菜单
        bg.add(jrbUser);
        bg.add(jrbManager);
        JMenuItem jmiExit=new JMenuItem("退出");
        jmFile.add(jmiNew);
        jmFile.add(jmiOpen);
        jmFile.add(jmiClose);
        jmFile.addSeparator();
        jmFile.add(jmiSave);
        jmFile.add(jmiSaveAnother);
        jmFile.add(jmiPower);
        jmFile.addSeparator();
```

```
        jmFile.add(jmiExit);
        this.setTitle("菜单");
        this.setDefaultCloseOperation(JFrame.EXIT_ON_CLOSE);
        this.setVisible(true);
    }
}
```

现在总结一下菜单的用法。

(1) 创建菜单栏：JMenuBar jmb＝new JMenuBar();,然后通过框架对象的 setJMenuBar(菜单栏对象)将菜单栏加载在框架上。

(2) 制作菜单：JMenu jmFile＝new JMenu(菜单名);,通过菜单栏的 add(菜单对象)方法将菜单放到菜单栏上。

(3) 添加菜单项：JMenuItem jmiSave＝new JMenuItem(菜单项名,图片);,通过菜单的 add(菜单项对象)方法将菜单项放到菜单上。

(4) 创建复选框菜单：

```
JCheckBoxMenuItem jmiSaveAnother=new JCheckBoxMenuItem(菜单名);
```

(5) 创建单选按钮菜单：

```
JRadioButtonMenuItem jrbUser=JRadioButtonMenuItem(菜单名);
```

(6) 给菜单加快捷键：

```
菜单项对象.setAccelerator(KeyStroke.getKeyStroke(KeyEvent.VK_O,ActionEvent.CTRL
_MASK));
```

9.5.6 对话框

对话框也好似 GUI 中常用的组件,它可以向用户提示一些系统信息。它分为消息对话框、确认对话框、输入对话框和选项对话框 4 种,用户还可以根据自己的需要自定义对话框。

例 9.15 消息对话框。

```
import java.awt.*;
import java.awt.event.*;
import javax.swing.*;
public class Example9_15 extends JFrame implements ItemListener{
    //创建 4 个单选按钮
    private JRadioButton rb1=new JRadioButton("错误",false);
    private JRadioButton rb2=new JRadioButton("警告",false);
    private JRadioButton rb3=new JRadioButton("信息",false);
    private JRadioButton rb4=new JRadioButton("问题",false);
    //创建一个按钮组,用于实现单选按钮之间的互斥
    private ButtonGroup group=new ButtonGroup();
    //构造方法
    public Example9_15()
    {
```

```
    setTitle("消息对话框");
    JPanel p1=new JPanel();
    p1.setLayout(new GridLayout(5,1));
    //将三个单选按钮添加到面板 p1 上
    p1.add(rb1);
    p1.add(rb2);
    p1.add(rb3);
    p1.add(rb4);
    //将三个单选按钮添加到按钮组 group 中,实现三个按钮之间的互斥
    group.add(rb1);
    group.add(rb2);
    group.add(rb3);
    group.add(rb4);
    getContentPane().add(p1,BorderLayout.WEST);
    //为三个单选按钮注册 ItemEvent 事件的监听器
    rb1.addItemListener(this);
    rb2.addItemListener(this);
    rb3.addItemListener(this);
    rb4.addItemListener(this);
}
//事件处理方法,在产生 ItemEvent 事件时调用
public void itemStateChanged(ItemEvent e)
{
    //判断事件源是否是单选按钮
    if(e.getSource() instanceof JRadioButton)
    {
        //判断哪个单选按钮是否处于选中状态,如果选中则显示相应的对话框
        if(rb1.isSelected())
            JOptionPane.showMessageDialog(this,"错误","系统错误",JOptionPane.
            ERROR_MESSAGE);

        if(rb2.isSelected())
            JOptionPane.showMessageDialog(this, "警告","系统警告",JOptionPane.
            WARNING_MESSAGE);

        if(rb3.isSelected())
            JOptionPane.showMessageDialog(this, "信息","系统信息",JOptionPane.
            INFORMATION_MESSAGE);

        if(rb4.isSelected())
            JOptionPane.showMessageDialog(this, "问题","系统问题",JOptionPane.
            QUESTION_MESSAGE);

    }
}
public static void main(String[] args)
{
```

```
            Example9_15 frame=new Example9_15();
            frame.setSize(400,200);
            frame.setDefaultCloseOperation(3);
            frame.setVisible(true);
        }
    }
```

运行结果如图 9.18～图 9.21 所示。

图 9.18　错误消息对话框

图 9.19　系统警告对话框

图 9.20　系统消息对话框

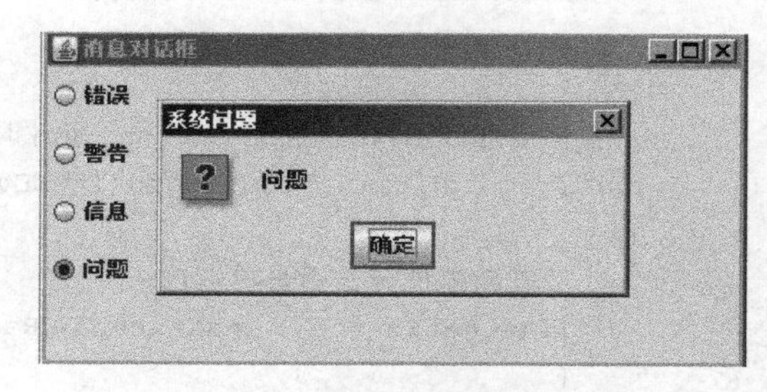

图 9.21　系统问题对话框

上面介绍了消息对话框，现在来总结一下。可以看到消息对话框有上面 4 种错误、消息、问题、警告形式。

JOptionPane. showMessageDialog(组件对象，消息，消息框标题，消息类型)；消息类型包括 4 种：

- JOptionPane. ERROR_MESSAGE 错误；
- JOptionPane. INFORMATION_MESSAGE 消息；
- JOptionPane. QUESTION_MESSAGE 问题；
- JOptionPane. WARNING_MESSAGE 警告。

除了消息对话框外，还有如下几种对话框，具体的用法如下：

1. 确认对话框

```
JOptionPane.showConfirmDialog(组件对象,消息,消息框标题,确认对话框类型);
```

确认对话框类型有：

- JOptionPane. YES_NO_OPTION
- JOptionPane. YES_NO_CANCEL_OPTION
- JOptionPane. OK_CANCEL_OPTION

2. 输入对话框

```
JOptionPane.showInputDialog(组件对象,消息,消息框标题,对话框类型);
```

带组合框的输入对话框：JOptionPane. showInputDialog(组件对象，消息，消息框标题，对话框类型，图片对象，组合框数值对象，默认选项对象)；

3. 选项对话框

```
JOptionPane.showOptionDialog(组件对象,消息,消息框标题,对话框类型,消息类型,图片对象,数值对象,默认对象);
```

9.6 GUI 事件处理

前面学习了如何制作 GUI 界面，但是不管界面做得多么漂亮，它也不能使用，不能与用户交互。单击按钮不会有任何反应，这肯定不是我们最终想要的结果。那么怎样使 GUI 能够真正地完成它的工作，起到交互作用呢？这就是本节要介绍的内容——事件及事件处理。

Java 中提供这样一种机制，当用户对 GUI 界面上的组件作出行为也就是动作时，比如单击一个按钮，移动鼠标，就可以引发一个或几个事件，事件是程序发生了某些事情的信号。对这些信号也就是事件进行处理，作出相应的反馈，就给了用户他想要的结果。这就是 GUI 的事件处理机制，专业上叫做事件驱动的程序设计。程序是怎么知道产生了一个事件的？程序不是人类，可以感知任何事情，程序对事件的感知是通过对组件进行监听完成的，每一个组件都有自己的监听器，当用户对它产生一个行为时，监听器就会告诉程序一个什么样的事件产生了，程序进行事件处理并且返回用户想要的结果。

在 Java 中事件都是以 Event 结尾的，常用的有窗口事件（WindowEvent）、动作事件（行为事件 ActionEvent）和键盘事件（KeyEvent）。

而监听器都是以 Listener 结尾的，它和事件通常是对应的，比如窗口事件（WindowEvent）对应的监听器就是 WindowListener，动作事件（行为事件 ActionEvent）对应的监听器是 ActionListener。监听器实际上是 Java 中定义好的接口，其中包括了处理事件的方法，这些方法被称为处理器。发生事件的组件被称为源对象。

下面分别介绍窗口事件、动作事件和键盘事件的使用，如表 9.2 所示。

表 9.2 常用事件类及接口

事 件 类	监听器接口	监听器方法(处理器)
ActionEvent	ActionListener	actionPerformed(ActionEvent)
KeyEvent	KeyListener	keyPressed(KeyEvent) keyReleased(KeyEvent) keyTyped(KeyEvent)
WindowEvent	WindowListener	windowClosing(WindowEvent) windowOpened(WindowEvent) windowIconified(WindowEvent) windowDeiconified(WindowEvent) windowClosed(WindowEvent) windowActivated(WindowEvent) windowDeactivated(WindowEvent)

9.6.1 窗口事件

窗口事件是 WindowEvent,它有多个对应的事件处理方法。下面通过例 9.16 来学习窗口的各种事件和事件处理。例 9.16 实现的是当单击窗口右上角的"×"按钮关闭窗口时,会弹出确认对话框让用户确认是否关闭窗口,如果用户单击"是"按钮,就关闭窗口,否则不做任何操作。

例 9.16 窗口事件。

```
import javax.swing.*;
import java.awt.event.WindowEvent;
import java.awt.event.WindowListener;
public class Example9_16 {
    public static void main(String[] args) {
        MyWindowEvent example=new  MyWindowEvent();
    }
}
class MyWindowEvent extends JFrame implements WindowListener{
    MyWindowEvent(){
        this.addWindowListener(this);
        this.setSize(300,200);
        this.setTitle("窗口事件");
        this.setVisible(true);

this.setDefaultCloseOperation(JFrame.DO_NOTHING_ON_CLOSE);
    }
    public void windowClosing(WindowEvent e) {
        int result=JOptionPane.showConfirmDialog(this,"确实要退出系统吗?","系统消
        息",JOptionPane.YES_NO_OPTION);
        if(result==JOptionPane.YES_OPTION){
            this.setDefaultCloseOperation(JFrame.EXIT_ON_CLOSE);
        }
    }
    public void windowClosed(WindowEvent e) {
    }
    public void windowActivated(WindowEvent e){
    }
    public void windowDeactivated(WindowEvent e){
    }
    public void windowDeiconified(WindowEvent e){
    }
    public void windowIconified(WindowEvent e) {
    }
    public void windowOpened(WindowEvent e) {
    }

}
```

运行结果如图 9.22 所示。

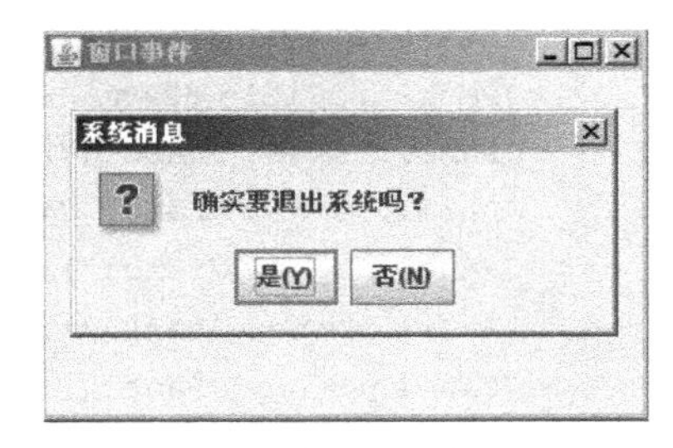

图 9.22　窗口事件处理

通过上面的例子可以清楚地看到整个 GUI 事件驱动程序编程的过程。首先对窗口加载监听器 this.addWindowListener(this);,当用户单击窗口右上角的“×”按钮关闭窗口时,就触发了窗口的窗口事件 windowEvent,程序通过监听器获知该事件并对它加以处理,由于该事件是在窗口正在关闭时发生的,因此用 windowClosing(WindowEvent arg0)处理事件方法来处理事件。

总结一下窗口事件的用法。

(1) 加载监听器:addWindowListener(组件对象)。

(2) 常用事件方法:

- public void windowActivated(WindowEvent arg0):激活窗口事件处理方法。
- public void windowClosed(WindowEvent arg0):关闭窗口事件处理方法。
- public void windowClosing(WindowEvent arg0):正在关闭窗口事件处理方法。
- public void windowDeactivated(WindowEvent arg0):变成非活动窗口事件处理方法。
- public void windowDeiconified(WindowEvent arg0):最小化窗口事件处理方法。
- public void windowIconified(WindowEvent arg0):还原窗口事件处理方法。
- public void windowOpened(WindowEvent arg0):打开窗口事件处理方法。

9.6.2　动作事件

动作事件(ActionEvent)在 GUI 事件中可以经常看到,很多组件都会发生动作事件,比如按钮被点击的时候就会发生动作事件,单选按钮、复选框都会产生动作事件。动作事件对应的监听器接口是 ActionListener 接口,对应的处理事件方法是 ActionPerformed(ActionEvent arg0)方法。下面通过例 9.17 看看登录功能到底是怎么实现的。

例 9.17　动作事件实例——登录。

```
import javax.swing.*;
import java.awt.*;
import java.awt.event.*;
public class Example9_17 {
    public static void main(String[] args) {
        MyActionEvent frame=new MyActionEvent();
        frame.setDefaultCloseOperation(JFrame.EXIT_ON_CLOSE);
        frame.setVisible(true);
    }
}
class MyActionEvent extends JFrame implements ActionListener {
    JButton b1=new JButton("登录 (L)");
    JButton b2=new JButton("取消 (C)");
```

```
    JTextField t1=new JTextField(15);
    JPasswordField t2=new JPasswordField(15);
    JLabel l1=new JLabel("用户账号(A)");
    JLabel l2=new JLabel("登录密码(p)");
    JPanel p1=new JPanel();
    JPanel p2=new JPanel();
    JPanel p3=new JPanel();
    JPanel p4=new JPanel();
    MyActionEvent() {
        this.setSize(300, 200);
        Container container=this.getContentPane();
        FlowLayout fleft=new FlowLayout(FlowLayout.CENTER, 10, 10);
        FlowLayout fright=new FlowLayout(FlowLayout.RIGHT, 10, 10);
        BorderLayout border=new BorderLayout(10, 10);
        GridLayout g=new GridLayout(2, 1);
        container.setLayout(border);
        p1.setLayout(fleft);
        p2.setLayout(fleft);
        p3.setLayout(fright);
        p4.setLayout(g);
        p1.add(l1);
        p1.add(t1);
        p2.add(l2);
        p2.add(t2);
        p3.add(b1);
        p3.add(b2);
        p4.add(p1);
        p4.add(p2);
        container.add(p4, BorderLayout.CENTER);
        container.add(p3, BorderLayout.SOUTH);
        this.setTitle("动作事件");
        b1.addActionListener(this);
        b2.addActionListener(this);
    }
    public void actionPerformed(ActionEvent e) {
        if (e.getSource()==b1) {
            if (t1.getText().equals("admin")) {
                if (t2.getText().equals("111")) {
                    JOptionPane.showMessageDialog(this, "恭喜你,登录成功!", "系统消
                    息",JOptionPane.INFORMATION_MESSAGE);
                } else {
                    JOptionPane.showMessageDialog(this, "密码错误,请重新登录!", "系
                    统消息",JOptionPane.INFORMATION_MESSAGE);
                    t2.setText("");
                }
```

```
            } else {
                JOptionPane.showMessageDialog(this, "用户名错误,请重新登录!", "系统
                消息",JOptionPane.INFORMATION_MESSAGE);
                t1.setText("");
                t2.setText("");
            }
        }
        else if (e.getSource()==b2) {
            t1.setText("");
            t2.setText("");
        }
    }
}
```

运行结果如图 9.23 所示。

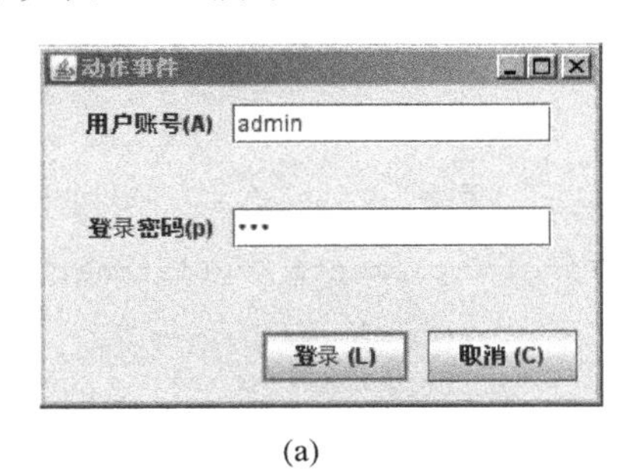

(a)

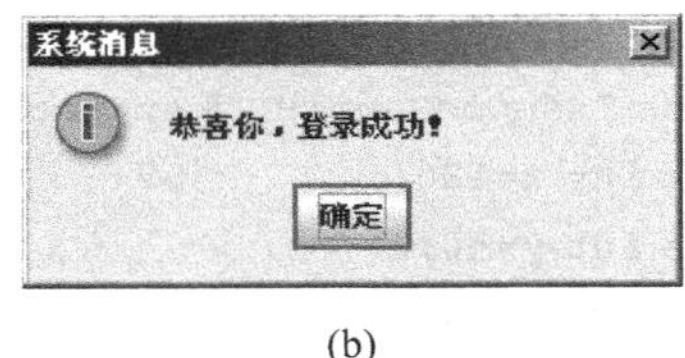

(b)

图 9.23 动作事件

其实动作事件的处理也很简单,总结一下。

(1) 加载监听器:组件对象.addActionListener(this)。

(2) 对应监听器接口和处理方法:动作事件的监听器接口是 ActionListener,事件处理方法是 actionPerformed(ActionEvent arg0)方法。

(3) 处理过程:在 actionPerformed(ActionEvent arg0)方法中使用 if 语句判断产生事件的源对象,即是哪个组件产生了该事件,然后在这个分支下加以处理。

9.6.3 键盘事件

除了使用界面上的组件外,还可以使用键盘来控制和执行一些操作,从键盘上获取输入,按下、松开或者敲击一个键,就会触发键盘事件。Java 中键盘上的每一个键,例如数字键、字母键、Enter 键等都对应了一个整数,当键盘事件产生时,可以通过 getKeyChar()和 getKeyCode()获得产生事件的按键所对应的字母或者整数编码。

键盘事件(keyEvent)对应的事件监听器接口是 KeyListener。现在通过例 9.18 来看一下处理键盘事件的方法有哪些和怎样处理键盘事件。

例 9.18 键盘事件——使用上下左右键来画线。该例子涉及两个类:一个是自定义框架类,另一个是自定义面板类。

```
import javax.swing.*;
```

```
public class Example9_18 extends JFrame {
    private ExamplePanel9_18 jp=new ExamplePanel9_18();
    Example9_18() {
        jp.setFocusable(true);
        this.getContentPane().add(jp);
        this.setSize(300, 200);
        this.setTitle("键盘事件");
        this.setVisible(true);
        this.setDefaultCloseOperation(JFrame.EXIT_ON_CLOSE);
    }
    public static void main(String[] args) {
        Example9_18 ex=new Example9_18();
    }
}
//自定义面板类
import java.awt.*;
import java.awt.event.KeyEvent;
import java.awt.event.KeyListener;
import javax.swing.*;
public class ExamplePanel9_18 extends JPanel implements KeyListener {
    private int x=100;
    private int y=50;
    ExamplePanel9_18(){
        addKeyListener(this);
    }
    public void paintComponent(Graphics g){
        super.paintComponent(g);
        g.drawString("键盘事件", x, y);
    }
    public void keyPressed(KeyEvent e) {
        switch(e.getKeyCode()){
            case KeyEvent.VK_DOWN:y=y+10;break;
            case KeyEvent.VK_UP:y=y-10;break;
            case KeyEvent.VK_LEFT:x=x-10;break;
            case KeyEvent.VK_RIGHT:x=x+10;break;
        }
        repaint();
    }
    public void keyReleased(KeyEvent arg0) {
    }
    public void keyTyped(KeyEvent arg0) {
    }
}
```

运行结果如图 9.24 所示。

图 9.24 键盘事件

同学们可以试一试把文字换成图片。在游戏中经常可以看到用键盘控制游戏人物四处移动。

现在总结一下键盘事件的用法。

(1) 给对象加监听器：对象名.addKeyListener(this);，并且要确保可能产生键盘事件的对象获得焦点，对象名.setFocusable(true);。

(2) 实现 KeyListener 接口中的键盘事件处理方法：

- public void keyPressed(KeyEvent arg0);：键盘按下时的事件处理方法。
- public void keyReleased(KeyEvent arg0);：松开按键时触发的事件处理方法。
- public void keyTyped(KeyEvent arg0);：按下接着释放按键时触发的事件处理方法。

9.7 绘制图形

基本图形一般在面板中进行绘制，需要重载 JComponent 类的 paintComponent 方法。基本形式如下：

```
    class MyPanel extends Jpanel{
          public void paintComponent(Graphics g){
super.paintComponent(g);
                 ...                              //相关的绘制代码
}
    }
```

paintComponent 方法是自动执行的，当窗口需要被重新绘制时，如用户缩放窗口，或还原已最小化的窗口时，系统就会自动调用该方法。

常用的基本图形绘制方法有：

- 绘制字符：g.drawString(String s,int x,int y);
  其中，s 是要绘制的字符，(x,y)是字符开始位置的左上角坐标。
- 绘制直线：drawLine(int x1,int y1,int x2,int y2);
  其中，(x1,y1)和(x2,y2)是线的起始点和终点。
- 绘制矩形：drawRect(int x,int y,int w,int h);
- 填充矩形：fillRect(int x,int y,int w,int h);
  其中，(x,y)是矩形左上角坐标，w 和 h 是矩形的宽和高。
- 绘制圆角矩形：drawRoundRect(int x,int y,int w,int h,int aw,int ah);
- 填充圆角矩形：fillRoundRect(int x,int y,int w,int h,int aw,int ah);
  其中，(x,y)是圆角矩形左上角坐标，w 和 h 是圆角矩形的宽和高，aw 是角上圆弧的水平直径，ah 是角上圆弧的垂直直径。
- 绘制椭圆：drawOval(int x,int y,int w,int h);
- 填充椭圆：fillOval(int x,int y,int w,int h);
  其中，(x,y)是椭圆外接矩形左上角坐标，w 和 h 是矩形的宽和高。
- 绘制弧形：drawArc(int x,int y,int w,int h,int Angle1,int Angle2);

- 填充弧形：fillArc(int x,int y,int w,int h,int Angle1,int Angle2)；
  其中,(x,y)是椭圆外接矩形左上角坐标,w 和 h 是矩形的宽和高,Angle1 是起始角,Angle2 是生成角。
- 绘制多边形：drawPolygon(int x[],int y[],int npoints)；
- 填充多边形：fillPolygon(int x[],int y[],int npoints)；

x 和 y 是多边形上点的坐标数组,npoints 是点的个数。

例 9.19 绘制图形。

```
import java.awt.*;
import javax.swing.*;
public class Example9_19extends JPanel{
    public void paintComponent(Graphics g)
    {
        super.paintComponent(g);
        g.setColor(new Color(255,255,255));
        g.fillOval(200, 150, 80, 70);
        g.fillOval(30, 20, 22, 22);
        g.drawOval(270, 20, 22, 22);
        g.fillOval(20, 180, 22, 22);
        g.drawOval(100, 200, 22, 22);
        g.fillOval(170, 100, 22, 22);
        g.drawOval(129, 300, 22, 22);
        g.fillOval(30, 300, 22, 22);
        g.fillOval(470, 20, 22, 22);
        g.fillOval(480, 180, 22, 22);
        g.fillOval(400, 200, 22, 22);
        g.fillOval(330, 100, 22, 22);
        g.fillOval(370, 300, 22, 22);
        g.fillOval(470, 300, 22, 22);
        g.fillRect(0, 330, 500, 180);
        g.fillArc(160, 220, 160, 230, 0, 180);
        g.fillOval(350, 50, 75, 75);

        g.setColor(Color.black);
        g.fillOval(222, 180, 20, 17);
        g.fillOval(260, 178, 20, 17);

        int [] m={250,288,280,253};
        int [] n={191,219,218,208};
        g.fillPolygon(m, n, m.length);
        g.fillRect(210, 215, 60, 10);
        g.fillRect(220, 215, 17, 100);
        g.fillOval(235, 250, 20, 18);
```

```
        g.fillOval(235, 270, 20, 18);
        g.fillOval(235, 290, 20, 18);
        g.fillOval(235, 310, 20, 18);
        g.drawLine(222,314,222,335);
        g.drawLine(224,314,224,335);
        g.drawLine(226,314,226,335);
        g.drawLine(228,314,228,335);
        g.drawLine(230,314,230,335);
        g.drawLine(232,314,232,335);
        g.drawLine(234,314,234,335);
        g.fillRoundRect(270, 300, 30, 20,10,12);
        g.fillRoundRect(185, 300, 30, 20,10,12);
        int [] x={215,265,280,200};
        int [] y={110,110,170,170};
        g.fillPolygon(x, y, x.length);
        g.drawString("祝同学们圣诞节快乐!" , 180 ,380);
        g.drawString("Merry Christmas!" , 200 ,420);
        int[] u1={70, 100, 40};
        int[] v1={200,250,250};
        g.fillPolygon(u1, v1, u1.length);
        int[] u={70, 120, 20};
        int[] v={240,290,290};
        g.fillPolygon(u, v, u.length);
        int[] u2={70, 140, 0};
        int[] v2={270,320,320};
        g.fillPolygon(u2, v2, u2.length);
        g.fillRect(50, 320, 40, 45);
    }
    public static void main(String args[])
    {
        JFrame snow=new JFrame();
        snow.setTitle("圣诞贺卡");
        snow.getContentPane().add(new Example9_18());
        snow.setSize(500,500);
        snow.setVisible(true);
        snow.setDefaultCloseOperation(JFrame.EXIT_ON_CLOSE);
    }
}
```

运行结果如图 9.25 所示。

可以通过以上填充方式填充图形，填充出来的图形都是黑色的，颜色很呆板，也不漂亮，能不能给它们填充上漂亮的颜色呢？看看 9.8 节。

图 9.25　绘制图形

9.8 辅　助　类

色彩让人生变得丰富多彩,Java 中怎么能没有色彩来丰富 GUI 呢?本节将学习颜色类(Color)。

使用 Color 可以为组件设置颜色。在设置颜色时,可以选用 Color 类提供的 13 种标准颜色的预定义常数,也可以采用 Color 构建器来创建 Color 对象:

```
Color(int redness, int greenness, int blueness)
```

参数 redness、greenness 和 blueness 分别表示红、绿、蓝的值,它们的值在 0～255 范围内。以下是颜色使用的例子:

```
g.setColor(Color.green);
g.setColor(new Color(128, 0, 128);                    //自定义颜色
```

设置颜色的常用方法有:

(1) Graphics 类提供了与颜色相关的方法:

- Color getColor():返回当前颜色设置。
- void setColor(Color c):设置颜色。

(2) JFrame 类的超类 Component 类提供的颜色操作的相关方法:

- setBackground(Color c):设置背景色。
- setForeground(Color c):设置在组件上进行绘制的默认颜色。

除了给界面添加颜色外,还可以通过 Font 类对象设置字体。为设置字体,需要从 Font 类中创建 Font 对象,语法为:

```
Font myFont=new Font(名字,字形,字号);
```

例如：

```
Font StringFont=new Font("宋体",Font.ITALIC,20);
```

字形有以下几种选项：

- Font.PLAIN　　　　//常规
- Font.BOLD　　　　//加粗
- Font.ITALIC　　　//倾斜

不同的系统中安装了不同的字体，为了得到本系统中所有已安装的字体，可以通过 GraphicsEnvironment 类的 getAvailableFontFamilyNames 方法来实现。该方法返回一个字符串数组，数组内包含所有可用的字体名。

现在试试在面板上书写字符串，并设置它的格式和颜色，见例 9.20。

例 9.20　字体。

```
import java.awt.*;
import javax.swing.*;
public class Example9_20 extends JPanel{
    public void paintComponent(Graphics g)
    {
        super.paintComponent(g);
        g.setColor(Color.white);
        g.fillOval(200, 150, 80, 70);
        g.fillArc(160, 220, 160, 230, 0, 180);
        g.fillOval(30, 20, 22, 22);
        g.drawOval(270, 20, 22, 22);
        g.fillOval(20, 180, 22, 22);
        g.drawOval(100, 200, 22, 22);
        g.fillOval(170, 100, 22, 22);
        g.drawOval(129, 300, 22, 22);
        g.fillOval(30, 300, 22, 22);

        g.fillOval(470, 20, 22, 22);
        g.fillOval(480, 180, 22, 22);
        g.fillOval(400, 200, 22, 22);
        g.fillOval(330, 100, 22, 22);
        g.fillOval(370, 300, 22, 22);
        g.fillOval(470, 300, 22, 22);
        g.fillRect(0, 330, 500, 180);

        g.setColor(Color.yellow);
        g.fillOval(350, 50, 75, 75);

        g.setColor(Color.black);
        g.fillOval(222, 180, 20, 17);
```

```
g.fillOval(260, 178, 20, 17);
g.setColor(Color.orange);

int [] m={250,288,280,253};
int [] n={191,219,218,208};
g.fillPolygon(m, n, m.length);

g.setColor(Color.red);
g.fillRect(210, 215, 60, 10);
g.fillRect(220, 215, 17, 100);
g.setColor(Color.RED);
g.fillOval(235, 250, 20, 18);
g.fillOval(235, 270, 20, 18);
g.fillOval(235, 290, 20, 18);
g.fillOval(235, 310, 20, 18);
g.drawLine(222,314,222,335);
g.drawLine(224,314,224,335);
g.drawLine(226,314,226,335);
g.drawLine(228,314,228,335);
g.drawLine(230,314,230,335);
g.drawLine(232,314,232,335);
g.drawLine(234,314,234,335);
g.fillRoundRect(270, 300, 30, 20,10,12);
g.fillRoundRect(185, 300, 30, 20,10,12);
g.setColor(Color.red);
int [] x={215,265,280,200};
int [] y={110,110,170,170};
g.fillPolygon(x, y, x.length);
Font myFont1=  new Font("幼圆",Font.PLAIN,32);
g.setFont(myFont1);
g.drawString("祝同学们圣诞节快乐！", 180 ,380);
Font myFont2=  new Font("Bradley Hand ITC",Font.PLAIN,32);
g.setFont(myFont2);
g.drawString("Merry Christmas!", 200 ,420);
g.setColor(Color.green);
int[] u1={70, 100, 40};
int[] v1={200,250,250};
g.fillPolygon(u1, v1, u1.length);
int[] u={70, 120, 20};
int[] v={240,290,290};
g.fillPolygon(u, v, u.length);
int[] u2={70, 140, 0};
int[] v2={270,320,320};
g.fillPolygon(u2, v2, u2.length);
Color r=new Color(150,50,6);
```

```
        g.setColor(r);
        g.fillRect(50, 320, 40, 45);
        this.setBackground(new Color(50,100,240));
    }
    public static void main(String args[])
    {
        JFrame snow=new JFrame();
        snow.setTitle("圣诞贺卡");
        snow.getContentPane().add(new Example9_19());
        snow.setSize(500,500);
        snow.setVisible(true);
        snow.setDefaultCloseOperation(JFrame.EXIT_ON_CLOSE);
    }
}
```

运行结果如图 9.26 所示。

图 9.26　绘制图形

9.9　实训任务——GUI 编程

任务 1：布局管理器的使用

目标：通过编写代码，掌握布局管理器和面板的应用。

内容：

(1) 编写程序，实现如图 9.27 所示界面。

(2) 编写程序，实现如图 9.28 所示界面。

图 9.27　欢迎界面

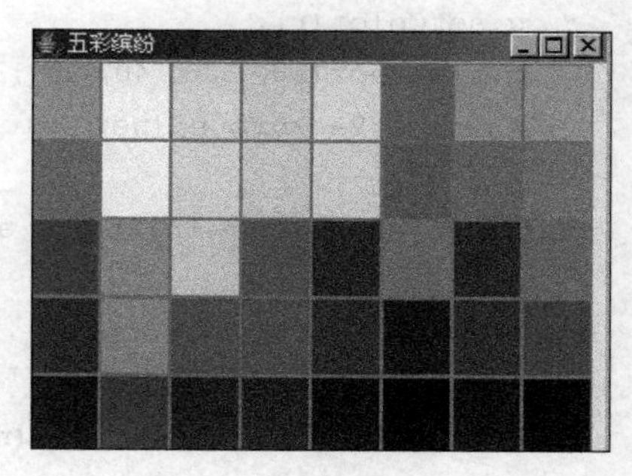

图 9.28　五彩缤纷界面

任务 2：组件的使用

目标：通过编写代码，掌握各个组件的应用。

内容：

(1) 编写一个空白窗体，300 宽，300 高，做出如图 9.29 所示的效果。

(2) 仿照 Windows 系统的记事本界面，编写一个 Java 简易的记事本界面。

任务 3：事件处理的应用

目标：通过编写代码，掌握如何进行事件处理。

内容：

(1) 编写一个窗体，窗体上有两个按钮，按钮上分别为“确定”和“取消”，当单击“确定”按钮时，在控制台输出单击“确定”按钮及次数，当单击“取消”按钮时，在控制台输出单击“取消”按钮及次数。

(2) 给任务 2 中的 Java 简易的记事本程序中的菜单项“退出”添加事件处理功能。

(3) 编写一个猜数字的小游戏，界面如图 9.30 所示，能够在反馈信息的位置显示“猜对了”，“猜大了”或者“猜小了”。

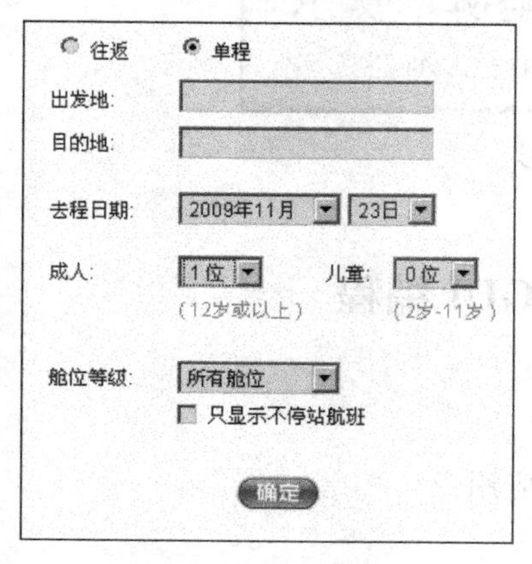

图 9.29　组件使用界面

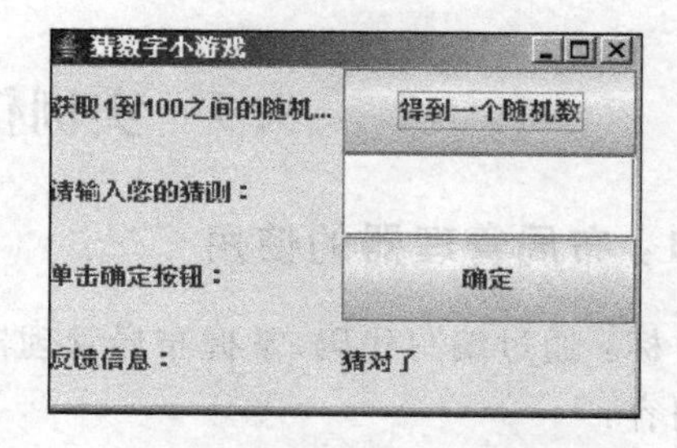

图 9.30　猜数字小游戏界面

任务 4：绘制图形和辅助类的应用

目标：通过编写代码，掌握使用已定义的类创建对象的方法。

内容：在窗体上画出一个动漫图形。在界面上标出所表示的事物的名字，具体图形自己选择，比如闹钟、帽子、桌子和小雪人等。例如图 9.31 所示界面。

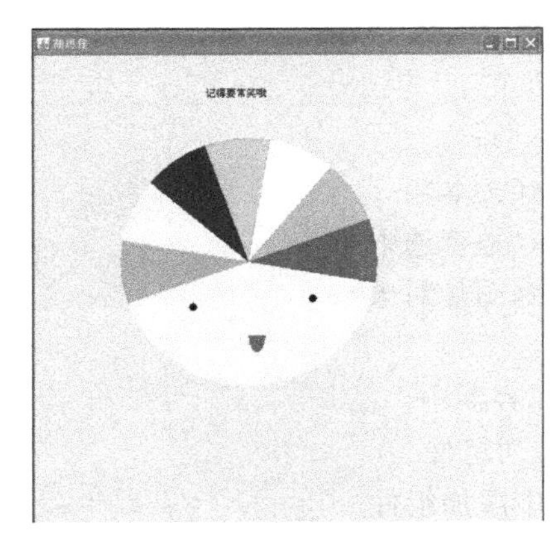

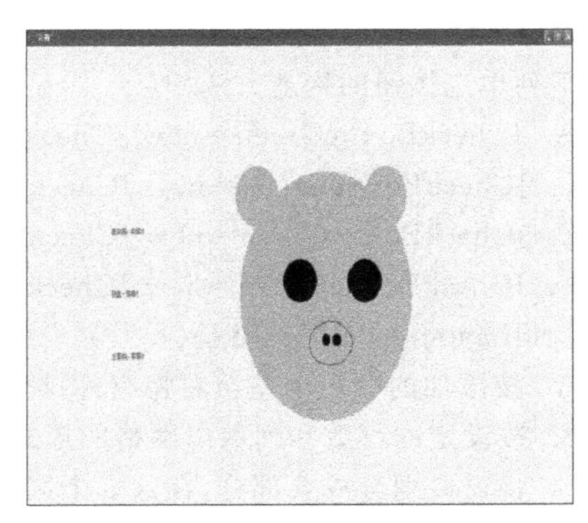

图 9.31　绘制图形的例子

9.10　学习效果评估

1. 选择题

(1) 下列(　　)是图形界面中的单选按钮类。

A. JCheckBox　　B. JButton　　C. JRadioButton　　D. ButtonGroup

(2) FlowLayout 的布局策略是(　　)。

A. 按添加的顺序由左至右将组件排列在容器中

B. 按设定的行数和列数以网格的形式排列组件

C. 将窗口划分成 5 部分，在这 5 个区域中添加组件

D. 组件相互叠加排列在容器中

(3) BorderLayout 的布局策略是(　　)。

A. 按添加的顺序由左至右将组件排列在容器中

B. 按设定的行数和列数以网格的形式排列组件

C. 将窗口划分成 5 部分，在这 5 个区域中添加组件

D. 组件相互叠加排列在容器中

(4) JFrame 中内容窗格缺省的布局管理器是(　　)。

A. FlowLayout　　B. BorderLayout

C. GridLayout　　D. CardLayout

(5) 消息对话框的常量属性中(　　)表示警告。

A. ERROR_MESSAGE；　　B. QUESTION_MESSAGE；

C. INFORMATION_MESSAGE；　　D. WARNING_MESSAGE；

(6) 下列(　　)类是菜单项类。

A. JMenu;　　B. JMenuItem;

C. JMenuBar;　　D. JRadioButtonMenuItem;

(7) JPanel 缺省的布局管理器是(　　)。

A. FlowLayout　　B. BorderLayout

C. GridLayout　　D. CardLayout

(8) 下列单选按钮的构造方法中(　　)是错误的。

A. JCheckBox jcGreen=new JCheckBox();

B. JCheckBox jcGreen=new JCheckBox(文本);

C. JCheckBox jcGreen=new JCheckBox(是否选中);

D. JCheckBox jcGreen=new JCheckBox(图片对象);

(9) GridLayout 的布局策略是(　　)。

A. 按添加的顺序由左至右将组件排列在容器中

B. 按设定的行数和列数以网格的形式排列组件

C. 将窗口划分成 5 部分,在这 5 个区域中添加组件

D. 组件相互叠加排列在容器中

(10) 下列(　　)方法可以获得列表框选中项的值。

A. addItem(对象);　　B. getSelectedIndex();

C. getSelectedItem();　　D. removeItem();

(11) 键盘事件的下列方法中(　　)是松开按键时触发的事件处理方法。

A. keyPressed(KeyEvent arg0);　　B. keyReleased(KeyEvent arg0);

C. keyTyped(KeyEvent arg0);　　D. keyListener(KeyEvent arg0);

(12) 窗口事件的下列方法中(　　)是激活窗口事件处理方法。

A. windowActivated(WindowEvent arg0);

B. windowClosed(WindowEvent arg0);

C. windowClosing(WindowEvent arg0);

D. windowOpened(WindowEvent arg0);

(13) 窗口事件的下列方法中(　　)是关闭窗口事件处理方法。

A. windowActivated(WindowEvent arg0);

B. windowClosed(WindowEvent arg0);

C. windowClosing(WindowEvent arg0);

D. windowOpened(WindowEvent arg0);

(14) 创建一个名为 psw 的密码框,下面选项正确的是(　　)。

A. JTextField psw=new JTextField();

B. JPasswordField psw=new JPasswordField();

C. JAreaText psw=new JAreaText();

D. JPasswordText psw=new JPasswordText();

(15) 下列(　　)方法可以设置列表框的背景色。

A. setForeground(颜色);　　B. setBackground(颜色);

C. setSelectionForeground(颜色)；　D. setSelectionBackground (颜色)；

(16) 下列标签的构造方法中，(　　)是错误的。

A. JLabel jl=new JLabel (图片,标题,对齐方式)；

B. JLabel jl=new JLabel (图片对象)；

C. JLabel jl=new JLabel (标题)；

D. JLabel jl=new JLabel ()；

(17) 下面(　　)是创建一个名为 button 的按钮对象，标题是"我的按钮"。

A. JButton button=new JButton()；

B. Button button=new Button("我的按钮")；

C. JButton button=new JButton("我的按钮")；

D. JButton button=JButton("我的按钮")；

(18) 设定框架大小根据实际情况自动调整的方法是(　　)。

A. setTitle()；　B. setVisible()；　C. setSize()；　D. pack()；

(19) 在 Java 中，开发图形用户界面程序常用的框架类是(　　)。

A. javax. swing. Frame　B. javax. swing. JFrame

C. java. awt. Frame　D. java. awt. JFrame

(20) 在 Java 中，开发图形用户界面程序需要使用一个系统提供的类库，这个类库是(　　)。

A. java. io　B. java. awt　C. java. lang　D. java. util

(21) 下列关于字体的描述中，错误的是(　　)。

A. Font 类提供了创建字体对象的方法

B. 字体风格(字型)使用了三个静态常量表示

C. 表示字型的字体风格只能单独使用，不可以组合

D. 字号表示字的大小，用点表示，一个点为 1/72 英寸

(22) 下列用来获取当前颜色的方法是(　　)。

A. getColor()　B. setColor()　C. Color()　D. getRed()

(23) 下列各种绘制矩形的方法中，绘制实心矩形的方法是(　　)。

A. fillRect()　B. drawRect()

C. clearRect()　D. drawRoundRect()

(24) 下列各种绘制矩形的方法中，绘制圆角矩形的方法是(　　)。

A. fillRect()　B. drawRect()

C. clearRect()　D. drawRoundRect()

2. 简答题

(1) 创建一个标题为“姓名”的标签对象 name，并设置标题为左对齐。

(2) 框架默认布局管理器是什么？JPanel 默认布局管理器是什么？指定行和列的是什么布局管理器？

(3) 列举 Java 中 GUI 编程的常用组件(至少列出三种)，并给出它们对象的创建方式。

(4) 简述 GUI 中常用的三种布局管理器，并说明其布局特点。

(5) Font 类中代表常规、加粗、倾斜三种字型的静态常量分别是什么？

(6) 请写出给一个图形对象 g 设置颜色为蓝色的语句。

(7) 请举出 5 种以上填充图形的方法。

(8) 请举出 5 种以上的基本图形绘制方法。

(9) 简述如何实现单选按钮的单选功能。

(10) 创建一个面板 panel 对象，设定其为流水布局，中间对齐，并在面板上添加一个标题为"居中"的按钮。

(11) 创建两个复选菜单，标题分别是蓝色字体、红色字体，并将它们放到菜单 jmFile 上。

(12) 创建两个单选按钮菜单，标题分别是普通用户、管理员，并将它们编入组 bg 中。

(13) 创建一组三个单选框，标题分别为"学生"、"教师"、"辅导员"。

(14) 创建一组三个单选按钮，标题分别为"喜欢打篮球"、"喜欢看书"、"喜欢听音乐"。

(15) 创建一个值为"学习用品"、"图书"、"玩具"的组合框对象 jcmb。

(16) 创建一个值为"服装"、"饰品"、"化妆品"、"家居用品"的列表框对象 jlist。

(17) 创建一个文本域对象 area，并为该文本域添加滚动条。

(18) 创建一个标题为"按钮"的按钮对象 button，并为该按钮加载一张图片，图片路径为 d: \button. jpg。

(19) 创建一个标题为"按钮"的按钮对象 button，设定按钮的边框为腐蚀性边框。

(20) 创建一个长度为 5 的按钮数组 buttonGroup，使用循环语句初始化该数组，按钮名称为 button1-button5。

3. 编程题

(1) 在框架上定义一个退出按钮，实现该按钮的动作事件处理过程，当单击该按钮时退出系统。

(2) 创建并显示一个标题为 MyFrame，宽为 400、高为 100 的框架，并在框架上从左到右摆放三个按钮"Button1"、"Button2"、"Button3"。请编程实现。

(3) 设计一个程序，绘制一个从矩形变化到圆的图形，要求先从坐标(30,50)处画一 120×120 的矩形，再在该矩形中绘制 7 个圆角渐变为圆的矩形，最后的圆用红色填充。

(4) 创建并显示一个标题为"文本框和标签"，宽为 500、高为 80 的框架，并在框架上从左到右摆放一个带图片的标签，图片地址为 d: \1. jpg，一个文本框。请编程实现。

(5) 定义一个菜单，包括主菜单 file 和 edit，file 下的子菜单有 open、exit；edit 下的子菜单有 fore、back。将定义好的菜单放在框架上。

(6) 创建并显示一个标题为"单选框"，宽为 280、高为 80 的框架，并在框架上从左到右摆放三个单选框，并实现其单选功能。请编程实现。

(7) 创建并显示一个标题为"单选按钮"，宽为 280、高为 80 的框架，并在框架上从左到右摆放三个单选按钮。请编程实现。

(8) 创建并显示一个标题为"组合框"，宽为 100、高为 200 的框架，并在框架上居中摆放一个组合框 jcmb。请编程实现。

(9) 创建并显示一个标题为"列表框"，宽为 100、高为 200 的框架，并在框架上居中摆放一个列表框 jlist，列表框至少添加 5 个日期选项。请编程实现。

(10) 定义一个面板的子类 jpanel，在该面板(10,50)处绘制一个宽 400、高 40 的矩形，并使用红色填充该矩形。

(11) 创建一个面板 panel 对象，设定其为边界布局，并在面板布局的东边添加一个按钮，标题为“东”。

(12) 创建一个面板 panel 对象，设定其为 1 行 2 列的网格布局，并在面板上添加两个按钮，标题分别为“第 1 列”、“第 2 列”。

(13) 继承 Java 中的框架类，定义一个自己的框架子类 myFrame，在构造方法中设置框架标题为“我的框架”。

第10章　输入输出流

学习要求

几乎所有的程序都离不开数据的输入和输出，比如从键盘读取数据，向文件写入数据，以及通过网络进行信息交互等，都会涉及输入输出的处理。本章主要介绍Java是如何利用数据流的思想处理输入输出，以及Java中常用的基础输入输出类。

知识要点

- 输入输出流；
- 标准输入输出流；
- 文件管理；
- 读写文件。

教学重点与难点

(1) 重点：
- 文件管理；
- 读写文件。

(2) 难点：读写文件。

实训任务

任务代码	任务名称	任务内容	任务成果
任务1	记事本	完成简单的记事本功能	输入输出技术与GUI技术相结合实现用户交互功能

【项目导引】

通过本章的学习应该能够了解Java语言中的输入输出处理机制，掌握对文件的操作。本章学习结束后可以协助完成项目中输入输出的设计及代码编写，比如日志的记录，如表10.1所示。

表10.1　输入输出在项目中的应用

序　号	子项目名称	本章技术支持
1	开发及运行环境搭建	
2	基础知识准备	
3	面向对象设计与实现	输入输出的设计与实现
4	容错性的设计与实现	
5	图形用户界面的设计与实现	
6	数据库的设计与实现	

10.1 输入输出流

Java 程序的输入和输出涉及数据流，一个流是一个输入或输出设备的抽象表示。可以把数据写到一个流中，也可以从一个流中读取数据。Java 中表示输入输出流的类都在 java.io 包中，本章出现的所有程序代码都会引入它，即使例子中没有明确的 import 语句。

10.1.1 输入流和输出流

从数据流动的方向上来分，数据流分为输入流和输出流。所谓的输入输出是相对于 Java 程序本身而言的。也就是说，如果数据流入程序，或者说程序从一个流中读取数据，那么这个流就是输入流，数据可以通过输入流从计算机输入设备或文件中发送过来。如果数据从程序中流出，或者说程序向流中写入数据，那就是输出流，数据可以通过输出流发送到输出设备或文件中，如图 10.1 所示。

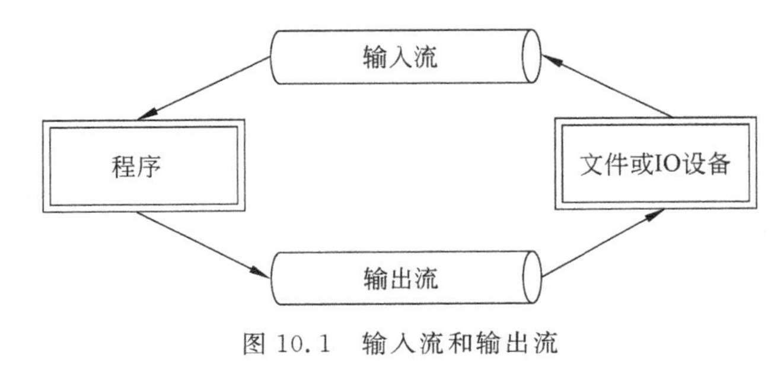

图 10.1　输入流和输出流

10.1.2 字节流和字符流

Java 的流操作分为字节流和字符流两种。从 InputStream 和 OutputStream 派生出来一系列类，这类流以字节(byte)为基本处理单位。从 Reader 和 Writer 派生出的一系列类，这类流以 16 位的 Unicode 码表示的字符为基本处理单位。这 4 个类都是抽象类。

字节流是最基本的，所有 InputStream 和 OutputStream 的子类都是主要用在处理二进制数据，它是按字节来处理的。但实际中很多的数据是文本，因此又提出了字符流的概念，它是按字符来处理的。

在实际开发中出现的汉字问题实际上都是在字符流和字节流之间转化不统一而造成的。在从字节流转化为字符流时，实际上就是 byte[]转化为 String。

1. InputStream 类

类 InputStream 是一个抽象类，它是所有输入数据流类的父类，为读入数据流字节信息定义一个基本的抽象框架。使用输入数据流时，Inputstream 使用一个阻塞的方式来等待输入，这种阻塞一般发生在从键盘读信息的时候。使用输入流从键盘读取数据时，只有输入了信息并按 Enter 键才算有效输入。InputStream 类的常用方法如下：

- public abstract int read() throws IOException：从输入流读取下一个数据字节，返回 0～255 范围内的 int 字节值。如果因已到达流末尾而没有可用的字节，则返回值－1。
- public int read(byte[]b) throws IOException：从输入流中读取一定数量的字节并

将其存储在缓冲区数组 b 中，以整数形式返回实际读取的字节数。如果因为流位于文件末尾而没有可用的字节，则返回值−1。

- public void close() throws IOException：关闭此输入流并释放与该流关联的所有系统资源。

2. OutputStream 类

类 OutputStream 也是一个抽象类，它是所有输出数据流类的父类，为写入数据流字节信息定义一个基本的抽象框架。OutputStream 类的常用方法如下：

- public abstract void write(int b) throws IOException：将指定的字节写入此输出流。
- public void write(byte[] b) throws IOException：将 b.length 个字节从指定的字节数组写入此输出流。
- public void close() throws IOException：关闭此输出流并释放与此流有关的所有系统资源。关闭的流不能执行输出操作，也不能重新打开。

3. Reader 类

类 Reader 也是一个抽象类，它是所有字符输入数据流类的父类，为读入数据流字符信息定义一个基本的抽象框架。Reader 类的常用方法如下：

- public int read() throws IOException：读取单个字符，返回读取的字符数。如果已到达流的末尾，则返回−1。
- public int read(char[]cbuf) throws IOException：将字符读入数组，返回读取的字符数。如果已到达流的末尾，则返回−1；
- public abstract void close() throws IOException：关闭此输入流并释放与该流关联的所有系统资源。

4. Writer 类

Writer 类是输出字符流的抽象类，它是所有字符输出数据流类的父类，为写入数据流字符信息定义一个基本的抽象框架。Writer 类的常用方法如下：

- public void write(char[] cbuf) throws IOException：将指定的字符数组写入此输出流。
- public void write(String str) throws IOException：将字符串写入此输出流。
- public abstract void close() throws IOException：关闭此输出流并释放与此流有关的所有系统资源。关闭的流不能执行输出操作，也不能重新打开。

10.2 标准输入输出流

我们经常使用一条语句来向屏幕打印输出信息：

```
System.out.println("Hello Java!");
```

这句话的运行就是向标准输出设备发送“Hello Java!”字符串。在 Java 语言中，程序的所有输入都可以来自于标准输入(System.in)，程序的输出也都可以发送到标准输出(System.out)，错误信息也可以发送到标准错误(System.err)。一般情况下，在计算机编程语言里，标准输出设备就是指计算机显示器，标准输入设备就是键盘。在Java语言中，进行标准输入就是从键盘读取数据，标准输出就是输出到显示器屏幕上。

10.2.1 标准输出流

Java中提供了System.out对象，它是PrintStream类型的对象。很显然这是一个输出字节流，它提供了两种方法print()和println()来实现输出的功能。

例10.1 分别使用print和println方法向屏幕输出字串。

```
public class Example10_1 {
    public static void main(String args[]){
        print();
        //println();
    }
    public static void print(){←——调用print方法
        System.out.print("Hello!");
        System.out.print("Java!");
    }
    public static void println(){←——调用println方法
        System.out.println("Hello!");
        System.out.println("Java!");
    }
}
```

运行print()方法的结果如图10.2所示。

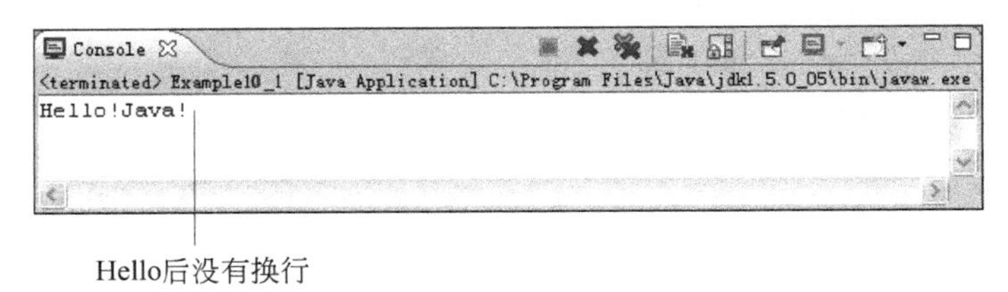

图10.2 运行print()方法的结果

运行println()方法的结果如图10.3所示。

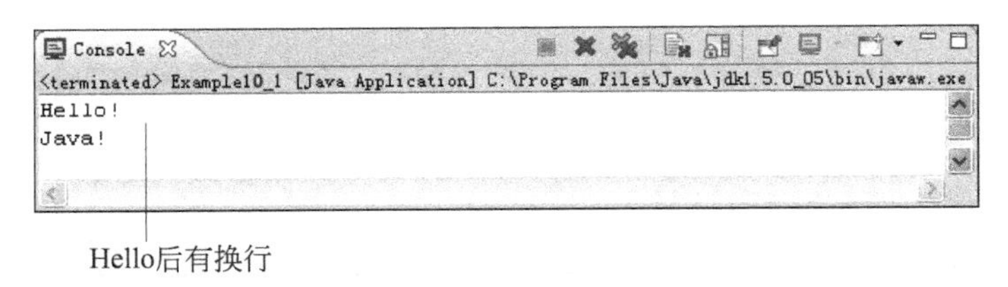

图10.3 运行println()方法的结果

从运行结果上看，print()和println()方法是不一样的，一个输出“Hello!”后没有换行，一个输出后有换行。

print()和println()方法都提供了很多的重载方法，支持多种数据类型作为参数。它们支持的参数类型有：

- boolean(布尔型)；
- char(字符型)；
- char[](字符型数组)；
- double(双精度型)；
- float(单精度型)；
- int(整型)；
- long(长整型)；
- String(字符串)；
- Object(任意对象)。

例 10.2 测试 System.out 对象的 print()重载方法。

```
public class Example10_2 {
    public static void main(String args[]){
        boolean flag=true;
        System.out.println(flag);
        System.out.println('A');
        char[] c={'A','B'};
        System.out.println(c);
        System.out.println(3.14);
        System.out.println(6.18f);
        System.out.println(100);
        System.out.println(200l);
        System.out.println("Hello");
        Object obj=new Object();
        System.out.println(obj);
    }
}
```

很多的重载方法

运行结果如图 10.4 所示。

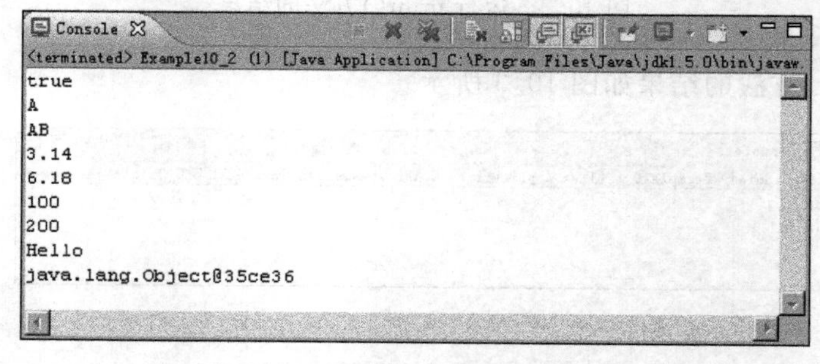

图 10.4 运行 Example10_2 的结果

10.2.2 标准输入流

键盘是用户输入的标准输入设备。Java 语言中的 System.in 用来描述键盘或标准输入流，它是类 InputStream 的一个对象，从键盘输入数据时要用到 System 类的这个成员变量。如前面说明的，InputStream 有两个常用方法 read()和 read(byte[] b)，下面举例看看它们是如何使用的。

例 10.3 测试 System.in 对象的 read()重载方法。

```
import java.io.IOException;
public class Example10_3 {
    public static void main(String args[]){
        System.out.println("请输入:");
        read();
        byte[] b=new byte[80];
        //read(b);
    }
    public static void read(){
        try {
            int i=System.in.read();←——返回读取的字节
            System.out.println("您输入的是:");
            System.out.println(i);
        } catch (IOException e) {
            System.out.print(e.toString());
        }
    }
    public static void read(byte[] b){
        try {
            int len=System.in.read(b);←——返回读取的字节数。读取的字节放在字节数组 b 中
            String s=new String(b);
            System.out.println("您输入的是:");
            System.out.print(s);
        } catch (IOException e) {
            System.out.print(e.toString());
        }
    }
}
```

运行 read()方法的结果如图 10.5 所示。

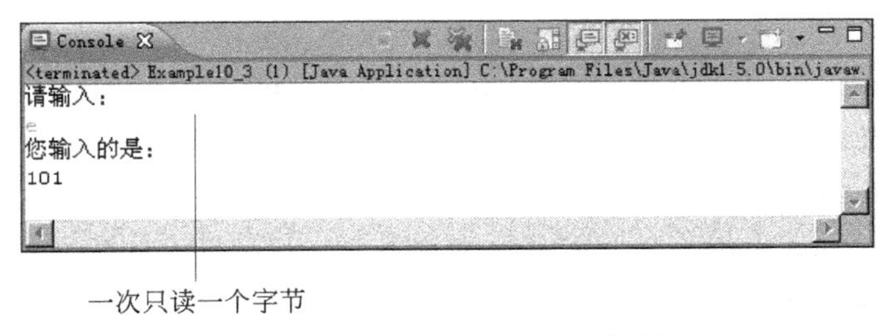

图 10.5 运行 read()方法的结果

运行 read(byte[] b)方法的结果如图 10.6 所示。

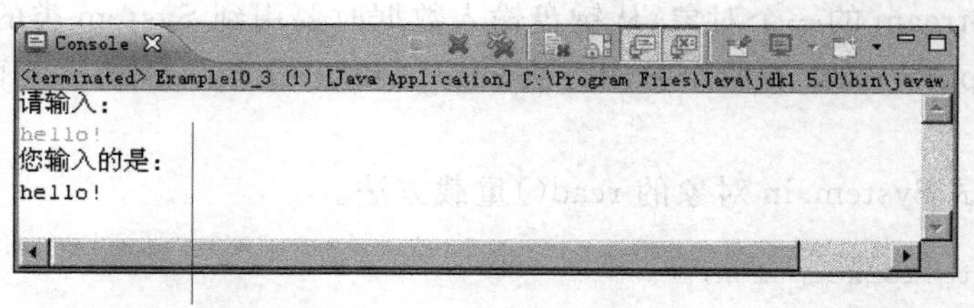

图 10.6 运行 read(byte[] b)方法的结果

10.3 文件管理

10.3.1 File 类

File 类的这个名字很容易让我们产生误会，以为它指代的就是文件，事实上这样认为并不准确。File 类既能代表一个文件，也可以代表一个文件夹。使用 File 类的目的是用来获取文件或文件夹的属性信息，比如获取文件的长度，文件所在的目录，文件夹中的文件列表等信息，还可以使用 File 类创建、重命名及删除文件，但是并不使用 File 类来对文件进行读、写操作。

File 类的构造方法有 4 个，如表 10.2 所示。

表 10.2 File 类的构造方法

构造方法	说明
File(File parent, String child)	根据 parent 抽象路径名和 child 路径名字符串创建一个新 File 实例
File(String parent, String child)	根据 parent 路径名字符串和 child 路径名字符串创建一个新 File 实例
File(String pathname)	通过给定路径名来创建一个新 File 实例
File(java.net.URI uri)	通过给定的 URI 来创建一个新的 File 实例

File 类有下列常用方法来获取文件或文件夹的一些信息：

- public boolean createNewFile() throws IOException：创建指定的文件，不能用于创建文件夹，并且文件路径中包含的文件夹必须存在。
- public boolean delete()：删除当前文件或文件夹。如果删除的是文件夹，则该文件夹必须为空。
- public boolean canRead()：判断 File 对象是否是可读的。
- public boolean canWrite()：判断 File 对象是否可被写入。
- public boolean exists()：判断 File 对象是否存在。
- public String getName()：获取 File 对象的文件或文件夹的名字。
- public String getAbsolutePath()：获取 File 对象的绝对路径。
- public String getParent()：获取 File 对象的父目录。
- public boolean isFile()：判断 File 对象是否是一个文件。
- public boolean isDirectroy()：判断 File 对象是否是一个文件夹。

- public long length()：获取 File 对象的长度，以字节为单位。
- public String[] list()：获取当前文件夹下所有的文件名和文件夹名称。
- public File[] listFiles()：获取当前文件夹下所有的文件对象。
- public boolean mkdir()：创建当前 File 对象文件夹，如果当前路径中包含的父目录不存在，则创建失败。
- public boolean mkdirs()：创建文件夹，如果当前路径中包含的父目录不存在，也会自动创建。

10.3.2 获取文件属性

使用 File 类的一些方法可以获取文件的属性信息。

例 10.4 打印输出指定文件的文件属性。先在 D 盘下创建一个文本文件 test.txt，在文件中写入一些单词并保存。

```
import java.io.File;
public class Example10_4 {
    public static void main(String[] args) {
        System.out.println("读取 D:\\test.txt 文件信息:");
        File myfile=new File("D:\\test.txt");←—斜杠要用转义字符"\"输出
        if(myfile.exists()){
            if(myfile.isFile()){
                System.out.println("文件名:"+myfile.getName());
                System.out.println("绝对路径:"+myfile.getAbsolutePath());
                System.out.println("父级目录:"+myfile.getParent());
                System.out.println("长度:"+myfile.length()+"字节");
                System.out.println("是否可读:"+myfile.canRead());
                    System.out.println("是否可写:"+myfile.canWrite());
                    System.out.println("是否隐藏:"+myfile.isHidden());
                        }else{
                    System.out.println("不是一个合法的文件!");
                    }
        }else{      System.out.println("文件不存在!");
    }
    }
}
```

运行结果如图 10.7 所示。

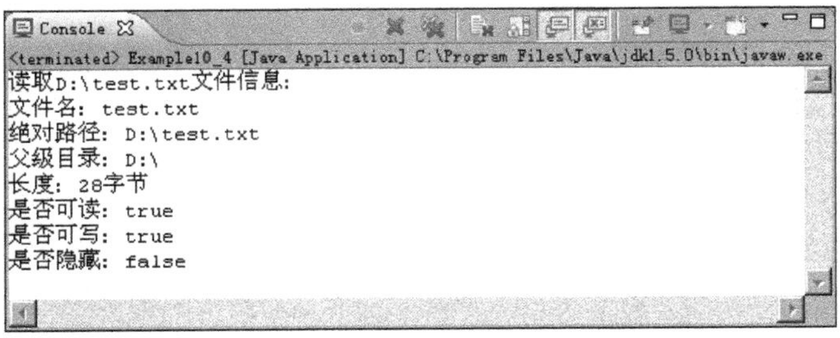

```
Console ⊠
<terminated> Example10_4 [Java Application] C:\Program Files\Java\jdk1.5.0\bin\javaw.exe
读取D:\test.txt文件信息:
文件名: test.txt
绝对路径: D:\test.txt
父级目录: D:\
长度: 28字节
是否可读: true
是否可写: true
是否隐藏: false
```

图 10.7 运行 Example10_4 的结果

10.3.3 获取文件夹中的文件列表

使用 File 类的一些方法可以获取文件夹的属性信息以及文件夹下的文件列表。

例 10.5 打印输出指定文件夹路径下所有的文件及子文件夹。以 eclipse 安装路径为例，显示这个目录下的文件及子文件夹。

```
import java.io.File;
public class Example10_5 {
    public static void main(String[] args) {
        File myfile=new File("D:\\eclipse");
        if(myfile.exists()){
            if(myfile.isDirectory()){
                File[] files=myfile.listFiles();
                int len=files.length;
                for(int i=0;i<len;i++){
                    if(files[i].isDirectory()){
                        System.out.print("子目录:");
                    }else{
                        System.out.print("文件:");
                    }
                    System.out.println(files[i].getName());
                }
            }else{
                System.out.println("非法路径名!");
            }
        }else{
            System.out.println("路径不存在!");
        }
    }
}
```

运行结果如图 10.8 所示。

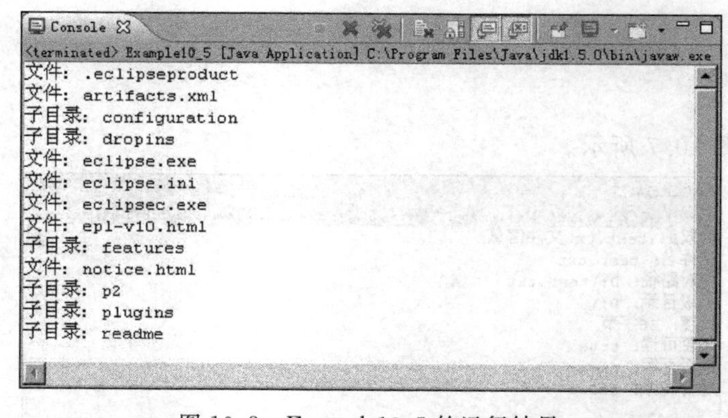

图 10.8　Example10_5 的运行结果

10.3.4 创建、删除文件

使用 File 类的一些方法可以创建、删除文件或文件夹。

例 10.6 在 D 盘下创建 test2. txt 文件,并删除例 10.2 中的 test. txt 文件。

```
import java.io.*;
public class Example10_6 {
    public static void main(String[] args) {
        //创建指定文件
                File myfile=new File("D:\\test2.txt");
                if(myfile.exists()){
            System.out.println("文件已存在!");
        }else{                                        createNewFile() 方法返回布尔型
                 try{
                      boolean result=myfile.createNewFile();
                      if(result) System.out.println("创建成功!");
                      else System.out.println("创建失败!");
                }catch(IOException e){
                      System.out.println("创建失败:"+e.getMessage());
                }
        }
        //删除指定文件
        File myfile2=new File("D:\\test.txt");
                if(!myfile2.exists()){
            System.out.println("文件不存在,无法删除!");
        }else{
                   boolean result2=myfile2.delete();←——delete()方法返回布尔型
                   if(result2) System.out.println("删除成功!");
                   else System.out.println("删除失败!");
        }
    }
}
```

10.4 读写文件

10.4.1 读取文件内容

如果想读取文件的内容,需要建立一个从文件到程序的输入流。可以使用 FileInputStream 类或 FileReader 类来进行读取,很显然前者是字节输入流,后者是字符输入流。下面分别举例,使用不同的文件输入流来读取文件的内容。

例 10.7 使用 FileInputStream 读取文件内容。在 D 盘下创建文本文件 read. txt,并输入写内容保存。

```
import java.io.*;
public class Example10_7 {
```

```
    public static void main(String[] args) throws Exception{
        File f=new File("D:\\read.txt");
        if(f.exists()){
            FileInputStream fis=new FileInputStream(f);←—获取文件输入流
            int len=(int)f.length();
            byte[] b=new byte[len];
            fis.read(b);
            for(int i=0;i<len;i++){
                System.out.print((char)b[i]);←—将字节型转换成字符型
            }
            fis.close();
        }
    }
}
```

观察控制台上打印输出的内容是否与 D:\read.txt 内容一致。

例 10.8 使用 FileReader 读取 D:\read.txt 文件内容。

```
import java.io.*;
public class Example10_8 {
    public static void main(String[] args) throws Exception{
        File f=new File("D:\\read.txt");
        if(f.exists()){
            FileReader fis=new FileReader(f);
            int len=(int)f.length();
            char[] c=new char[len];
            int l=fis.read(c);
            for(int i=0;i<len;i++){
                System.out.print(c[i]);
            }
            fis.close();
        }
    }
}
```

观察控制台上打印输出的内容。

10.4.2 向文件写入内容

如果想向文件写入内容，则需要建立一个从程序到文件的输出流。可以使用 FileOutputStream 类或 FileWriter 类来进行读取，很显然前者是字节输出流，后者是字符输出流。下面分别举例，使用不同的文件输出流来向文件写入内容。

例 10.9 使用 FileOutputStream 向文件写入内容。在 D 盘下创建文本文件 write.txt。

```
import java.io.*;
public class Example10_9 {
    public static void main(String[] args) throws Exception{
```

```
        File f=new File("D:\\write.txt");
        if(f.exists()){
            FileOutputStream fos=new FileOutputStream(f,true);
            String str="hello!";
            byte[] b=str.getBytes();
            fos.write(b);
            fos.close();
        }
    }
}
```

true 则表示将字节写入文件末尾处,而不是写入文件开始处

观察 D:\write.txt,看看是否写入了"Hello!"。

例 10.10 使用 FileWriter 向文件写入内容。

```
import java.io.*;
public class Example10_10 {
    public static void main(String[] args) throws Exception{
        File f=new File("D:\\write.txt");
        if(f.exists()){
            FileWriter fos=new FileWriter(f,true);
            String str="test!";
            char[] c=str.toCharArray();
            fos.write(c);
            fos.write("This is the test for FileWriter.");
            fos.close();
        }
    }
}
```

观察 D:\write.txt,看看结尾是否写入了"test! This is the test for FileWriter."。

【总结与提示】

(1) 使用了数据流后,记得一定要关闭输入输出流,释放资源。

(2) 调用删除目录的方法 delete()时,只能删除掉已清空的目录,如果目录下没有被清空,则不能删除。

10.5 实训任务——输入输出实践

任务 1:记事本

目标:通过代码的编写,掌握输入输出技术与 GUI 的结合,实现可以与用户交互的程序。

内容:应用文件管理、文件读写及 GUI 技术,实现 Windows 系统下记事本程序的基本功能,如图 10.9 所示。

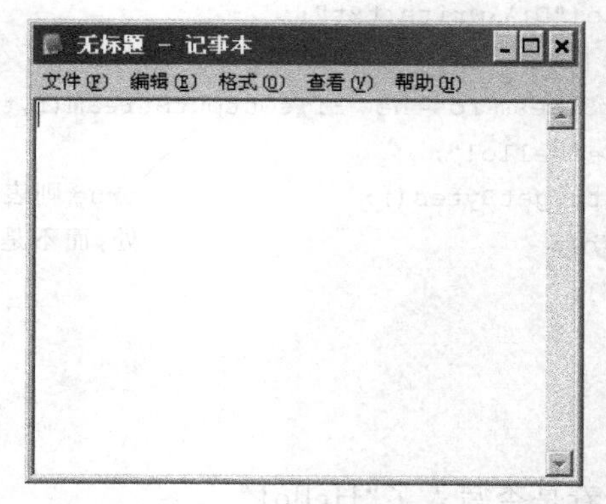

图 10.9 记事本程序

10.6 学习效果评估

1. 选择题

(1) 下面(　　)是输入字节流。

A. FileOutputStream　　B. FileReader

C. FileInputStream　　D. FileWriter

(2) 当建立一个从程序到文件的输入流时,可以使用下列(　　)类来进行读取。

A. FileOutputStream　　B. FileReader

C. FileInputStream　　D. File

(3) File 构造函数中正确的路径和文件名的表示是(　　)。

A. File f=new File(d: \\my\\a);

B. File f=new File("a. txt");

C. File f=new File("d: //my//a. txt");

D. File f=new File("d: \ my\a. txt");

(4) 编写 Java 程序时,若需要使用标准输入输出语句,必须在程序的开头导入的包是(　　)。

A. import java. awt. * ;　　B. import java. io. * ;

C. import java. applet. Applet ;　　D. import java. awt. Graphics ;

2. 简答题

(1) 下面的程序是在 D 盘下创建 test2. txt 文件,请将程序补充完整。

```
import java.io.*;
            public class Test {
  public static void main(String[] args) {
    //创建指定文件
                    (1)
    ____________________________________
            if(myfile.exists()){
      System.out.println("文件已存在!");
    }else{
```

```
            try{
        boolean result=______(2)______
        if(result) System.out.println("创建成功!");
        else System.out.println("创建失败!");
            }catch(IOException e){
          System.out.println("创建失败:"+e.getMessage());
            }
        }
    }
}
```

(2) Java 中读取文件内容和向文件写入内容时分别使用什么方法?

(3) 简述 File 类在文件与目录管理中的作用。

(4) 编译和运行下面的应用程序,并在命令行界面输入 12345,则按 Enter 键后屏幕输出的结果是什么?

```
BufferedReader buf=new BufferedReader(new InputStreamReader(System.in));
String str=buf.readLine();
int x=Integer.parseInt(str);
System.out.println(x/100);
```

(5) 字节输入输出流和字符输入输出流的基类分别是什么?

3. 编程题

(1) 编写程序,循环从键盘读取字符并输出到控制台上,直到输入“end”,则停止读取。

(2) 根据例 10.6,写出创建文件夹的程序。

(3) 根据例 10.6,写出删除文件夹的程序,注意删除前要清空文件夹里的所有文件及子文件夹。

(4) 根据例 10.6 和例 10.7～10.10,写出程序实现复制文件的功能。

(5) 根据例 10.6 和例 10.7～10.10,写出程序实现剪切文件的功能。

第11章 多线程

学习要求

现在的操作系统能允许多个任务“同时”运行，多个任务在一个程序中“同时”执行就是多线程，每个任务就是一个线程。Java 通过对多线程的支持，有效地实现了多个任务的并发执行，而且 Java 本身有内置的多线程包，使得多线程编程相对容易得多。本章就来学习 Java 中创建并管理多线程。

知识要点

- 什么是线程；
- 创建自己的线程；
- 线程的控制与状态；
- 线程的优先级；
- 线程的同步问题。

教学重点与难点

(1) 重点：

- 创建自己的线程；
- 线程的控制与状态。

(2) 难点：线程的同步问题。

实训任务

任务代码	任务名称	任 务 内 容	任 务 成 果
任务 1	赌马游戏	完成赌马游戏功能	多线程技术与 GUI 技术相结合实现游戏功能

11.1 什么是线程

11.1.1 线程与进程

常用的操作系统，如 Windows 和 Linux 都是支持多任务的，也就是说可以同时运行多个程序。事实上，单 CPU 的计算机在每一时刻都只能处理一个任务，只不过 CPU 处理速度非常快，它可以在多个任务间来回切换，这样宏观上看起来好像是多个任务在并发运行。这些运行的程序就叫做进程。不同的进程独立占用系统资源，比如 CPU 时间和内存空间等。程序执行时，系统先将程序代码加载到内存中，然后从程序入口开始执行，直到程序运行完毕，如图 11.1 所示。

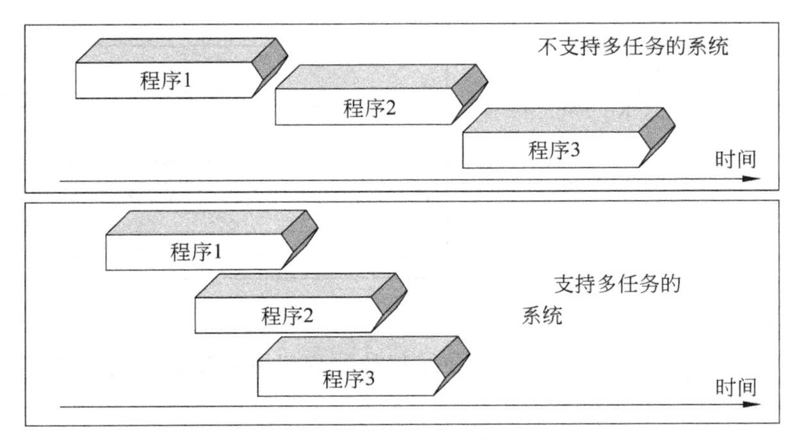

图 11.1　不支持多任务的系统与支持多任务的操作系统

线程又叫轻量级的进程，它是进程中的一个顺序执行流，就像线程一样也是独立运行的。但与进程不同的是，一个进程中的多个线程共享这个进程的内存资源，因此线程相对进程来说，线程间的通信更轻松些，一个进程可以使用多个线程来实现不同的任务。如图 11.2 所示。

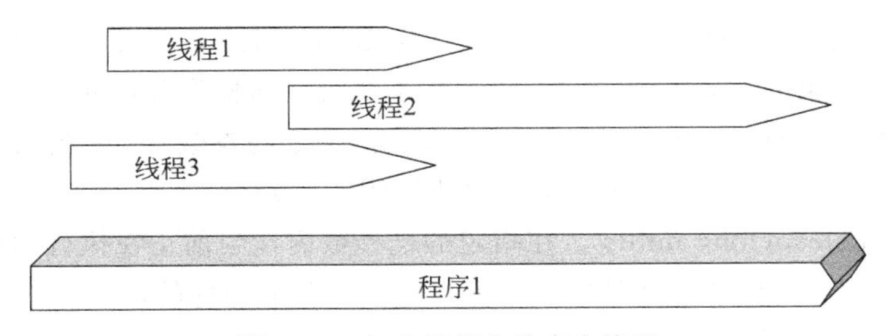

图 11.2　一个进程中的多个线程

Java 虚拟机允许应用程序并发地运行多个执行线程。事实上，每个 Java 程序都至少有一个线程——主线程，Java 虚拟机在运行一个 Java 程序时，在主线程中就会调用该程序的 main()方法。Java 虚拟机还创建了垃圾收集等线程，是我们所看不到的。

11.1.2　线程 Thread 类

线程 Thread 类是 Object 的子类，Thread 类的常见构造方法如表 11.1 所示。

表 11.1　Thread 类常见构造方法

构 造 方 法	说　　明
Thread()	无参数
Thread(Runnable target)	target 为运行对象
Thread(Runnable target, String name)	target 为运行对象，name 为名称
Thread(String name)	name 为线程名称
Thread(ThreadGroup group, Runnable target)	target 为运行对象，并作为 group 线程组的一员

续表

构 造 方 法	说 明
Thread(ThreadGroup group, Runnable target, String name)	target 为运行对象,name 为名称,是为 group 线程组的成员
Thread(ThreadGroup group, Runnable target, String name, long stackSize)	具有指定的堆栈大小,其余参数同上
Thread(ThreadGroup group, String name)	name 为名称,是 group 线程组的成员

Thread 类的常用方法如下:

- static int activeCount():返回当前线程的线程组中活动线程的数目。
- long getId():返回该线程的标识符。
- String getName():返回该线程的名称。
- int getPriority():返回线程的优先级。
- Thread.State getState():返回该线程的状态。
- ThreadGroup getThreadGroup():返回该线程所属的线程组。
- void interrupt():中断线程。
- boolean isAlive():测试线程是否处于活动状态。
- void run():如果该线程是使用独立的 Runnable 运行对象构造的,则调用该 Runnable 对象的 run 方法;否则,该方法不执行任何操作并返回。
- void setName(String name):改变线程名称,使之与参数 name 相同。
- void setPriority(int newPriority):更改线程的优先级。
- static void sleep(long millis):在指定的毫秒数内让当前正在执行的线程休眠(暂停执行),此操作受到系统计时器和调度程序精度和准确性的影响。
- void start():使该线程开始执行。Java 虚拟机调用该线程的 run 方法。
- String toString():返回该线程的字符串表示形式,包括线程名称、优先级和线程组。
- static void yield():暂停当前正在执行的线程对象,并执行其他线程。

11.2 创建自己的线程

创建线程有两种方法:一种方法是将类声明为 Thread 的子类;另一种方法是声明实现 Runnable 接口。

11.2.1 通过 Thread 类创建线程

要创建并运行一个线程,需要完成下列步骤:

(1) 创建一个类继承 Thread 类。

(2) 重新实现 run()方法,也就是想要线程去做什么。

(3) 创建这个新线程的对象。

(4) 调用这个对象的 start()方法,启动线程。

下面例子中,通过 Thread 类创建了两个线程,并启动了它们的实例。

例 11.1 创建两个 Thread 子类线程及其实例,并启动运行。

```
public class Example11_1 {
public static void main(String args[]){
TestThread_1 t1=new TestThread_1();←——创建线程对象
TestThread_2 t2=new TestThread_2();
t1.start();
t2.start();←——启动线程
}
}
class TestThread_1 extends Thread{←——继承 Thread 类
public void run(){←——覆盖 run()方法
for(int i=1;i<6;i++){
    System.out.println("线程 1 "+getName()+":"+i);
}
}
}
class TestThread_2 extends Thread{
public void run(){
for(char c='a';c<'f';c++){
    System.out.println("线程 2 "+getName()+":"+c);
}
}
}
```

运行结果如图 11.3 所示。

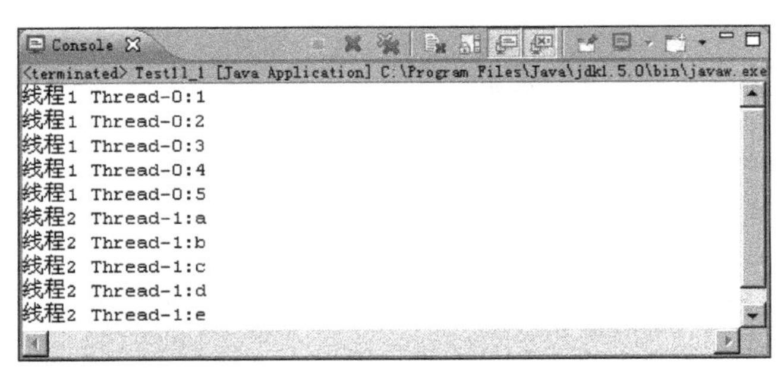

图 11.3 Example11_1 的运行结果

理论上,因为每个线程是独立运行的,它们各自抢占 CPU,所以每次运行的结果都应该是不一样的,但输出 1~5 是顺序不变的,a~e 是顺序不变的。如果程序中没有指定线程的名称,系统会默认指定一个随机的名称。

11.2.2 通过 Runnable 接口创建线程

Java 不支持多重继承,因此当一个类已经是其他类的子类时,就不能够通过继承 Thread 来实现线程了,这时就可以通过 Runnable 接口来创建线程,此种方法的步骤和上节步骤相似,只是第一步不是继承 Thread 类,而是实现 Runnable 接口。

下面例子中，通过 Runnable 接口创建一个线程，并启动了它的实例。

例 11.2 使用 Runnable 接口创建一个线程及其实例，并启动运行。

```
public class Example11_2 {
public static void main(String args[]){
    TestRunnable tr=new TestRunnable();←—注意创建对象的方式
Thread t=new Thread(tr);
t.start();
}
}
class TestRunnable implements Runnable{←—实现 Runnable 接口
public void run(){
for(int i=1;i<6;i++){
    System.out.println("线程 "+getName()+":"+i);
}
}
}
```

11.3 线程的控制与状态

11.3.1 线程的控制

线程的控制并不难，就是通过调用线程的方法来对其进行控制。表 12.2 中已经介绍了线程的一些常用方法。下面来介绍一下如何用这些方法来控制线程，改变它们的生存状态。

1. 新建线程

当用 new 关键字创建了一个线程的实例时，这个实例只是一个空的线程对象，并没有被分配内存资源，更不能被运行了。例如：

```
TestThread_1 t1=new TestThread_1();
Thread t=new Thread(TestRunnable);
```

2. 启动线程

在新建了一个线程实例后，可以通过该实例的 start()方法来启动它，这个时候也不是立即就执行的，而是排队等待分配 CPU 时间。所以说多个线程运行的先后顺序不是我们所能控制的，是随机的，理论上说，多线程每次运行的顺序都是不同的，但是由于 CPU 处理得很快，所以有时看不出排队抢占 CPU 的情况。启动线程实例，如：

```
t1.start();
t.start();
```

3. 暂停线程

为了提高程序的运行效率，有时我们编写的线程不能总是霸占 CPU 时间，而是需要暂停一小会儿，让出 CPU 时间去处理其他的任务，这样做才能真正体现出多线程的好处——宏观上可以并发运行多个线程。可以使用 sleep()和 yield()方法来暂停线程，让它休息一会。

• static void sleep(long millis)

该方法在指定的毫秒数内让当前正在执行的线程休眠(暂停执行)。由于该方法是静态的,因此可以使用类名 Thread 来调用。线程在休眠指定的时间后会自动醒来,醒来后的线程不会马上就运行,而是重新排队等待分配 CPU 时间。如果在指定的休眠时间内另一个线程中断了当前线程,则会抛出一个 InterruptedException 异常。

例 11.3 每次循环都让线程休眠 100ms。

```
public class Example11_3 extends Thread{
public void run(){
for(int i=1;i<6;i++){
    System.out.println("线程 "+getName()+":"+i);
    try{
        sleep(100);←——休眠 100ms
    }catch(InterruptedException e){←——调用 sleep()方法一定要处理异常
        System.out.println("线程休眠被打扰!");
    }
}
}
}
```

调用线程的 sleep()方法后,不但给同级和高优先级别的线程运行机会,而且对于低优先级的线程同样也会获得运行的机会。

• static void yield()

yield()方法和 sleep()方法相似,目的都是为了让出 CPU 时间,但是 yield()方法并不让线程休眠,而是暂停一下,并且 yield()不会把运行机会让给低优先级的线程。也就是说,当一个线程实例被调用 yield()方法后,发现线程池中没有比自己高优先级的线程了,那么它将不会暂停,而是继续运行。

例 11.4 每次循环都让线程暂停一下,让给同级或高优先级的线程,如果没有就继续运行。

```
public class Example11_4 extends Thread{
    public void run(){
        for(int i=1;i<6;i++){
            System.out.println("线程 "+getName()+":"+i);
        yield();
        }
    }
}
```

4. 停止线程

当线程的 run()方法运行完成时,该线程就运行结束,或者当线程中发生了没有处理的异常时,该线程就会异常结束。当一个 Java 程序中的所有非守护线程都运行结束后,这个程序就运行结束。

11.3.2 线程的状态

根据对线程的不同控制,会让线程在不同的状态间切换。线程的生命周期就是从新建开始到死亡为止,图 11.4 列出了一个线程生命周期中的状态以及导致状态改变的相应方法。

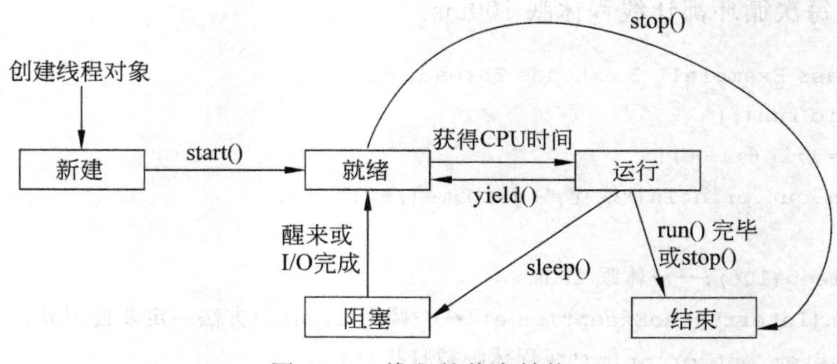

图 11.4　线程的状态转换

(1) 新建(new)状态。使用 new 创建一个线程的实例时,该线程就处于新建状态。

(2) 就绪(runnable)状态。在调用 start()方法启动线程后,线程并不会马上运行,而是进入等待状态,排队等候分配 CPU 时间,运行的线程调用 yield()方法,也会让出 CPU,重新排队等待。

(3) 运行(running)状态。当线程获取到 CPU 时间后,开始运行 run()方法,这时就转换到运行状态。

(4) 阻塞(blocked)状态。当调用 sleep()方法后,线程进入阻塞状态,暂时释放 CPU,把运行机会让给其他线程。

(5) 结束(dead)状态:当 run()方法运行完成,或没有处理的异常方法,或调用了 stop()方法时,线程就转换到死亡或结束状态。

11.4　线程的优先级

线程类有三个常量属性:

- public static final int MIN_PRIORITY=1
- public static final int NORM_PRIORITY=5
- public static final int MAX_PRIORITY=10

三个常量分别代表了线程的最小、缺省和最大优先级。

线程的优先级由 1～10 这 10 个数字表示,1 表示最低优先级,10 表示最高优先级,普通线程创建后默认优先级是 5。优先级高的线程会比优先级低的线程先抢到运行的机会。可以通过 getPriority()和 setPriority()方法来获得或设置一个线程的优先级。

- public final int getPriority():返回线程的优先级。
- public final void setPriority(int newPriority):更改线程的优先级。

例 11.5　创建两个 Thread 子类线程及其实例,并启动运行,更改它们的优先级。

```
public class Example11_5 extends Thread{
public static void main(String args[]){
TestThread_1 t1=new TestThread_1();
TestThread_2 t2=new TestThread_2();
System.out.println("线程 1 的优先级:"+t1.getPriority());
System.out.println("线程 2 的优先级:"+t2.getPriority());
t1.setPriority(2);
System.out.println("改变线程 1 的优先级:"+t1.getPriority());
t2.setPriority(6);
System.out.println("改变线程 2 的优先级:"+t2.getPriority());
t1.start();
t2.start();
}
}
```

运行结果如图 11.5 所示。

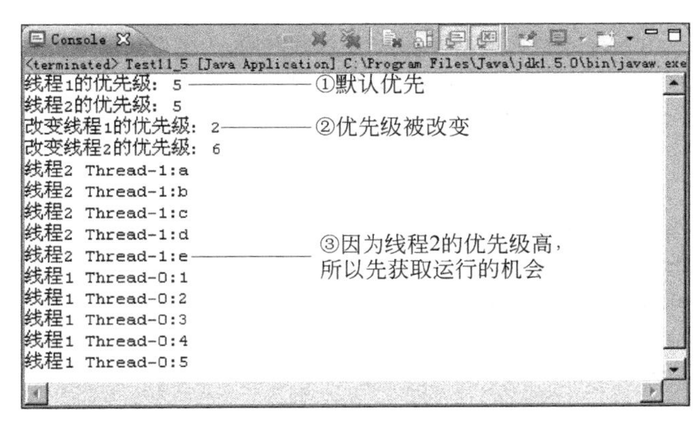

图 11.5　Example11_5 的运行结果

从上面的运行结果中可以看出，如果不显式地设置线程的优先级，那么它的优先级就是默认的 5。设置优先级后，即使先启动了线程 1，但是它的优先级没有线程 2 高，因此线程 2 就比线程 1 抢先获取了运行的机会，所以它的结果在线程 1 结果输出之前输出。

11.5　线程的同步问题

11.5.1　什么是同步问题

前面介绍的程序都是独立运行的，没有共享数据。如果多个线程共享数据的话，就要避免一个线程修改另一个线程正在访问的数据的问题。要解决这样的问题，就要使用 Java 提供的同步锁(Synchronized)。

如果没有同步，共享的数据很容易就处于不一致状态。例如，如果一个线程正在更新两个相关值(比如一个电信客户的单位和住址数据)，而另一个线程正在读取这两个值，有可能在第一个线程只写了一个值，还没有写第二个值的时候，第二个线程也开始运行，第二个线程就会得到一个新值和一个旧值，这就是同步问题。同步锁让我们可以定义必须独占运行的代码块，这样就确保了在同一时间只能有一个线程来访问某个资源，这个资源可以是数据、代码或资源。

来看一个简化的库存例子，100个销售人员销售某种商品的库存数量，假设初始库存数量是100，那么每个销售人员销售1件商品，逻辑上最终商品数量应该为0。

例 11.6 100个销售人员销售100件商品，每人销售一件，每个人都是先获取商品总剩余数量，然后休息一会，再把库存数量修改减1。

```
public class Example11_6 {
    public static void main(String args[]){
        Product prod=new Product();
        Thread[] thread=new Thread[100];
        for(int i=0;i<100;i++){
            thread[i]=new Saler(prod);
            thread[i].start();
        }
        try{
            Thread.sleep(1000);←——延长主线程时间，为了得到最终结果
        }catch(InterruptedException e){    }
        System.out.println("剩余"+prod.getNumber());
    }
}
class Saler extends Thread{
    Product myProd ;
    public Saler(Product prod){
        super();
        myProd=prod;
    }
    public void run(){
        sale(myProd);
    }
    private static void sale(Product prod){
        int number=prod.getNumber()-1;
        try{
            sleep(1);←——先获取商品数量并减1，然后休眠
        }catch(InterruptedException e){    }
        prod.setNumber(number);←——休眠后修改库存数量
    }
}
class Product{
    int number=100;                                    //商品数量
    public void setNumber(int n){
            number=n;
    }
    public int getNumber(){
        return number;
```

```
        }
    }
```

运行结果如图 11.6 所示。

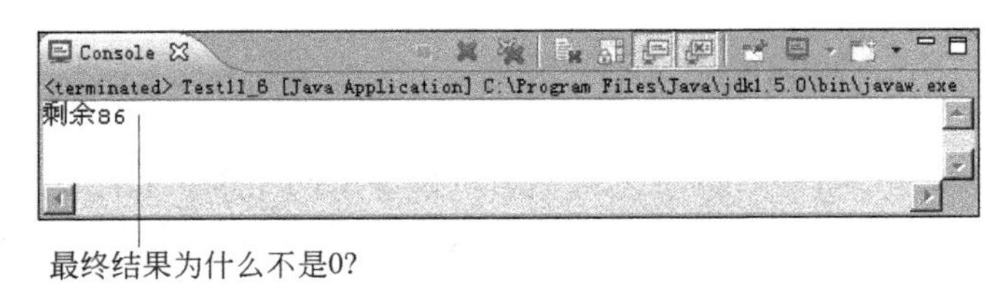

图 11.6　Example11_6 类的运行结果

从上面的代码例子结果中可以看出问题,理论上讲,100 个销售员每人销售 1 件,应该刚好把库存商品销售完,最终结果应该是 0 才对,为什么会出现上面的情况呢?

上面例子中的销售人员线程都是先获取商品数量,休眠一会,然后才修改商品数量,问题就出现在获取数量和修改数量的步骤没有被一块完成。下面看图 11.7 的分析。

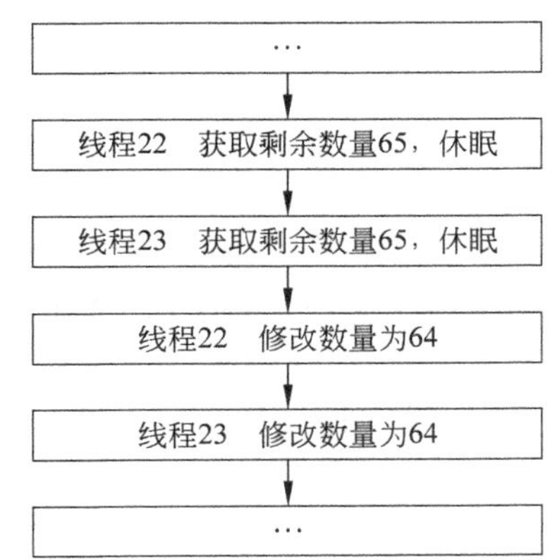

图 11.7　Exmaple11_6 类的运行过程分析

从图 11.7 中可以看出,线程 23 在线程 22 修改商品总剩余数量时就获取了剩余数量,然后在线程 22 基础上重新修改了剩余数量为 65,也就是说线程 22 所做的工作(修改剩余数量)白做了,没有起到作用。如此过程,100 个线程中就会有一些线程修改剩余数量的工作没有效果,导致最后修改了 100 次,可剩余数量却不是 0 的结果。

要解决这个代码例子的问题,可以使用 Java 提供的同步锁。

11.5.2　同步锁

为防止出现上述情况的冲突,只需在线程使用一个资源时为其加锁即可。访问资源的第一个线程对其加锁以后,其他线程便不能再使用那个资源,除非被解锁。当第一个线程访问完成后就会自动解锁。把上面的例子修改一下,把方法 sale()加上同步锁,再来看看运行结果。

```
private static synchronized void sale(Product prod){
    int number=prod.getNumber()-1;←——同步锁,保证一个线程完成修改商品数量后才能解锁
    try{
        sleep(1);
    }catch(InterruptedException e){     }
    prod.setNumber(number);
}
```

修改后,运行结果如图 11.8 所示。

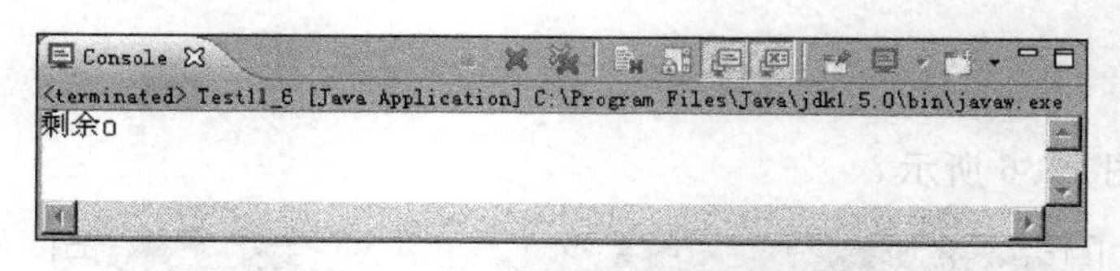

图 11.8　方法 sale()加锁后的运行结果

这回看到了正确的结果,那是因为方法 sale()被加上同步锁后,保证了一个线程可以完整地完成从数量获取到修改数量的操作,其他的线程只能等这个线程系列操作完成后才可以调用 sale()方法。

一般如遇到下列情况,可以考虑使用同步锁:

(1) 读取可能由另一个线程写入的变量。

(2) 写入可能由另一个线程读取的变量。

这样使用同步锁后,可以保证读取和写入的操作可以完整而不被打扰地完成。

11.5.3　死锁问题

只要有多个进线程运行,并且它们要争用对多个锁的独占访问,那么就有可能发生死锁。来看看科学家进餐问题,假设有 5 个科学家坐在圆桌周围等待进餐,他们每人左右都各摆一支筷子,每位科学家都拿起右手的筷子,他们必须等待左手的科学家放下其手中的筷子才能进餐,这样他们一个等一个,就构成了死锁问题,如图 11.9 所示。

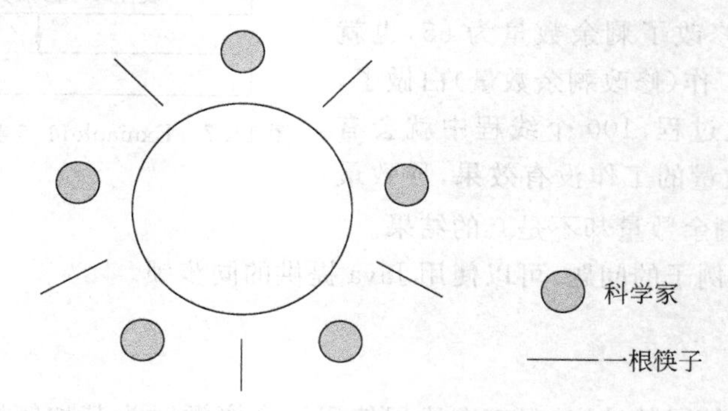

图 11.9　科学家进餐的死锁问题

在 Java 的多线程程序中有时也会有这样的情况发生,当线程 A 锁定了一个资源,并且它必须等待线程 B 已经锁定的另一个资源才能继续运行,但是线程 B 也在等待线程 A 释放其锁定的资源,那么这两个线程就造成了死锁问题。

当使用同步锁时,下面的准则可以遵循,这些准则在避免死锁和性能危险的风险方面大有帮助:

(1) 使代码块保持简短。

Synchronized 方法应该简短,在保证相关数据操作的完整性的同时尽量简短。

(2) 不要阻塞。

不要在 synchronized 方法中调用可能引起阻塞的方法。

(3) 在持有锁的时候,不要调用其他对象方法。

这样可以消除死锁的隐患。

【总结与提示】

(1) 使用 Runnable 接口创建的线程，它的实例化方法和 Thread 子类的实例化方法不同。

(2) 一个线程实例能且只能启动一次，不能重新启动。

(3) sleep()方法给低优先级线程运行的机会，而 yeild()方法只给同级别优先级线程运行的机会。

(4) sleep()方法指定休眠的时间，而 yeild()方法不指定时间，只是暂停一下，可能会让出 CPU 时间，也可能会直接继续运行。

(5) 线程休眠结束后，不会立即被重新执行，而是重新排队等待分配 CPU。

(6) 同步锁会增加系统运行负担，所以尽量避免频繁使用。

11.6 实训任务——多线程实践

任务 1：赌马游戏

目标：通过代码的编写，掌握多线程技术与 GUI 的结合，实现可以与用户交互的多线程程序。

内容：应用多线程及 GUI 技术实现赌马游戏程序。用三个不同颜色的方块表示三匹马，单击“开始”按钮后启动三个线程，线程中要休眠 500ms，然后更新各自方块的位置，如图 11.10 所示。

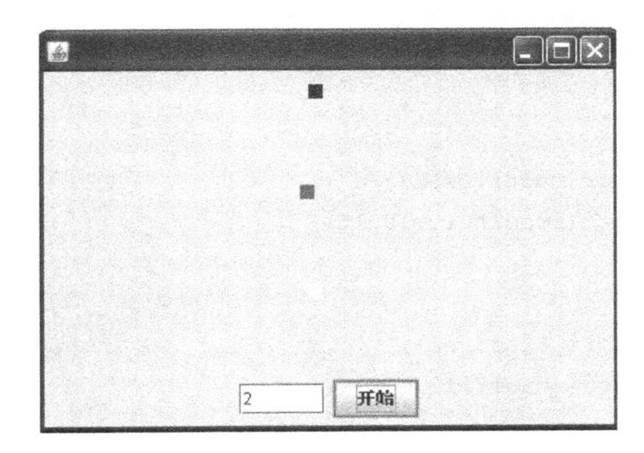

图 11.10 赌马程序

关键代码如下：

```
class RunThread extends Thread{
    RunPanel p;
    RunThread(RunPanel p){
        this.p=p;
    }
    publicvoid run(){
```

```
        while(p.result<350){
            p.repaint();
            try{
                sleep(500);
            }catch(Exception e){}
        }
    }
}
public class RunPanel extends javax.swing.JPanel{
    private int i;
    public int result=0;
    public RunPanel(int i) {
        super();
        this.i=i;
        initGUI();
    }
    private void initGUI() {
        try {
            setPreferredSize(new Dimension(800, 60));
        } catch (Exception e) {
            e.printStackTrace();
        }
    }
    public void paintComponent(Graphics g){
        super.paintComponent(g);
        g.setColor(this.getBackground());
        g.fillRect(1,10,result,11);
        switch(i){
        case 1:
            g.setColor(Color.BLUE);
            g.fillRect(result,10,10,10);
        break;
        case 2:
            g.setColor(Color.red);
            g.fillRect(result,10,10,10);
        break;
        case 3:
            g.setColor(Color.yellow);
            g.fillRect(result,10,10,10);
        break;
        }
        result+=(int) (Math.random() * 50);
        result=(result>=750?result=750:result);
        System.out.println(result) ;
    }
}
```

11.7 学习效果评估

1. 选择题

(1) 关于线程的同步,下列说法中正确的是(　　)。

A. 死锁现象是指多个线程互相等待对方持有的锁,而在得到对方的锁之前都不会释放自己的锁

B. 不要在 synchronized 方法中调用可能引起阻塞的方法

C. 在持有锁的时候,不要调用其他对象方法

D. 对象锁在 synchronized()语句中出现异常时由持有它的线程返还

(2) 如果不显示地设置线程的优先级,那么它的优先级应该是(　　)。

A. 1　　B. 5　　C. 10　　D. 15

(3) 当线程的 run()方法运行完成,或没有处理的异常方法,线程就转换到(　　)状态。

A. new　　B. runnable　　C. blocked　　D. dead

(4) 下列(　　)方法可以使线程从运行状态进入阻塞状态。

A. sleep　　B. run　　C. yield　　D. stop

(5) 下列说法中错误的一项是(　　)。

A. 线程就是程序

B. 线程是一个程序的单个执行流

C. 多线程是指一个程序的多个执行流

D. 多线程用于实现并发

2. 简答题

(1) 线程的优先级有哪些?创建线程默认的优先级是几级?如何获取和修改线程的优先级?

(2) 写出让线程休眠 1000ms 的语句。

(3) 线程的基本状态有哪些?

(4) Java 中有几种方法可以实现一个线程?用什么关键字修饰同步方法?

(5) 简述线程与进程的概念。

(6) 请确定下列线程的优先级:

① 管理文件的程序:文件复制线程,显示复制进程的线程。

② Web 浏览器:下载网页的线程,刷新页面的线程。

③ 游戏程序:移动人物的线程,显示聊天信息的线程。

④ 围棋程序:思考落子位置的线程,显示计算机思考时间的线程。

3. 编程题

(1) 编写一个类,类名为 MyThread,它是 Thread 类的子类。该类中定义了 run( )方法,循环打印 60 行 Hello Neusoft,每次循环都休眠 1s 的时间。编写测试类在 main 方法中创建 MyThread 类的一个对象,并启动这个线程。

(2) 设计一个程序从 Thread 类派生,用它建立两个线程 a 和 b,a 线程每隔 0.1s 输出一个字符 a,共输出 10 个 a;b 线程每隔 0.2s 输出一个字符 b,也输出 10 个。

(3) 不从 Thread 类派生,而是通过实现 Runnable 接口的方式实现编程题(2)中的功能。

第12章 网络编程

学习要求

网络程序设计是指编写与其他计算机进行通信的程序。作为网络编程语言，Java 提供了丰富的网络功能，这些功能都封装在 java. net 包中。本章介绍 Java 中封装的常用网络编程类——URL 类、InetAddress 类和 Socket 编程。

知识要点

- 网络基础知识；
- URL 类；
- InetAddress 类；
- Socket 编程。

教学重点与难点

(1) 重点：Socket 编程。
(2) 难点：Socket 编程。

实训任务

任务代码	任务名称	任务内容	任务成果
任务 1	聊天程序	使用 Socket 技术实现一对一的聊天。 使用 Socket 和多线程技术实现一对多的聊天	Socket 网络技术与多线程技术相结合实现多用户交互的程序

12.1 网络基础知识

12.1.1 网络标识

编写网络程序，需要分辨网络上的特定机器，这就需要有一种技术能独一无二地标识出网络内的每台机器。为了达到这个目的，采用了 IP(互联网地址)的概念。IP 以两种形式存在：

1. 域名形式

其实我们都早已熟悉了 DNS(域名服务)形式。像百度的域名是 www. baidu. com，谷歌的域名是 www. google. com。在浏览器地址栏里只要输入了正确的域名，就会获取域名所对应的那台服务器的网页信息，而不会错误地连接到其他的机器上去。

2. IP 地址

除了域名形式可以表示 IP 外，也可以采用“四点”格式。标识计算机等网络设备的网络地址由4个8位的二进制数组成，所以IP地址的每一组数字都不能超过255，中间以小数点分隔，比如192.168.102.16。

12.1.2 端口

端口是一个软件抽象概念，物理上并不存在。服务器上每个服务程序都运行在一个对外开放的端口上，不同的服务对应的端口也不同。同一台机器上可能会运行多个不同的服务，比如数据库服务、Web服务等，这些服务就各自使用自己的端口，不会出现混乱的现象。端口常用整数来表示，客户端程序要想连接到某个服务上，必须要通过这个服务对应的端口来进行连接。系统服务保留了端口1～1024，所以我们自己设计的服务不应该占用这些以及其他任何已知正在使用的端口。

常用的服务协议及其对应默认端口如表12.1所示。

表12.1 常见服务协议及其默认端口号

服务协议	默认端口	服务协议	默认端口
http协议	80	smtp协议	25
ftp协议	21	pop3协议	110
telnet协议	23		

12.2 URL类

Java提供了java.net.URL类，URL类代表一个统一资源定位符，用来指向互联网资源。资源可以是简单的文件或目录，也可以是对更为复杂的对象的引用，例如对数据库或搜索引擎的查询。

URL类的构造方法如表12.2所示。

表12.2 URL类的构造方法

构造方法	说明
URL(String spec)	根据String表示形式创建URL对象
URL(String protocol, String host, int port, String file)	根据指定protocol、host、port号和file创建URL对象

URL类的常用方法如下：

- public final Object getContent() throws IOException：获取URL的内容。
- public String getHost()：获取URL的主机名。
- public String getPath()：获取URL的路径部分。
- public int getPort()：获取URL的端口号。
- public String getProtocol()：获取URL的协议名称。
- public final InputStream openStream() throws IOException：打开URL的连接并返回一个用于从该连接读入的InputStream。

例 12.1 使用 URL 类获取 www.sina.com.cn 网站的首页信息并打印输出。

```
import java.net.URL;
public class Example12_1 {
    public static void main(String args[]){
        String str="http://www.sina.com.cn";
        getContentFromStream(str);
    }
public void getContentFromStream(String str){
        URL url=new URL(str);
        InputStream in=url.openStream();
        int l=0;
        while(l=in.read()
        System.out.println((char)l);
}
}
```

运行结果如图 12.1 所示。

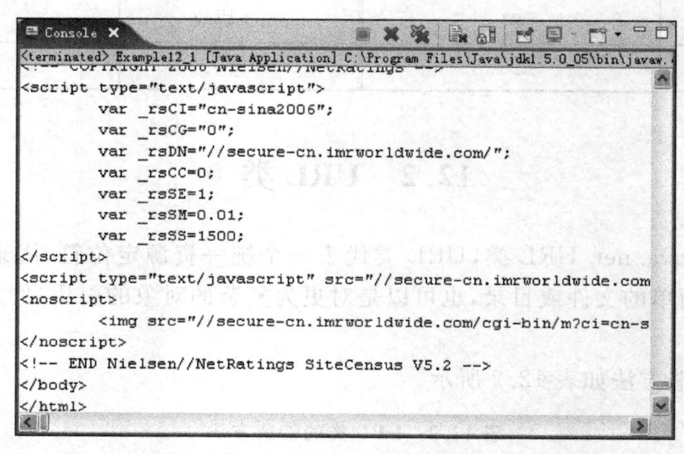

图 12.1 Example12_1 的运行结果

12.3 InetAddress 类

在 Java 中提供了 java.net.InetAddress 类来表示计算机的网络地址。InetAddress 的实例包含 IP 地址,还可能包含相应的主机名(取决于它是否用主机名构造或者是否已执行反向主机名解析)。InetAddress 的常用方法如下:

- public static InetAddress getByName(String host) throws UnknownHostException:在给定主机名的情况下确定主机的 IP 地址。主机名可以是机器名(如 www.neusoft.com),也可以是其 IP 地址的文本表示形式。如果提供字面值 IP 地址,则仅检查地址格式的有效性。
- public String getHostAddress():返回 IP 地址字符串(以文本表现形式)。

- public String getHostName()：获取 IP 地址的主机名。
- public static InetAddress getLocalHost() throws UnknownHostException：返回本地地址。

下面举例说明如何使用 InetAddress 类。

例 12.2 使用 InetAddress 类获取本机地址和网络地址。

```
import java.net.*;
public class Example12_2{
    public static void main(String args[]){
        try{
            System.out.println(InetAddress.getLocalHost());

System.out.println(InetAddress.getByName("localhost"));
            System.out.println(InetAddress.getByName("www.neusoft.com"));
        }catch(Exception e){
            System.out.println(e.toString());
        }
    }
}
```

运行结果如图 12.2 所示。

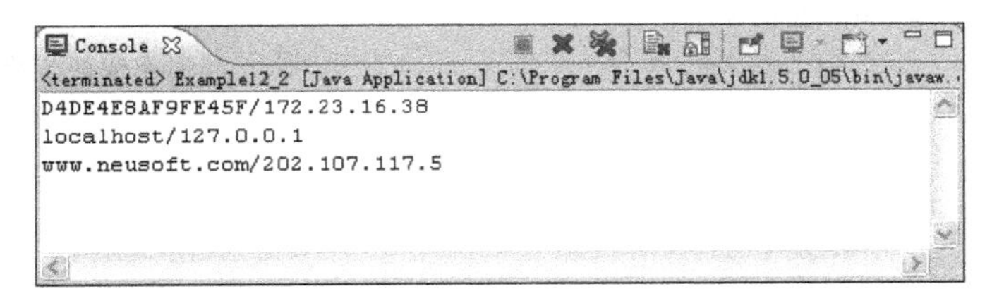

图 12.2 Example12_2 的运行结果

12.4 Socket 编程

Socket（套接字）用于网络上进程间或程序间的通信。对于套接字连接的建立过程，可以想象成一次电话呼叫，总会有一端发起呼叫，另一端接听，建立连接后，双方就可以通话。发起呼叫的一方就是 Socket 客户端，接听的一方就是 ServerSocket 服务器端。

12.4.1 ServerSocket 服务器端

按照前面讲述的套接字的连接过程，我们知道，应该有一个服务器端监听客户端的呼叫，这个服务器端就由 ServerSocket 类来完成。ServerSocket 类的常用构造方法如下：

```
public ServerSocket(int port) throws IOException
```

该构造方法的作用是在本地机器上建立一个指定端口（port）的套接字服务器。下面的例子就是在本地机器上创建一个套接字服务器，等待客户端的连接呼叫，如果有客户端从指定端口发起连接请求，这个套接字服务器就会生成一个套接字对象，并可以通过这个对象的输入输出流进行通信。

ServerSocket 的侦听方法是：

```
public Socket accept() throws IOException
```

侦听并接受呼叫此套接字服务的 socket 连接，这个方法在连接之前一直阻塞。

例 12.3 在端口 9000 上建立一个套接字服务器，等待客户端的连接，并进行通信。

```
import java.net.*;
import java.io.*;
public class TestServer {
    public static void main(String args[]){
    ServerSocket server=null;
    Socket socket=null;
    BufferedReader reader;
    PrintWriter writer;
    try {
        //创建一个端口号为 9000 的 ServerSocket
        server=new ServerSocket(9000);
        System.out.println("服务器在端口 9000 进行监听…");
        //侦听客户端的连接请求
        socket=server.accept();                    //倾听,有客户端连接前一直阻塞
        if(socket!=null){
            System.out.println("获取到 socket 连接,来自:"+socket.getInetAddress().
            getHostAddress());
            //得到输入输出流
            reader=new BufferedReader(
                new InputStreamReader(socket.getInputStream()));
            writer=new PrintWriter(socket.getOutputStream());
            writer.println("欢迎!这里是 socket 服务器");
            writer.flush();
            String str=reader.readLine();
            System.out.println("客户端: "+str);
            writer.close();
            reader.close();
            socket.close();
            server.close();
        }
    }catch(Exception e){
        System.out.println(e.toString());
    }
    System.out.println("连接结束!");
}
}
```

12.4.2 Socket 客户端

Socket 类可以向一个服务器的某端口下的套接字服务发起连接呼叫，呼叫建立后，可以通过套接字的输入输出流进行通信。

例 12.4 对 localhost 机器上的端口 9000 发起建立套接字连接的呼叫，连接建立后接收服务器的信息并输出。

```
import java.net.*;
import java.io.*;
public class TestClient {
    public static void main(String args[]){
     Socket socket=null;
     BufferedReader reader;
     PrintWriter writer;
     try{

         //呼叫本机 9000 端口
         socket=new Socket("127.0.0.1",9000);          //端口不能错
         if(socket!=null){
             System.out.println("连接 Socket 服务器…");
             reader=new BufferedReader(
                 new InputStreamReader(socket.getInputStream()));
             writer=new PrintWriter(socket.getOutputStream());
             String str=reader.readLine();
             System.out.println("服务器: "+str);
             writer.println("你好,我是客户端");
             writer.flush();
             writer.close();
             reader.close();
             socket.close();
         }
       }catch(Exception e){
           System.out.println(e.toString());
       }
       System.out.println("client exit");
  }
}
```

运行 TestServer 和 TestClient 后，结果如图 12.3 所示。

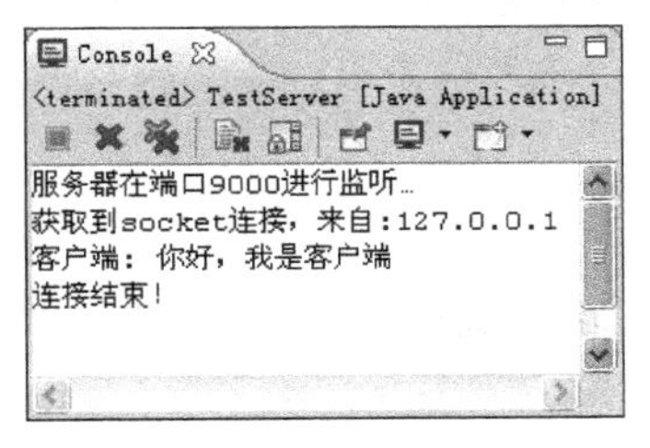

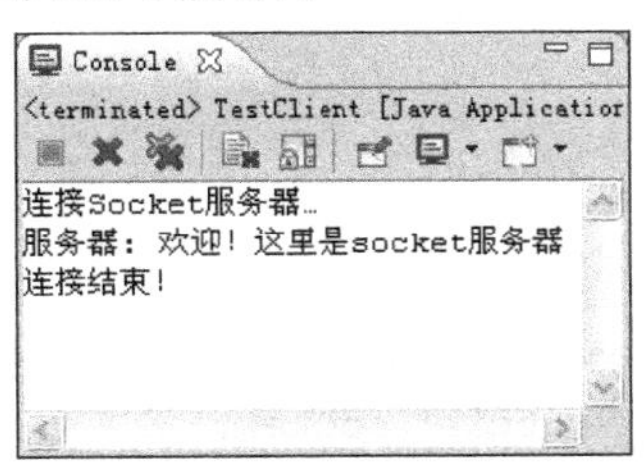

图 12.3 运行 TestServer 和 TestClient 的结果

把 Socket 建立通信连接的过程抽象出图 12.4 所示的过程模型。

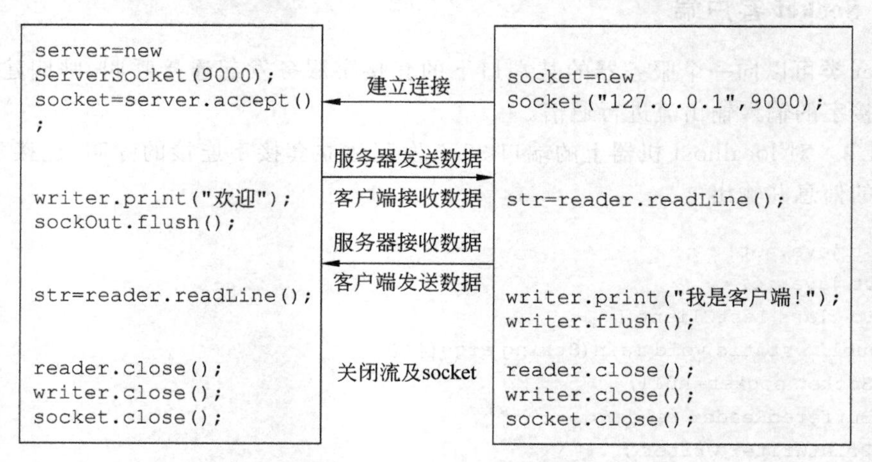

图 12.4　Socket 建立通信的模型

12.4.3　多客户端通信的实现

前面的例子介绍了 Socket 与 ServerSocket 之间的连接及通信,但是 ServerSocket 只能接收一个 Socket 客户端的呼叫,并不支持多客户端。为了实现一个 socket 服务器可以与多个客户端通信,可以使用多线程的技术。

例 12.5　在端口 9000 上建立一个套接字服务器,等待客户端的连接,每次建立连接后都创建一个新线程与客户端进行通信。

```
import java.io.*;
    import java.net.*;
    publicclass TestServerForClients{
        publicstaticvoid main (String[] args){
            System.out.println("服务器在端口 9000 进行监听…");
            try{
                ServerSocket server=new ServerSocket(9000);
                while(true){
                    Socket socket=server.accept();
                    //如果接收到一个客户端呼叫,则启动一个线程来与客户端通信
                    new ThreadForClient(socket).start();
                }
            }catch(Exception e){
                System.out.println(e.toString());
            }
        }
    }

    class ThreadForClient extends Thread{←—线程,为每个客户建立
        private Socket socket;
        ThreadForClient (Socket client){
```

```
            socket=client;
        }
        publicvoid run (){
            BufferedReader reader=null;
            PrintWriter writer=null;
            try{
        System.out.println ("获取到 socket 连接,来自:"+ socket.getInetAddress ().
        getHostAddress ());
        reader=new BufferedReader(new InputStreamReader(socket.getInputStream()));
        writer=new PrintWriter(socket.getOutputStream());
        writer.println("欢迎!这里是 socket 服务器");
        writer.flush();
        System.out.println("客户端: "+reader.readLine());
        writer.close();
        reader.close();
        socket.close();
        server.close();
            }catch (IOException e){
                System.out.println(e.toString());
            }
            System.out.println ("本次连接关闭。服务器仍在运行…");
        }
    }
```

【总结与提示】

(1) 端口是逻辑抽象的,物理上并不存在,端口 1024 以下被系统服务占用,我们编写程序不要使用 1024 以下的端口,以免有些系统服务失效。

(2) ServerSocket 的侦听方法 accept()在接收到客户端连接前是阻塞的状态,也就是说什么也不做。

(3) 要想实现多客户端间的通信,可以使用多线程和套接字连接相结合的方法。

12.5 实训任务——Socket 编程实践

任务 1:聊天程序

目标:通过代码的编写,掌握 Socket 编程技术多线程技术结合,实现多用户交互的网络程序。

内容:

(1) 使用 Socket 编写程序,做一对一的聊天,如图 12.5 和图 12.6 所示。

(2) 使用多线程和 Socket 编写程序做一对多的聊天。

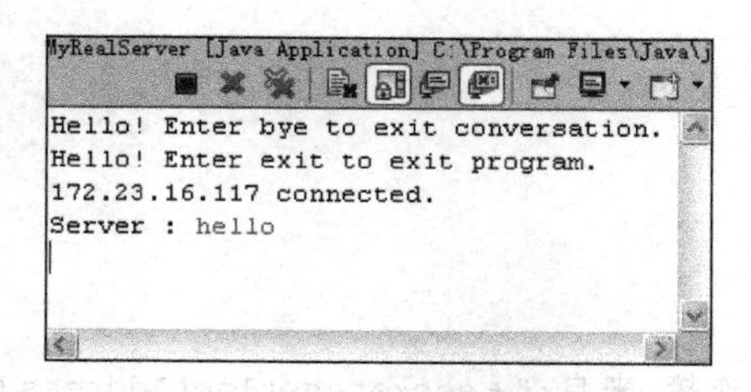

图 12.5　聊天程序 Server 端

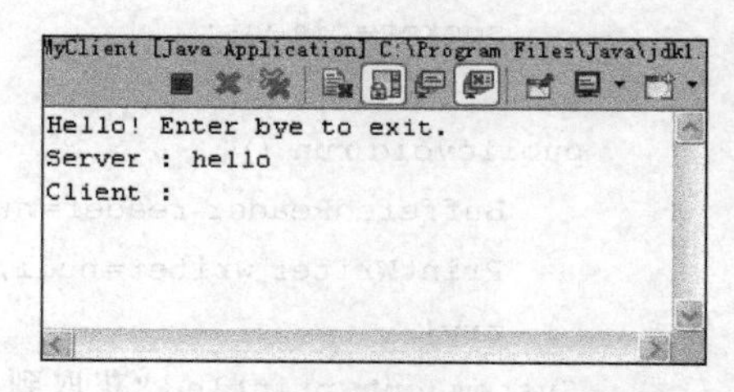

图 12.6　聊天程序 Client 端

12.6　学习效果评估

1. 选择题

(1) 下面(　　)客户端 Socket 可以连接到本地服务器端 ServerSocket(8999)。

A. Socket()　　B. Socket(8999,127.0.0.1)

C. Sockt(8999)　　D. Socket(127.0.0.1,8999)

(2) InetAddress 类中获取 IP 地址主机名的方法是(　　)。

A. getByName ();　　B. getHostAddress();

C. getHostName();　　D. getLocalHost();

(3) InetAddress 类中获取 IP 地址字符串的方法是(　　)。

A. getByName ();　　B. getHostAddress();

C. getHostName();　　D. getLocalHost();

(4) URL 类中获取端口号的方法是(　　)。

A. getContent();　　B. getHost();　　C. getPath();　　D. getPort();

(5) URL 类中获取主机名的方法是(　　)。

A. getContent();　　B. getHost();　　C. getPath();　　D. getPort();

(6) PoP 3 协议的默认端口是(　　)。

A. 110;　　B. 80;　　C. 21;　　D. 8080;

(7) http 协议的默认端口是(　　)。

A. 110;　　B. 80;　　C. 21;　　D. 8080;

(8) MySql 数据库的默认端口是(　　)。

A. 3306;　　B. 3307;　　C. 5080;　　D. 8080;

(9) 下列 IP 地址中不正确的是(　　)。

A. 192.168.102.16;　　B. 255.255.0.0;

C. 255.265.122.1;　　D. 127.0.0.1;

(10) 下列域名中不正确的是(　　)。

A. www.baidu.com;　　B. www.google.com;

C. www.sina.com.cn;　　D. compus.neusoft.com;

2. 简答题

(1) 把聊天程序中的客户端程序补充完整。

```
public class Client {
  public static void main(String args[]){
  //创建 Socket 对象
  ________________(1)________________
  //从键盘上读取数据
  BufferedReader input=new BufferedReader(new InputStreamReader(___(2)___));
  //从 Socket 中读取数据
  BufferedReader in=new BufferedReader(new InputStreamReader(___(3)___));
  //向 Socket 中写数据
  PrintWriter out=new PrintWriter(________(4)________);
  String serverString=null;
  String clientString=null;
  System.out.println("client start");
  System.out.println("client:");
  //从键盘上读入一句话
  clientString=__________(5)__________;
  }
}
```

(2) 把聊天程序中的服务器端程序补充完整。

```
public class Server {
  public static void main(String args[]){
  //创建服务器对象,端口号为 3434
  ________________(1)________________
  //创建 Socket 对象
  ________________(2)________________
  //从键盘上读取数据
  BufferedReader input=new BufferedReader(new InputStreamReader(___(3)___));
                                                    //从 Socket 中读取数据
  BufferedReader in=new BufferedReader(new InputStreamReader(___(4)___));
  //向 Socket 中写数据
  PrintWriter out=new PrintWriter(________(5)________);
  String serverString=null;
  String clientString=null;
  System.out.println("server  start");
  System.out.println("server:");
  serverString=input.readLine();
  }
}
```

(3) 简述 Socket 的含义和作用。

(4) 使用 InetAddress 类获取本地地址和 127.0.0.1 的主机名。

(5) 使用 URL 类获取 www.baidu.com 的网站首页信息,并获得 URL 的端口号。

3. 编程题

(1) 编写一对多聊天程序中的客户端线程代码。

(2) 编写一对一聊天程序中的客户端代码。

(3) 编写一段程序，使用 InetAddress 类获取本机地址和网络地址。

(4) 编写一段程序，使用 URL 类获取 www.sina.com.cn 网站的首页信息并打印输出。

(5) 修改例 12.3，使得服务器端和客户端增加从键盘读取的功能，然后互相发送和接收，直到一方输入 quit 则停止通信。

(6) 修改例 12.4，支持客户端与客户端间的通信（实际上还是各客户端与服务器的通信，只是把服务器作为中转站，提供转发的功能）。

(7) 编写程序实现 Web 浏览器的基本功能。

第 13 章　Java 连接数据库编程

学习要求

数据库编程是 Java 程序设计在实际应用中的重要内容，本章将对其进行探讨。通过本章的学习，读者应该能够掌握 Java 语言与多种常用数据库的连接方法、数据库操作中常用的类以及对数据进行增加、删除、修改、查询的基本方法，并能使用 Java 数据库编程解决实际应用问题。

知识要点

- JDBC 简介；
- 数据库连接方法；
- 数据库操作应用。

教学重点与难点

(1) 重点：
- 数据库连接；
- 数据库操作常用类的使用。

(2) 难点：数据库增、删、改、查操作。

实训任务

任务代码	任 务 名 称	任 务 内 容	任 务 成 果
任务 1	数据库基本操作	安装 SQL Server 数据库，练习数据库和表的建立；使用 Java 数据库编程实现对表中数据的增加、删除、修改和查询操作	可以使用 JDBC 连接数据库，并访问数据库，实现对数据库的基本操作

【项目导引】

数据库编程是系统开发的关键步骤，所以每种程序设计语言都规定了各自的数据库操作基本语法和操作内容，本章学习 Java 语言如何与数据库进行连接，并进行基本的数据库操作。本章学习结束后，可以协助完成产品管理系统中数据库的设计及数据库访问、数据库操作，如表 13.1 所示。

表 13.1　连接数据库知识在项目中的应用

序　号	子项目名称	本章技术支持
1	开发及运行环境搭建	
2	基础知识准备	
3	面向对象设计与实现	

续表

序　号	子项目名称	本章技术支持
4	容错性的设计与实现	
5	图形用户界面的设计与实现	
6	数据库的设计与实现	数据库的设计与数据库访问

13.1 JDBC 简介

JDBC(Java DataBase Connectivity)是一种用于执行SQL语句的Java API,可以为多种关系数据库提供统一访问,其中定义了一些Java类分别用来表示与数据库的连接、SQL语句、结果集以及其他的数据库对象。JDBC为数据库开发人员提供了一个标准的API,它独立于具体的关系数据库,使用JDBC,所有Java程序(包括Java applications,applets和servlet)都能通过SQL语句或存储在数据库中的过程(stored procedures)与数据库交互并处理所得的结果。可以将JDBC的功能简单概括为:

(1) 同一个数据库建立连接;

(2) 向数据库发送SQL语句;

(3) 处理数据库返回的结果。

13.1.1 JDBC 驱动器

在Java中通过加载JDBC驱动器访问各种关系数据库。具体访问过程如图13.1所示。

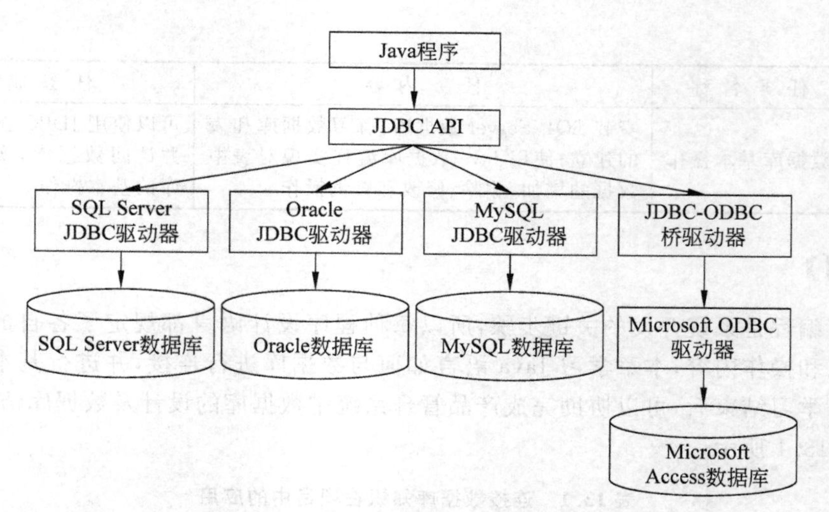

图13.1 通过JDBC驱动器访问数据库

在Java中通过Class.forName(驱动程序名)来安装能够访问各种关系数据库的驱动程序,下面介绍几种常用数据库的驱动程序。

(1) Oracle8/8i/9i 数据库(thin 模式):

```
Class.forName("oracle.jdbc.driver.OracleDriver");
```

(2) DB2 数据库:

```
Class.forName("com.ibm.db2.jdbc.app.DB2Driver");
```

(3) Sybase 数据库:

```
Class.forName("com.sybase.jdbc.SybDriver");
```

(4) Sql Server2008 数据库:

```
Class.forName("com.microsoft.sqlserver.jdbc.SQLServerDriver");
```

(5) MySQL 数据库:

```
Class.forName("com.mysql.jdbc.Driver ");
```

(6) Access 数据库:

```
Class.forName("sun.jdbc.odbc.JdbcOdbcDriver");
```

13.1.2 JDBC 访问数据库的流程

Java 数据库操作中主要用到以下 4 个主要接口:Driver、Connection、Statement 和 ResultSet。下面以 MySQL 数据库为例,讲解 JDBC 连接并访问数据库的流程,看看其他三个接口的使用。

1. 在 Java 程序中加载驱动程序

在 Java 程序中,可以通过 Class.forName(“指定数据库的驱动程序”)方式来加载驱动程序。上一小节已经介绍了 6 种数据库驱动程序的加载方法。

2. 创建数据连接对象

通过 DriverManager 类创建数据库连接对象 Connection。DriverManager 类作用于 Java 程序和 JDBC 驱动程序之间,用于检查所加载的驱动程序是否可以建立连接,然后通过它的 getConnection 方法,根据数据库的 URL、用户名和密码创建一个 JDBC Connection 对象。建立连接的语法为:

```
Connection connection=DriverManager.getConnection("连接数据库的 URL","用户名", "密码");
```

13.1.1 节介绍的 6 种数据库为例,介绍 Java 创建数据库连接对象的具体语句如下:

(1) Oracle8/8i/9i 数据库(thin 模式):

```
String url="jdbc:oracle:thin:@localhost:1521:orcl";
String user="test";
String password="test";
Connection conn=DriverManager.getConnection(url,user,password);
```

(2) DB2 数据库:

```
String url="jdbc:db2://localhost:5000/sample";
```

```
String user="admin";
String password="";
Connection conn=DriverManager.getConnection(url,user,password);
```

(3) Sql Server2008 数据库：

```
String url="jdbc:sqlserver://localhost:1433;DatabaseName==mydb";
String user="sa";
String password="";
Connection conn=DriverManager.getConnection(url,user,password);
```

(4) Sybase 数据库：

```
String url="jdbc:sybase:Tds:localhost:5007/myDB";
Properties sysProps=System.getProperties();
SysProps.put("user","userid");
SysProps.put("password","user_password");
Connection conn=DriverManager.getConnection(url,SysProps);
```

(5) MySQL 数据库：

为了避免中文乱码，MySQL 的 JDBC URL 要指定 useUnicode 和 characterEncoding，格式为：

```
"jdbc:mysql://主机名称:连接端口/数据库的名称？参数=值"
String url =" jdbc: mysql://localhost: 3306/javademo?" +" user = root&password =
root&useUnicode=true&characterEncoding=UTF8"
Connection conn=DriverManager.getConnection(url);
```

(6) Access 数据库：

```
String url="jdbc:odbc:dataSource";
String user="";
String password="";
Connection conn=DriverManager.getConnection(url,user,password);
```

3. 创建 Statement 对象

Statement 类主要是用于执行静态 SQL 语句并返回它所生成结果的对象。通过 Connection 对象的 createStatement()方法可以创建一个 Statement 对象。例如：

```
Statement statament=connection.createStatement();
```

4. 调用 Statement 对象的相关方法执行相对应的 SQL 语句

Statement 类主要有如下 3 个方法：

(1) int executeUpdate(String sql)

通过 execuUpdate()方法执行数据的更新，包括插入、删除和修改操作，返回成功更新记录的条数。例如向 student 表中插入一条数据的代码如下：

```
statement.excuteUpdate("insert into student(name, age, sex,address, depart)"+
" VALUES ('Tom', 21, 'M', 'Dalian','MIS' ) ");
```

(2) public ResultSet executeQuery(String sql)

通过调用 Statement 对象的 executeQuery()方法进行数据的查询，而查询结果会得到一个 ResultSet 对象，ResultSet 表示执行查询数据库后返回的数据的集合，ResultSet 对象具有可以指向当前数据行的指针。通过该对象的 next()方法，使得指针指向下一行，然后将数据以列号或者字段名取出。如果 next()方法返回 null，则表示下一行中没有数据存在。例如查询 student 表的代码如下：

```
ResultSet rs=statement.executeQuery("select * from student");
```

当结果集已经定位在某一行时，使用 getXxx ()方法得到这一行上某个字段的值。针对不同的字段类型，调用不同的 getXxx ()方法(getString(col)、getDate(col)、getInt(col)…)。例如：

- 如果表中第一个字段的字段名为 name，是文本型的，则可以使用 getString(1)或 getString("name")来得到它的值。
- 如果表中第三个字段的字段名为 score，是数值型的，则可以使用 getFloat(3)或 getFloat("score")来得到它的值。

(3) boolean execute(String sql)

通过调用 Statement 对象的 execute()方法，既可以执行查询语句，也可以执行更新语句。当 SQL 语句的执行结果是一个 ResultSet 结果集时，本方法返回 true，并可以通过 getResultSet()方法得到返回的结果集。当 SQL 语句执行后没有返回的结果集时，该方法返回 false。

5. 关闭数据库连接

使用完数据库或者不需要访问数据库时，通过 Connection 的 close()方法及时关闭数据连接。

13.2 数据库连接实例

13.2.1 SQL Server 数据库的访问

下面结合图形用户界面的相关内容实现用户登录过程。在实现过程中应用了前面讲到的事件处理和数据库的知识。见例 13.1。

例 13.1 连接 SQL Server 数据库实现用户登录。

```
import javax.swing.*;
import java.awt.*;
import java.awt.event.*;
import java.sql.*;

class Login extends JFrame implements ActionListener {
    JPanel panel_top;
    JPanel panel_center;
    JPanel panel_bottom;
    JPanel last;
    JLabel username;
```

```
    JTextField username_txt;
    JLabel userpwd;
    JPasswordField pwd;
    JButton ok;
    JButton cancel;
    JLabel result;
    Login(String name) {
        super(name);
        setBounds(700, 500, 240, 200);
        setVisible(true);
        setResizable(false);
        Container con=this.getContentPane();
        con.setLayout(new GridLayout(4, 0));
        panel_top=new JPanel();
        panel_center=new JPanel();
        panel_bottom=new JPanel();
        last=new JPanel();
        username=new JLabel("用户名", 10);
        username.setBounds(10, 10, 30, 30);                    //设置出现的位置
        username_txt=new JTextField("请输入您的用户名");
        username_txt.setColumns(10);

        username_txt.addMouseListener(new MouseAdapter() {
                                                        //为用户名文本框加鼠标监听
                public void mouseEntered(MouseEvent e) {

username_txt.setBackground(Color.LIGHT_GRAY);
                }
                public void mouseClicked(MouseEvent e) {
                    username_txt.setText("");
                    result.setText("");
                    username_txt.setBackground(Color.WHITE);
                }
                public void mouseExited(MouseEvent e) {
                    username_txt.setBackground(Color.WHITE);
                }
        });

        username_txt.addKeyListener(new KeyAdapter() {  //为用户名文本框加键盘监听
                public void keyPressed(KeyEvent e) {
                    if (e.getKeyCode()==KeyEvent.VK_ENTER) {
                        pwd.requestFocusInWindow();
                    }
                }
        });
```

```
        userpwd=new JLabel("密  码");
        userpwd.setBounds(10, 20, 30, 30);                //出现位置
        pwd=new JPasswordField();
        pwd.setColumns(10);
        pwd.setEchoChar('*');

        pwd.addKeyListener(new KeyAdapter() {             //为密码框加键盘监听
                public void keyPressed(KeyEvent e) {
                    if (e.getKeyCode()==KeyEvent.VK_ENTER) {
                        ok.requestFocusInWindow();
                    }
                }
        });

        ok=new JButton("确 定");
        ok.addActionListener(this);
        cancel=new JButton("取 消");
        cancel.addActionListener(this);
        result=new JLabel();
        panel_top.add(username);
        panel_top.add(username_txt);
        panel_center.add(userpwd);
        panel_center.add(pwd);
        panel_bottom.add(ok);
        panel_bottom.add(cancel);
        last.add(result);
        con.add(panel_top);
        con.add(panel_center);
        con.add(panel_bottom);
        con.add(last);
        con.validate();
        validate();
        setDefaultCloseOperation(JFrame.EXIT_ON_CLOSE);
    }

    public void actionPerformed(ActionEvent e) {
            if (e.getSource()==ok) {
                result.setText("正在登录验证…");
                String name=username_txt.getText().trim();
                String password=pwd.getText().trim();
                Connection con=null;
                String sql=null;
                ResultSet rs=null;
                Statement st=null;
                try {
```

```
            Class.forName("sun.jdbc.odbc.JdbcOdbcDriver");        //加载数据库驱动
            con=DriverManager.getConnection("jdbc:odbc:user", "", "");
                                                                  //建立连接
            st=con.createStatement();                             //创建语句对象
            sql="select * from login where username='"+name+"'";
        result.setText("执行到这里 ok");
            rs=st.executeQuery(sql);                              //执行查询
            if (rs.next()) {                                      //结果集处理
                if (password.equals(rs.getString("userpwd"))) {
                            result.setText("验证通过");
                        } else {
                             result.setText("密码错误,请重新登录!");
                             pwd.setText("");
                        }
                  } else {
                result.setText("用户名错误,请重新登录!");
                username_txt.setText("");
                pwd.setText("");
                  }
              rs.close();
              con.close();
          } catch (Exception ex) {
                 result.setText("用户名或密码有误,请重新输入!");
            }
      } else if (e.getSource()==cancel) {
                  System.exit(0);
          }
    }
}

public class TestLogin {
        public static void main(String[] args) {
                System.out.println("欢迎!");
                new Login("登录");
        }
}
```

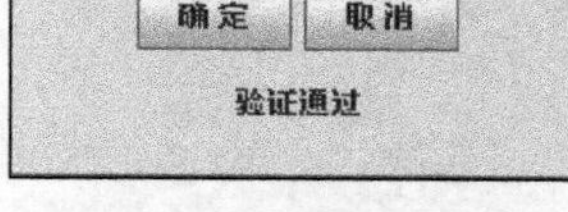

图 13.2　登录成功界面

登录成功界面如图 13.2 所示。

13.2.2　MySQL 数据库的访问

在上面的例子中进行了数据库的查询操作,下面结合 MySQL 数据库练习数据的插入,见例 13.2。

例 13.2　连接 MySQL 数据库实现数据插入。

```
import java.sql.DriverManager;
```

```
import java.sql.ResultSet;
import java.sql.SQLException;
import java.sql.Connection;
import java.sql.Statement;

public class MySQLDemo {
    public static void main(String[] args) throws Exception {
            Connection conn=null;
            String sql;
            ResultSet rs;
            //执行数据库操作之前要先创建一个数据库，该例中创建 mysqldemo 数据库
            String url="jdbc:mysql://localhost:3306/mysqldemo?"+"user=root&password=
            root&useUnicode=true&characterEncoding=UTF8";
            try {
                    //动态加载 mysql 驱动
Class.forName("com.mysql.jdbc.Driver");
                    System.out.println("成功加载 MySQL 驱动程序");
            //建立数据库连接
            conn=DriverManager.getConnection(url);
            //创建语句对象
            Statement stmt=conn.createStatement();
            //先判断表是否已经存在
            rs=conn.getMetaData().getTables(null, null, "student", null);
            if (rs.next()) {
                  sql="drop table student";
                  stmt.execute(sql);
            }
            //执行 SQL 语句，创建表并插入数据
             sql="create table student(Id char(20),name varchar(20),primary key
             (Id))";
            int result=stmt.executeUpdate(sql);
//executeUpdate 语句会返回一个受影响的行数，如果返回-1 就没有成功
            if (result !=-1) {
                System.out.println("创建数据表成功");
                sql="insert into student(Id,name) values('11121000111','李军')";
                result=stmt.executeUpdate(sql);
                sql="insert into student(Id,name) values('11121000112','王宏伟')";
                result=stmt.executeUpdate(sql);
                sql="select * from student";
                rs=stmt.executeQuery(sql);
                System.out.println("学号\t 姓名");
                while (rs.next()) {
                        System.out.println(rs.getString(1)+"\t"+rs.getString(2));
                  }
            }
```

```
        } catch (SQLException e) {
            System.out.println("MySQL 操作错误");
e.printStackTrace();
        } catch (Exception e) {
                e.printStackTrace();
        } finally {
            conn.close();
        }
    }
}
```

数据插入成功界面如图 13.3 所示。

问题 Javadoc 声明 控制台
<已终止> MySQLDemo [Java 应用程序] C:\
成功加载MySQL驱动程序
创建数据表成功
学号 姓名
11121000111 李军
11121000112 王宏伟

图 13.3 数据插入成功界面

13.3 实训任务——数据库编程

任务 1：数据库基本操作

目标：通过代码的编写，掌握 JDBC 数据库连接及数据库访问技术，通过使用 JDBC 及 GUI 技术实现可以与数据库连接的应用程序。

内容：

(1) 使用 SQL Server 和 MySQL 两种数据库管理系统创建数据库 stock，创建数据表 stockInfo，表示库存信息。

(2) 数据库基本操作（增、删、改、查）。

创建库存信息界面，实现对库存信息表 stockInfo 的增、删、改、查操作。

13.4 学习效果评估

1. 选择题

(1) 下列方法中，执行数据库查询操作的是(　　)。

A. execute();　　　　B. executeQuery();

C. executeUpdate();　　　　D. executeDelete();

(2) 连接 SQL Server 数据库驱动程序的语句是(　　)。

A. Class. forName("oracle. jdbc. driver. OracleDriver");

B. Class. forName("sun. jdbc. odbc. JdbcOdbcDriver");

C. Class. forName("com. mysql. jdbc. Driver ");

D. Class. forName("com. microsoft. sqlserver. jdbc. SQLServerDriver ");

(3) 在 Java 中已获得数据库连接 conn，下列语句中能正确获得结果集的是(　　)。

A. Statement stmt=conn. createStatement();
　ResultSet rs=stmt. executeQuery("selet a,b,c from table1");

B. Statement stmt=conn. createStatement("select a,b,c from table1");
　ResultSet rs=stmt. excuteQuery();

C. Statement stmt=conn.createStatement();

   Res.Set rs=stmt.executeUpdate("select a,b,c from table1");

D. Statement stmt=conn.createStatement("select a,b,c from table1");

   ResultSet rs=stmt.executeUpdate();

(4) 在 Java 中已获得数据库连接 conn,下列语句正确的执行结果是(　　)。

```
Stmt=conn.createStatement();
ResultSet rs=Stmt.executeQuery("SELECT * FROM STUDENT");
rs.next();
System.out.println(rs.getString(1));
```

STUDENT 表结构如下:

StudentNo	StudentName	Age	Dept
20001101	李明	18	财经系
20001101	李明	18	电子商务系

A. 20001101　　B. 李明　　C. StudentNo　　D. 18

2. 简答题

(1) 什么是数据库连接?为什么在做数据库操作之前要首先完成数据库的连接?Java 中如何实现与后台数据库的连接?

(2) 简述 JDBC 的含义和作用。

(3) 简述数据库操作中的常用对象。

(4) 写出 Java 中使用桥接方式连接 Access 数据库的语句。

(5) 简述 Java 程序中使用 JDBC 完成数据库操作的基本步骤。

第 14 章　酒店房间管理系统项目实训

本章主要运用本书前面章节的相关概念和原理完成酒店的房间预订系统的项目设计。通过本章的项目实训，让学生对 Java 的理论知识能够学以致用。

14.1　系统功能和流程分析

任何一个信息系统都存在着产生、发展和消亡的过程，新系统在旧系统的基础上产生、发展、老化和消亡，被更新的系统所取代，这个过程称为生命周期。在结构化生命周期法中将整个信息系统的开发过程划分为系统规划、系统分析、系统设计、系统实施、系统运行与维护 5 个阶段。

在系统分析阶段需求分析起着至关重要的作用，它对于软件的质量往往具有决定性的作用，根据用户的需求最后确定系统的功能。

根据酒店的业务需求确定本系统的功能如下：

(1) 登录模块：实现登录功能的数据处理。按照登录的角色不同可以登录到不同的功能界面。

(2) 用户管理模块：使用用户账号登录，实现房间查询和预订的功能，能够下订单和查询订单。

(3) 管理员管理模块：管理员模块可以实现房间信息和用户信息的增、删、改、查。

在系统分析阶段要得出系统的流程，首先可以使用两种身份登录：一种是管理员身份，另一种是用户身份。使用管理员身份登录，能够看见两个标签页，一个是房间信息的增、删、改、查，一个是用户信息的增、删、改、查。使用用户身份登录，如果需要预定房间，首先查询“空闲”状态的房间，然后选择一个或多个房间进行预定，可以添加到购物车中，最后生成一张订单，然后可以对订单进行查询。

14.2　数据库设计

数据库设计是系统设计阶段最主要的部分，也是项目开展中非常重要的一个关键环节，数据库设计是整个系统的根基，好的数据库设计应该首先能满足应用系统的业务需求，准确地表达数据间关系；能够保证数据的准确性和一致性，通过主外键、非空、限制、唯一索引等保证数据的健壮；能够提高数据的查询效率，通过合理表结构，安排物理存储分区、增加索引等方式提高数据的读取速度，提高查询效率；具有好的扩展性，在必要时能根据需求扩展数据结构。

本例中数据库管理系统使用 Microsoft SQL Server 2008，Microsoft SQL Server 2008 由一系列相互协作的组件构成，能够满足最大的 Web 站点和企业数据处理系统存储和分析数据的需要。SQL Server 2008 提供了在服务器系统上运行的服务器软件和在客户端运行的客户端软件，连接客户端和服务器的计算机网络软件则由 Windows 系统提供。数据库系统的服务器运行在 Windows 系统上，负责创建和管理表以及索引等数据库对象，保证数据完整性和安全性。而客户端应用程序可以运行在 Windows 系统上，能够完成所有的用户交互操作。

本系统中数据库中的关系模式如下所示。

(1) 商品(商品编号，商品名称，商品价格，产地，类型，数量)

(2) 客户 (类型，用户编号，密码)

(3) 订单(订单编号，订单数量，订单日期，价格，状态，房间编号，用户编号)

注：单下划线表示为主键，双下划线表示为外键。

该管理系统涉及的数据库表如表 14.1～表 14.3 所示。

表 14.1 客户表

名 称	数据类型	大小	说 明	空	主/外键
userid	nvarchar	50	客户编号	非空	主
password	nvarchar	50	密码	非空	
type	nvarchar	20	用户类型	非空	

表 14.2 房间表

名 称	数据类型	大小	说 明	空	主/外键
rid	nvarchar	20	房间编号	非空	主
rprice	smallmoney	4	房间价格	非空	
raddress	nvarchar	50	地址	非空	
rtype	nvarchar	20	类型	非空	
rstate	nvarchar	2	状态	非空	

表 14.3 订单表

名 称	数据类型	大小	说 明	空	主/外键
Soleld	nvarchar	50	订单编号	非空	主
userid	nvarchar	50	客户编号	非空	外
rid	nvarchar	50	房间编号	非空	外
soledate	datetime	8	订单日期	非空	
number	int	4	数量	非空	
state	nvarchar	2	状态	非空	
price	smallmoney	4	价格	非空	

14.3 酒店房间管理系统实施

本节介绍房间管理系统的代码实现，重点介绍订单管理和房间管理两部分，系统的类结构如图 14.1 所示。

14.3.1 数据库连接

首先介绍数据库连接模块的实现，ConnectionDB 类对数据库的连接和操作进行了封装。完成了三个步骤的功能，首先用 Connection 接口建立与数据库连接，其次用 Statement 接口创建和执行 SQL 语句，最后用 ResultSet 接口处理结果，具体实现请参考如下代码：

```
酒店房间预订管理
  Image
  index
    ConnectionDB.java
    Index.java
    Login.java
  room
    RoomInf.java
    RoomManager.java
    RoomSearch.java
  sole
    SoleInfSearch.java
    Soles.java
  user
    UserManager.java
```

图 14.1 类结构图

```
import java.sql.Connection;
import java.sql.DriverManager;
import java.sql.ResultSet;
import java.sql.SQLException;
import java.sql.Statement;
public class ConnectionDB {
    private ResultSet rs;                        //结果集用来存放查询结果
    private Connection con;                      //连接
    private Statement stmt;                      //用来执行对数据库的操作
    public ConnectionDB() {
        //1.加载驱动程序
        try {//捕获异常
            Class.forName("sun.jdbc.odbc.JdbcOdbcDriver");
        } catch (ClassNotFoundException e) {
            e.printStackTrace();
        }
        //2.创建连接
        try {
            con=DriverManager.getConnection("jdbc:odbc:RoomManage");
        } catch (SQLException e) {
            e.printStackTrace();
        }
        //3.创建用于执行静态 SQL 语句并返回它所生成结果的对象
        try {
            stmt=con.createStatement();
        } catch (SQLException e) {
            e.printStackTrace();
        }
    }
    //4.对数据库进行查询操作
    public void inquery(String sql) {
```

```
        try {
            rs=stmt.executeQuery(sql);
        } catch (SQLException e) {
            e.printStackTrace();
        }
    }
    public void query(String sql) {
        try {
            stmt.execute(sql);
        } catch (SQLException e) {
            e.printStackTrace();
        }
    }
    //5.生成 rs 属性的 get 方法
    public ResultSet getRs() {
        return rs;
    }
    public void close() {
        try {
            stmt.close();
        } catch (SQLException e) {
            e.printStackTrace();
        }
        try {
            con.close();
        } catch (SQLException e) {
            e.printStackTrace();
        }
    }
}
```

14.3.2 登录模块

本系统的登录模块由两个类共同完成：一个是 Login，完成登录界面的载入功能；另外一个是 Index 类，根据登录用户的身份确定登录到不同的模块。Login 类的实现请参考如下代码：

```
package index;
import javax.swing.*;
import javax.swing.border.LineBorder;
import javax.swing.border.TitledBorder;
import java.awt.*;
import java.awt.event.ActionEvent;
import java.awt.event.ActionListener;
import java.sql.ResultSet;
```

```
import java.sql.SQLException;
import java.util.Date;

public class Login extends JFrame implements ActionListener{
    private JTextField jtpSearch=new JTextField(10);
    private JTextField jtpUser=new JTextField(10);
    private JPasswordField jtpPsw=new JPasswordField(10);
    private JButton jbSearch=new JButton("检索");
    private JButton jbLoad=new JButton("登录");
    private JButton jbRestart=new JButton("重填");
    private JButton jbCancel=new JButton("取消");
    private ConnectionDB con;
    private ResultSet rs;
    int i=0;
    Login(){
        draw();
    }
    public void draw(){
        //整体
        this.setSize(800,600);
        this.setTitle("星宇酒店房间管理系统");
        Container t=this.getContentPane();
        t.setLayout(new BorderLayout());

        JPanel pNorth=new JPanel();
        JPanel pCenter=new JPanel();
        JPanel pEast=new JPanel();
        JPanel pSouth=new JPanel();

        t.add(pNorth,BorderLayout.NORTH);
        t.add(pCenter,BorderLayout.CENTER);
        t.add(pEast,BorderLayout.EAST);
        t.add(pSouth,BorderLayout.SOUTH);

        pNorth.setBorder(new LineBorder(new Color(81,147,253),2));
        pCenter.setBorder(new TitledBorder("房间信息"));
        pEast.setBorder(new LineBorder(new Color(81,147,253),1));
        pSouth.setBorder(new LineBorder(new Color(81,147,253),2));

        //北边
        pNorth.setLayout(new BorderLayout());

        JPanel pNorth1=new JPanel();
        JPanel pNorth2=new JPanel();
        JPanel pNorth3=new JPanel();
```

```
JPanel pNorth4=new JPanel();

pNorth.add(pNorth1,BorderLayout.CENTER);
pNorth.add(pNorth2,BorderLayout.WEST);

Date now=new Date();

pNorth2.setLayout(new GridLayout(2,1));
//pNorth2.add(new JLabel("站内收索,欢迎使用!!"));
pNorth2.add(pNorth3);

pNorth3.setLayout(new FlowLayout(FlowLayout.CENTER));
//pNorth3.add(jtpSearch);
//pNorth3.add(jbSearch);

pNorth4.setBackground(new Color(80,113,255));
pNorth2.setBackground(new Color(80,113,255));
pNorth3.setBackground(new Color(80,113,255));
pNorth1.setBackground(new Color(80,113,255));

//东边
pEast.setLayout(new GridLayout(3,1));

JPanel pEast1=new JPanel();
JPanel pEast2=new JPanel();
JPanel pEast3=new JPanel();
JPanel pEast4=new JPanel();
JPanel pEast5=new JPanel();
JPanel pEast6=new JPanel();
JPanel pEast7=new JPanel();
pEast.add(pEast2);
pEast.add(pEast7);
pEast.add(pEast1);

pEast1.setLayout(new BorderLayout());
pEast1.setBorder(new TitledBorder("登录"));

pEast1.add(pEast3,BorderLayout.CENTER);
pEast1.add(pEast4,BorderLayout.SOUTH);

pEast3.setLayout(new GridLayout(2,1));
pEast3.add(pEast5);
pEast3.add(pEast6);

pEast5.setLayout(new FlowLayout(FlowLayout.LEFT));
```

```java
pEast6.setLayout(new FlowLayout(FlowLayout.LEFT));

pEast5.add(new JLabel("用户名"));
pEast5.add(jtpUser);
pEast6.add(new JLabel("密   码"));
pEast6.add(jtpPsw);

pEast4.setLayout(new FlowLayout(FlowLayout.CENTER));
pEast4.add(jbLoad);
pEast4.add(jbRestart);
pEast4.add(jbCancel);

pEast2.setLayout(new GridLayout(4,1));
pEast2.setBorder(new TitledBorder("新闻"));
JLabel jl=new JLabel("欢迎您");
jl.setForeground(new Color(81,147,253));
JLabel jl1=new JLabel("度假休闲的好选择");
jl1.setForeground(new Color(81,147,253));
JLabel jl2=new JLabel("出差工作的好选择");
jl2.setForeground(new Color(81,147,253));
JLabel jl3=new JLabel("完善的酒店预订系统,让您预订酒店客房更加轻松快捷");
jl3.setForeground(new Color(81,147,253));
pEast2.add(jl);
pEast2.add(jl1);
pEast2.add(jl2);
pEast2.add(jl3);

pEast7.setLayout(new GridLayout(4,1));
JLabel jl71=new JLabel("【温馨提示】");
JLabel jl72=new JLabel("1.您预订了N间房,请您提供不少于N位的入住客人
姓名;");
JLabel jl73=new JLabel("2.按照酒店规定:12点前入住需等房;");
JLabel jl74=new JLabel("3.预订此酒店务必留入住客人真实姓名。");
jl71.setForeground(new Color(81,147,253));
jl72.setForeground(new Color(81,147,253));
jl73.setForeground(new Color(81,147,253));
jl74.setForeground(new Color(81,147,253));
pEast7.add(jl71);
pEast7.add(jl72);
pEast7.add(jl73);
pEast7.add(jl74);

//南边
pSouth.setLayout(new GridLayout(2,1));
JPanel pSouth1=new JPanel();
```

```
    JPanel pSouth2=new JPanel();
    pSouth1.setLayout(new FlowLayout(FlowLayout.CENTER));
    pSouth2.setLayout(new FlowLayout(FlowLayout.CENTER));
    pSouth.add(pSouth1);
    pSouth.add(pSouth2);

    JLabel jl5=new JLabel("星宇集团出品");
    jl5.setForeground(new Color(81,147,253));
    pSouth1.add(jl5);

    //中间
    pCenter.setLayout(new BorderLayout());
    JTabbedPane jtp=new JTabbedPane();
    pCenter.add(jtp,BorderLayout.CENTER);

    JPanel pCenter1=new JPanel();
    pCenter1.setLayout(new BorderLayout());
    pCenter1.add(new JLabel(new ImageIcon("Image/r1.jpg") ));

    JPanel pCenter2=new JPanel();
    pCenter2.setLayout(new BorderLayout());
    pCenter2.add(new JLabel(new ImageIcon("Image/r2.jpg") ));

    JPanel pCenter3=new JPanel();
    pCenter3.setLayout(new BorderLayout());
    pCenter3.add(new JLabel(new ImageIcon("Image/r3.jpg") ));

    JPanel pCenter4=new JPanel();
    pCenter4.setLayout(new BorderLayout());
    pCenter4.add(new JLabel(new ImageIcon("Image/r4.jpg") ));

    jtp.add(pCenter1,"酒店全景");
    jtp.add(pCenter2,"标准间");
    jtp.add(pCenter3,"商务间");
    jtp.add(pCenter4,"豪华间");
    jtp.setForeground(new Color(81,147,253));

    jbLoad.addActionListener(this);
    jbCancel.addActionListener(this);
    jbRestart.addActionListener(this);
}
public void actionPerformed(ActionEvent arg0) {
    if(arg0.getSource()==jbLoad){
        con=new ConnectionDB();
        con.inquery("select * from userInf where userId='"+jtpUser.getText().
```

```
                trim()+"'");
                rs=con.getRs();
                try {
                    if(rs.next()){

                        if(rs.getString("password").trim().equals(jtpPsw.getText().
                        trim())){
                            JOptionPane.showMessageDialog(this,"登录成功!","信息",
                            JOptionPane.INFORMATION_MESSAGE);
                            Index index=new Index(jtpUser.getText().trim());
                            this.dispose();
                        }
                        else{
                            JOptionPane.showMessageDialog(this,"密码错误,请重新输入!","信
                            息",JOptionPane.INFORMATION_MESSAGE);
                            jtpPsw.setText("");
                        }
                    }
                    else
                        JOptionPane.showMessageDialog(this,"用户名错误,请重新输入!",
                        "信息",JOptionPane.INFORMATION_MESSAGE);
                } catch (HeadlessException e) {
                    //TODO Auto-generated catch block
                    e.printStackTrace();
                } catch (SQLException e) {
                    //TODO Auto-generated catch block
                    e.printStackTrace();
                }

            }
            else if(arg0.getSource()==jbRestart){
                jtpPsw.setText("");
                jtpUser.setText("");
            }
            else if(arg0.getSource()==jbCancel)
                this.dispose();
            con.close();
        }
        public static void main(String[] args) {
            Login login=new Login();
            login.setVisible(true);
            login.setDefaultCloseOperation(3);
        }
    }
```

运行结果如图 14.2 所示。

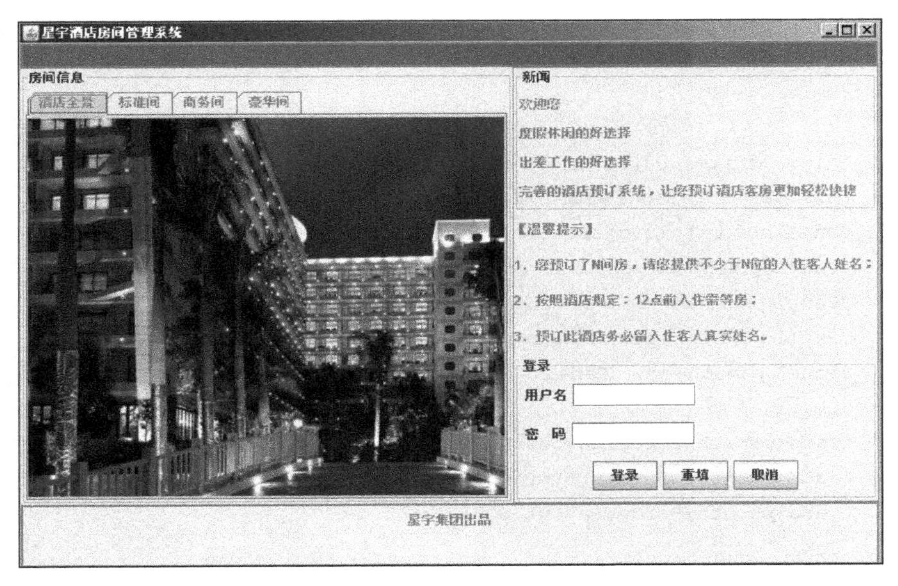

图 14.2　登录界面

Index 类的实现参考如下代码：

```
package index;
import user.*;
import javax.swing.*;
import javax.swing.border.LineBorder;
import javax.swing.border.TitledBorder;
import room.RoomManager;
import room.RoomSearch;
import sole.SoleInfSearch;
import java.awt.*;
import java.sql.ResultSet;
import java.sql.SQLException;
public class Index extends JFrame {
    private JTabbedPane jtp=new JTabbedPane();
    private JPanel pGoods=new JPanel();
    private JPanel pHouse=new JPanel();
    private ConnectionDB con;
    private ResultSet rs;
    private String user;
    Index(String user){
        this.user=user;
        draw();
    }
    public void draw(){

        con=new  ConnectionDB();
```

```java
System.out.println("select * from userInf where userId='"+user+"'");
con.inquery("select * from userInf where userId='"+user+"'");
rs=con.getRs();

this.setSize(800,600);
this.setTitle("星宇集团出品");
Container t=this.getContentPane();
t.setLayout(new BorderLayout());
JPanel pNorth=new JPanel();
JPanel pCenter=new JPanel();
JPanel pSouth=new JPanel();

t.add(pNorth,BorderLayout.NORTH);
t.add(pCenter,BorderLayout.CENTER);
t.add(pSouth,BorderLayout.SOUTH);

pNorth.setBorder(new LineBorder(new Color(81,147,253),2));

pSouth.setBorder(new LineBorder(new Color(81,147,253),2));

//北边
pNorth.setLayout(new FlowLayout(FlowLayout.RIGHT));
pNorth.add(new JLabel(new ImageIcon("Image/5.jpg")));
pNorth.setBackground(new Color(80,113,255));

//中间
pCenter.setLayout(new BorderLayout());
pCenter.add(jtp,BorderLayout.CENTER);

try {
    if(rs.next()){
        if(rs.getString("identify").trim().equals("user")){
            pCenter.setBorder(new TitledBorder("订房"));
            RoomSearch pGoods=new RoomSearch(user);
            jtp.add(pGoods,"房间查询");
            SoleInfSearch psis=new SoleInfSearch();
            jtp.add(psis,"订单查询");



        }
        else{
            pCenter.setBorder(new TitledBorder("管理"));
            RoomManager pGoodsManager=new RoomManager(user);
            jtp.add(pGoodsManager,"房间管理");
            UserManager store=new UserManager(user);
```

```
                jtp.add(store,"客户管理");

            }
        }
    } catch (SQLException e) {
        e.printStackTrace();
    }

//南边
    pSouth.setLayout(new GridLayout(2,1));
    JPanel pSouth1=new JPanel();
    JPanel pSouth2=new JPanel();
    pSouth1.setLayout(new FlowLayout(FlowLayout.CENTER));
    pSouth2.setLayout(new FlowLayout(FlowLayout.CENTER));
    pSouth.add(pSouth1);
    pSouth.add(pSouth2);
    JLabel jl5=new JLabel("星宇集团出品");
    jl5.setForeground(new Color(81,147,253));
    pSouth1.add(jl5);
    this.setVisible(true);

  }
}
```

14.3.3 用户管理模块

1. 房间查询功能的实现

使用用户账号登录后，首先进入房间查询页面，可以按照空闲和已预订两种方式来查询房间，具体的实现请参考如下代码：

```
package room;
import index.ConnectionDB;
import javax.swing.*;
import javax.swing.border.LineBorder;
import sole.Soles;
import java.awt.*;
import java.awt.event.ActionEvent;
import java.awt.event.ActionListener;
import java.sql.ResultSet;
import java.sql.SQLException;
import java.util.Vector;
public class RoomSearch extends JPanel implements ActionListener{
    private String[] title={"空闲","已预订"};
    private JComboBox jcbtype;
    private JButton jbs=new JButton("查询");
```

```
private JButton jbgou=new JButton("预订");
private JButton jbsole=new JButton("生成订单");
private String userId;
private ConnectionDB con=new ConnectionDB();
private ResultSet rs;
private JTextArea jl=new JTextArea();
private JTextField jtfid=new JTextField(8);
private JTextField jtfnum=new JTextField(8);
private JTextArea jta1=new JTextArea();
private JTextArea jta2=new JTextArea();
private JTextArea jta3=new JTextArea();
private JTextArea jta4=new JTextArea();
private JTextArea jta5=new JTextArea();
private JTextArea jta6=new JTextArea();
int typeId=0;
private Vector vt=new  Vector();
public RoomSearch(String userId){
    this.userId=userId;
    System.out.println("2");
    draw();
}
public void draw(){
    jcbtype=new JComboBox(title);
    this.setLayout(new BorderLayout());
    JPanel pnorth=new JPanel();
    JPanel pcenter=new JPanel();
    JPanel psouth=new JPanel();
    this.add(pnorth,BorderLayout.NORTH);
    this.add(pcenter,BorderLayout.CENTER);
    this.add(psouth,BorderLayout.SOUTH);
    pnorth.setLayout(new FlowLayout(FlowLayout.CENTER));
    pnorth.add(jcbtype);
    pnorth.add(jbs);
    JPanel p3=new JPanel();
    JPanel p4=new JPanel();
    pcenter.setLayout(new BorderLayout());
    pcenter.add(p3,BorderLayout.NORTH);
    pcenter.add(p4,BorderLayout.CENTER);
    p3.setLayout(new GridLayout(1,5));
    JButton jb1=new JButton("房间编号");
    jb1.setBackground(new Color(255,255,255));
    jb1.setBorder(new LineBorder(new Color(0,0,0),1));
    p3.add(jb1);
    JButton jb2=new JButton("房间价格");
    jb2.setBackground(new Color(255,255,255));
```

```
        jb2.setBorder(new LineBorder(new Color(0,0,0),1));
        p3.add(jb2);
        JButton jb3=new JButton("房间楼层");
        jb3.setBackground(new Color(255,255,255));
        jb3.setBorder(new LineBorder(new Color(0,0,0),1));
        p3.add(jb3);
        JButton jb4=new JButton("类型");
        jb4.setBackground(new Color(255,255,255));
        jb4.setBorder(new LineBorder(new Color(0,0,0),1));
        p3.add(jb4);
        JButton jb5=new JButton("状态");
        jb5.setBackground(new Color(255,255,255));
        jb5.setBorder(new LineBorder(new Color(0,0,0),1));
        p3.add(jb5);
        p4.setLayout(new GridLayout(1,5));
        p4.add(jta1);
        p4.add(jta2);
        p4.add(jta3);
        p4.add(jta4);
        p4.add(jta5);
        psouth.setLayout(new FlowLayout(FlowLayout.CENTER));
        psouth.add(new JLabel("房间编号:"));
        psouth.add(jtfid);
        psouth.add(new JLabel("预订天数:"));
        psouth.add(jtfnum);
        psouth.add(jbgou);
        psouth.add(jbsole);
        jbs.addActionListener(this);
        jbgou.addActionListener(this);
        jbsole.addActionListener(this);
        jcbtype.addActionListener(this);
    }
    public void actionPerformed(ActionEvent arg0) {
        if(arg0.getSource()==jcbtype){
            if(jcbtype.getSelectedIndex()==0)
                typeId=0;
            else if(jcbtype.getSelectedIndex()==1)
                typeId=1;
        }
        else if(arg0.getSource()==jbs){
            con.inquery("select * from room where rstate='"+String.valueOf(typeId)+"'");
            rs=con.getRs();
            try {
                while(rs.next()){
                    String s1=rs.getString("rid").trim();
```

```
                    String s2=rs.getString("rprice").trim();
                    String s3=rs.getString("raddress").trim();
                    String s4=rs.getString("rtype").trim();
                    String s5=rs.getString("rstate").trim();
                    jta1.append(s1+"\n");
                    jta2.append(s2+"\n");
                    jta3.append(s3+"\n");
                    jta4.append(s4+"\n");
                    jta5.append(s5+"\n");
                }
            } catch (SQLException e) {
                //TODO Auto-generated catch block
                e.printStackTrace();
            }
        }
        else if(arg0.getSource()==jbgou){
            con.inquery("select * from room where rid='"+jtfid.getText().trim()+"'");
            rs=con.getRs();
            try {
                if(rs.next()){
                    RoomInf g=new RoomInf();
                    g.setRid(rs.getString("rid").trim());
                    g.setRprice(rs.getString("rprice").trim());
                    g.setRaddress(rs.getString("raddress").trim());
                    g.setRtype(rs.getString("rtype").trim());
                    g.setRstate(rs.getString("rstate").trim());
                    g.setRday(jtfnum.getText().trim());
                    vt.addElement(g);
                    JOptionPane.showMessageDialog(this,"添加成功!","消息",JOptionPane.
                    INFORMATION_MESSAGE);
                    jtfid.setText("");
                    jtfnum.setText("");
                }
                else
                    JOptionPane.showMessageDialog(this,"该房间不存在,无法预订!",
                    "消息",JOptionPane.INFORMATION_MESSAGE);
            } catch (SQLException e) {
                e.printStackTrace();
            }
        }
        else if(arg0.getSource()==jbsole){
            Soles s=new Soles(vt,userId);
            System.out.println("yyyyy");
        }
    }
}
```

选择空闲状态进行查询后,查询结果如图 14.3 所示。

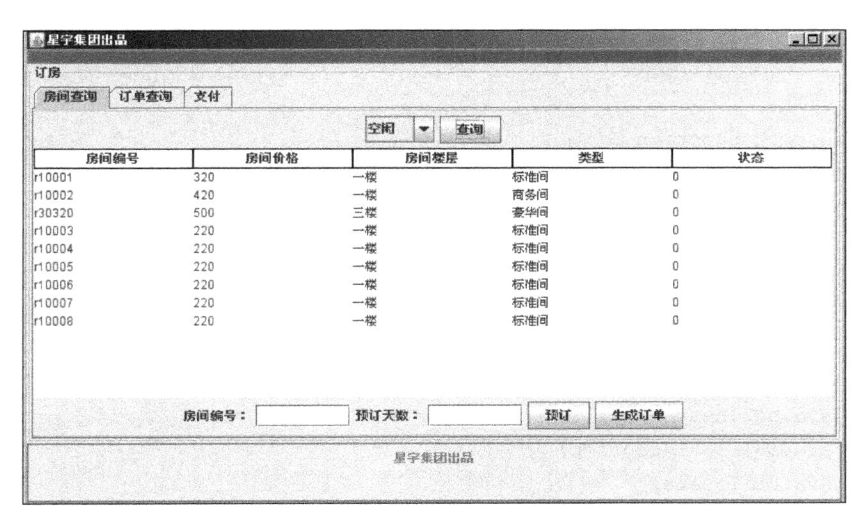

图 14.3　房间查询界面

2. 预订房间功能的实现

在查询空闲房间后，可以选择房间编号，进行房间的预订。单击“预订”按钮，会把房间基本的预订情况添加到购物车中，然后在单击“生成订单”按钮后，弹出订单生成界面，如图 14.5 所示。单击“确认”按钮后会生成相应的订单，并添加到数据库中，如图 14.4 所示。

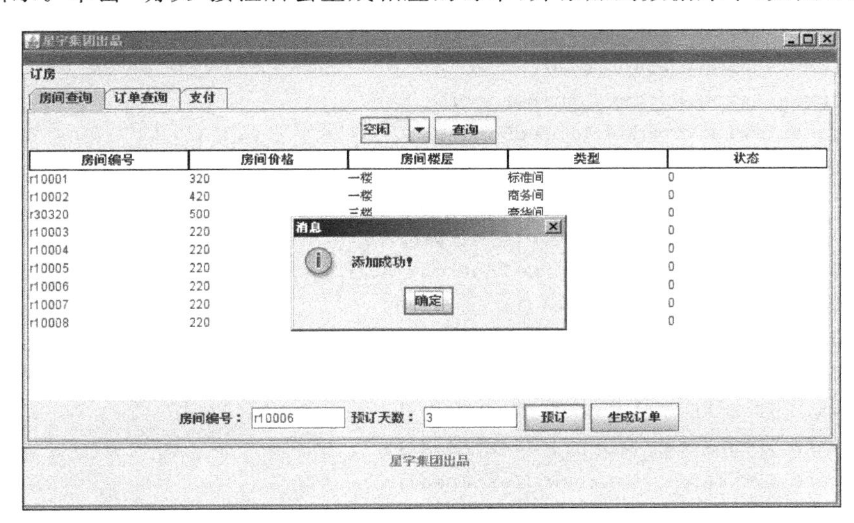

图 14.4　预订房间界面

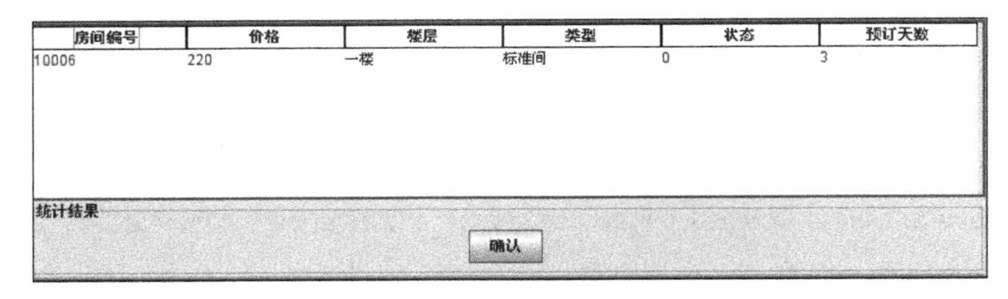

图 14.5　生成订单界面

本部分功能的具体实现过程请参考如下代码：

```
package sole;
import index.ConnectionDB;
import java.awt.BorderLayout;
import java.awt.Color;
import java.awt.Container;
import java.awt.FlowLayout;
import java.awt.GridLayout;
import java.awt.event.ActionEvent;
import java.awt.event.ActionListener;
import java.sql.ResultSet;
import java.sql.SQLException;
import java.util.Date;
import java.util.Vector;
import javax.swing.JButton;
import javax.swing.JComboBox;
import javax.swing.JFrame;
import javax.swing.JLabel;
import javax.swing.JOptionPane;
import javax.swing.JPanel;
import javax.swing.JTextArea;
import javax.swing.JTextField;
import javax.swing.border.LineBorder;
import javax.swing.border.TitledBorder;
import room.RoomInf;
public class Soles extends JFrame implements ActionListener {
    private JButton jbok=new JButton("确认");
    private JButton jbcancel=new JButton("取消");
    private JLabel l=new JLabel();
    private JTextField jtfId=new JTextField(10);
    private JTextArea jta1=new JTextArea();
    private JTextArea jta2=new JTextArea();
    private JTextArea jta3=new JTextArea();
    private JTextArea jta4=new JTextArea();
    private JTextArea jta5=new JTextArea();
    private JTextArea jta6=new JTextArea();
    private JComboBox jcyear;
    private JComboBox jcmonth;
    private JComboBox jcday;
    private String[] syear={ "2000", "2001", "2002", "2003", "2004", "2005","2006",
    "2007" };
    private String[] smonth={ "1", "2", "3", "4", "5", "6", "7", "8", "9","10", "11",
    "12" };
    private String[] sday={ "1", "2", "3", "4", "5", "6", "7", "8", "9","10", "11",
    "12", "13", "14", "15", "16", "17", "18", "19", "20","21", "22", "23", "24", "25",
```

```java
"26", "27", "28", "29", "30", "31" };
private ConnectionDB con;
private ResultSet rs;
private Vector vt=new Vector();
private String userId;
public Soles(Vector vt, String userId) {
    this.userId=userId;
    this.vt=vt;
    draw();
}
public void draw() {
    this.setSize(800, 600);
    this.setTitle("星宇酒店房间管理系统");
    Container t=this.getContentPane();
    t.setLayout(new BorderLayout());
    JPanel pcenter=new JPanel();
    JPanel psouth=new JPanel();
    pcenter.setBorder(new LineBorder(new Color(80, 113, 255), 2));
    psouth.setBorder(new TitledBorder("统计结果"));
    t.add(pcenter, BorderLayout.CENTER);
    t.add(psouth, BorderLayout.SOUTH);
    //南边
    psouth.setLayout(new FlowLayout(FlowLayout.CENTER));
    psouth.add(jbok);
    //中间
    pcenter.setLayout(new BorderLayout());
    JPanel p3=new JPanel();
    JPanel p4=new JPanel();
    pcenter.setLayout(new BorderLayout());
    pcenter.add(p3, BorderLayout.NORTH);
    pcenter.add(p4, BorderLayout.CENTER);
    p3.setLayout(new GridLayout(1, 6));
    JButton jb1=new JButton("房间编号          ");
    jb1.setBackground(new Color(255, 255, 255));
    jb1.setBorder(new LineBorder(new Color(0, 0, 0), 1));
    p3.add(jb1);
    JButton jb2=new JButton("价格          ");
    jb2.setBackground(new Color(255, 255, 255));
    jb2.setBorder(new LineBorder(new Color(0, 0, 0), 1));
    p3.add(jb2);
    JButton jb3=new JButton("楼层          ");
    jb3.setBackground(new Color(255, 255, 255));
    jb3.setBorder(new LineBorder(new Color(0, 0, 0), 1));
    p3.add(jb3);
    JButton jb4=new JButton("类型     ");
```

```
        jb4.setBackground(new Color(255, 255, 255));
        jb4.setBorder(new LineBorder(new Color(0, 0, 0), 1));
        p3.add(jb4);
        JButton jb5=new JButton("状态        ");
        jb5.setBackground(new Color(255, 255, 255));
        jb5.setBorder(new LineBorder(new Color(0, 0, 0), 1));
        p3.add(jb5);
        JButton jb6=new JButton("预订天数     ");
        jb6.setBackground(new Color(255, 255, 255));
        jb6.setBorder(new LineBorder(new Color(0, 0, 0), 1));
        p3.add(jb6);
        p4.setLayout(new GridLayout(1, 6));
        p4.add(jta1);
        p4.add(jta2);
        p4.add(jta3);
        p4.add(jta4);
        p4.add(jta5);
        p4.add(jta6);
        for (int i=0; i<vt.size(); i++) {
            String s1=((RoomInf) vt.elementAt(i)).getRid();
            String s2=((RoomInf) vt.elementAt(i)).getRprice();
            String s3=((RoomInf) vt.elementAt(i)).getRaddress();
            String s4=((RoomInf) vt.elementAt(i)).getRtype();
            String s5=((RoomInf) vt.elementAt(i)).getRstate();
            String s6=((RoomInf) vt.elementAt(i)).getRday();
            jta1.append(s1+"\n");
            jta2.append(s2+"\n");
            jta3.append(s3+"\n");
            jta4.append(s4+"\n");
            jta5.append(s5+"\n");
            jta6.append(s6+"\n");
        }
        jbok.addActionListener(this);
        this.setVisible(true);
    }
    public void actionPerformed(ActionEvent e) {
        if (e.getSource()==jbok) {
            con=new ConnectionDB();
            con.inquery("SELECT MAX(soleId) AS max FROM soleInf");
            rs=con.getRs();
            int soleId=0;
            try {
                if (rs.next()) {
                    soleId=Integer.parseInt(rs.getString("max").trim());
                }
```

```
            } catch (SQLException e1) {
                e1.printStackTrace();
            }
            soleId++;
            Date date=new Date();
            int year=date.getYear()+1900;
            int month=date.getMonth()+1;
            int day=date.getDate();
            String m;
            if (month<10) {
                m="0"+String.valueOf(month);
            } else
                m=String.valueOf(month);
            String soleDate=String.valueOf(year)+m+String.valueOf(day);
            //生成订单信息
            for (int i=0; i<vt.size(); i++) {
                String s1=((RoomInf) vt.elementAt(i)).getRid();
                String s2=((RoomInf) vt.elementAt(i)).getRprice();
                String s3=((RoomInf) vt.elementAt(i)).getRaddress();
                String s4=((RoomInf) vt.elementAt(i)).getRtype();
                String s5=((RoomInf) vt.elementAt(i)).getRstate();
                String s6=((RoomInf) vt.elementAt(i)).getRday();
                String sql="insert into soleInf values('"+String.valueOf(soleId)+"',
                '"+userId+"','"+s1+"','"+soleDate+"','"+s6+"','0','"+s2+"')";
                con.query(sql);
                sql="update room set rstate='1' where rid='"+s1+"'";
                System.out.println(sql);
                con.query(sql);
            }
            JOptionPane.showMessageDialog(this, "订单生成成功!", "消息",JOptionPane.
            INFORMATION_MESSAGE);
        }
    }
}
```

3. 订单查询功能的实现

在预订房间之后可以按照多种方式进行订单的查询,查询界面如图 14.6 所示。

本部分的实现请参考如下代码:

```
package sole;
import index.ConnectionDB;
import java.awt.BorderLayout;
import java.awt.Color;
import java.awt.FlowLayout;
import java.awt.GridLayout;
import java.awt.event.ActionEvent;
```

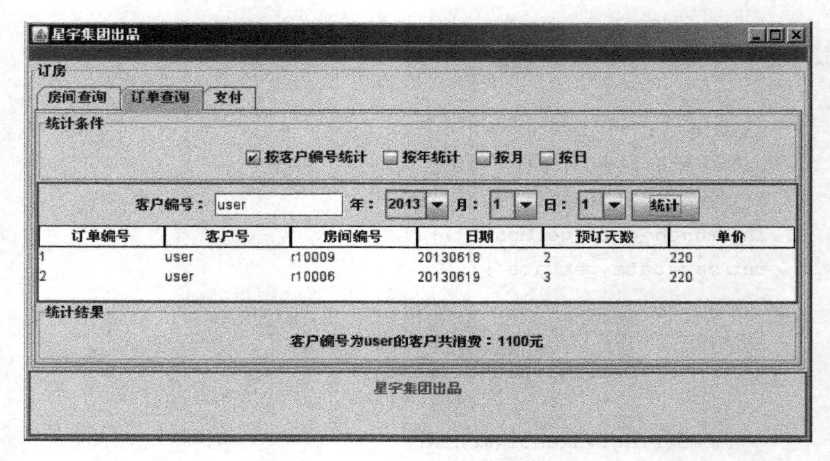

图 14.6　订单查询界面

```
import java.awt.event.ActionListener;
import java.sql.ResultSet;
import java.sql.SQLException;
import javax.swing.JButton;
import javax.swing.JCheckBox;
import javax.swing.JComboBox;
import javax.swing.JLabel;
import javax.swing.JPanel;
import javax.swing.JTextArea;
import javax.swing.JTextField;
import javax.swing.border.LineBorder;
import javax.swing.border.TitledBorder;

public class SoleInfSearch extends JPanel implements ActionListener{
    private JButton jb=new JButton("统计");
    private JCheckBox jcbid=new JCheckBox("按客户编号统计",false);
    private JCheckBox jcbyear=new JCheckBox("按年统计",false);
    private JCheckBox jcbmonth=new JCheckBox("按月",false);
    private JCheckBox jcbday=new JCheckBox("按日",false);
    private JLabel l=new JLabel();
    private JTextField jtfId=new JTextField(10);
    private JTextArea jta1=new JTextArea();
    private JTextArea jta2=new JTextArea();
    private JTextArea jta3=new JTextArea();
    private JTextArea jta4=new JTextArea();
    private JTextArea jta5=new JTextArea();
    private JTextArea jta6=new JTextArea();
    private JComboBox jcyear;
    private JComboBox jcmonth;
    private JComboBox jcday;
```

```
private String[] syear={"2010","2011","2012","2013","2014","2015","2016",
"2017"};
private String[] smonth={"1","2","3","4","5","6","7","8","9","10","11","12"};
private String[] sday={"1","2","3","4","5","6","7","8","9","10","11","12",
"13","14","15","16","17","18","19","20","21","22","23","24","25","26","27",
"28","29","30","31"};
private ConnectionDB con;
private ResultSet rs;
public SoleInfSearch(){
    jcyear=new JComboBox(syear);
    jcmonth=new JComboBox(smonth);
    jcday=new JComboBox(sday);
    draw();
}
public void draw(){
    this.setLayout(new BorderLayout());
    JPanel pnorth=new JPanel();
    JPanel pcenter=new JPanel();
    JPanel psouth=new JPanel();
    pnorth.setBorder(new TitledBorder("统计条件"));
    pcenter.setBorder(new LineBorder(new Color(80,113,255),2));
    psouth.setBorder(new TitledBorder("统计结果"));
    this.add(pnorth,BorderLayout.NORTH);
    this.add(pcenter,BorderLayout.CENTER);
    this.add(psouth,BorderLayout.SOUTH);
    //北边
    pnorth.setLayout(new FlowLayout(FlowLayout.CENTER));
    pnorth.add(jcbid);
    pnorth.add(jcbyear);
    pnorth.add(jcbmonth);
    pnorth.add(jcbday);
    //南边
    psouth.setLayout(new FlowLayout(FlowLayout.CENTER));
    psouth.add(l);
    //中间
    pcenter.setLayout(new BorderLayout());
    JPanel p1=new JPanel();
    JPanel p2=new JPanel();
    pcenter.add(p1,BorderLayout.NORTH);
    pcenter.add(p2,BorderLayout.CENTER);
    p1.setLayout(new FlowLayout(FlowLayout.CENTER));
    p1.add(new JLabel("客户编号:"));
    p1.add(jtfId);
    p1.add(new JLabel("年:"));
    p1.add(jcyear);
```

```
        p1.add(new JLabel("月:"));
        p1.add(jcmonth);
        p1.add(new JLabel("日:"));
        p1.add(jcday);
        p1.add(jb);
        JPanel p3=new JPanel();
        JPanel p4=new JPanel();
        p2.setLayout(new BorderLayout());
        p2.add(p3,BorderLayout.NORTH);
        p2.add(p4,BorderLayout.CENTER);
        p3.setLayout(new GridLayout(1,6));
        JButton jb1=new JButton("订单编号        ");
        jb1.setBackground(new Color(255,255,255));
        jb1.setBorder(new LineBorder(new Color(0,0,0),1));
        p3.add(jb1);
        JButton jb2=new JButton("客户号      ");
        jb2.setBackground(new Color(255,255,255));
        jb2.setBorder(new LineBorder(new Color(0,0,0),1));
        p3.add(jb2);
        JButton jb3=new JButton("房间编号        ");
        jb3.setBackground(new Color(255,255,255));
        jb3.setBorder(new LineBorder(new Color(0,0,0),1));
        p3.add(jb3);
        JButton jb4=new JButton("日期      ");
        jb4.setBackground(new Color(255,255,255));
        jb4.setBorder(new LineBorder(new Color(0,0,0),1));
        p3.add(jb4);
        JButton jb5=new JButton("预订天数");
        jb5.setBackground(new Color(255,255,255));
        jb5.setBorder(new LineBorder(new Color(0,0,0),1));
        p3.add(jb5);
        JButton jb6=new JButton("单价      ");
        jb6.setBackground(new Color(255,255,255));
        jb6.setBorder(new LineBorder(new Color(0,0,0),1));
        p3.add(jb6);
        p4.setLayout(new GridLayout(1,6));
        p4.add(jta1);
        p4.add(jta2);
        p4.add(jta3);
        p4.add(jta4);
        p4.add(jta5);
        p4.add(jta6);
        jb.addActionListener(this);
    }
    public void actionPerformed(ActionEvent e) {
```

```
        if(e.getSource()==jb){
            con=new ConnectionDB();
            System.out.println("1");
            if(jcbid.isSelected()){
                System.out.println("2");
                con.inquery("select * from soleInf where uid='"+jtfId.getText().
                trim()+"' and state='0'");
                rs=con.getRs();
                int all=0;;
                try {
                    while(rs.next()){
                        String s1=rs.getString("soleId").trim();
                        String s2=rs.getString("uid").trim();
                        String s3=rs.getString("rid").trim();
                        String s4=rs.getString("soleDate").trim();
                        String s5=rs.getString("number").trim();
                        String s6=rs.getString("price").trim();

                        jta1.append(s1+"\n");
                        jta2.append(s2+"\n");
                        jta3.append(s3+"\n");
                        jta4.append(s4+"\n");
                        jta5.append(s5+"\n");
                        jta6.append(s6+"\n");

                        System.out.println("3");

                        all=all+Integer.parseInt(s5)*Integer.parseInt(s6);
                    }
                    l.setText("客户编号为"+jtfId.getText().trim()+"的客户共消费:
                    "+String.valueOf(all)+"元");
                } catch (SQLException e1) {
                    //TODO Auto-generated catch block
                    e1.printStackTrace();
                }
            }
        }
    }
}
```

14.3.4 管理员模块

使用管理员身份登录后,可以进行房间和用户的管理。本部分以房间管理作为例子进行介绍,在房间管理模块实现了对房间的增、删、改、查功能。RoomInf 类是描述房间基本信息的类,在房间的增、删、改、查中使用。RoomInf 的代码如下:

```java
package room;
public class RoomInf {
    private String rid;
    private String rprice;
    private String raddress;
    private String rtype;
    private String rstate;
    private String rday;
    /**
     * @return Returns the rday.
     * /
    public String getRday() {
        return rday;
    }
    /**
     * @param rday The rday to set.
     * /
    public void setRday(String rday) {
        this.rday=rday;
    }
    /**
     * @return Returns the raddress.
     * /
    public String getRaddress() {
        return raddress;
    }
    /**
     * @param raddress The raddress to set.
     * /
    public void setRaddress(String raddress) {
        this.raddress=raddress;
    }
    /**
     * @return Returns the rid.
     * /
    public String getRid() {
        return rid;
    }
    /**
     * @param rid The rid to set.
     * /
    public void setRid(String rid) {
        this.rid=rid;
    }
    /**
```

```
     * @return Returns the rprice.
     */
    public String getRprice() {
        return rprice;
    }
    /**
     * @param rprice The rprice to set.
     */
    public void setRprice(String rprice) {
        this.rprice=rprice;
    }
    /**
     * @return Returns the rstate.
     */
    public String getRstate() {
        return rstate;
    }
    /**
     * @param rstate The rstate to set.
     */
    public void setRstate(String rstate) {
        this.rstate=rstate;
    }
    /**
     * @return Returns the rtype.
     */
    public String getRtype() {
        return rtype;
    }
    /**
     * @param rtype The rtype to set.
     */
    public void setRtype(String rtype) {
        this.rtype=rtype;
    }
}
```

房间的管理界面如图 14.7 所示，输入房间编号后单击“查询”按钮可以进行房间的查询。如果修改某个属性的内容，并单击“修改房间信息”按钮，就可以进行修改。删除和增加功能的实现也和此功能相似，具体的功能实现请参考如下代码：

```
package room;
import index.ConnectionDB;
import javax.swing.*;
import javax.swing.border.TitledBorder;
import java.awt.*;
```

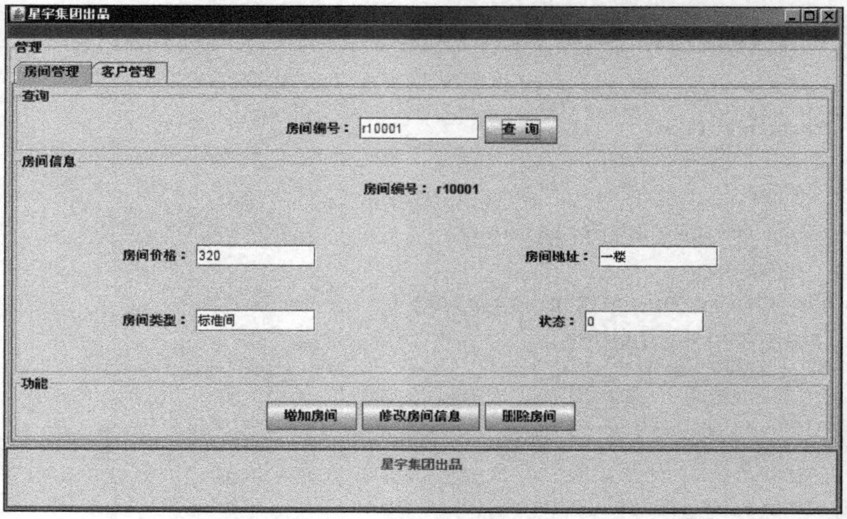

图 14.7　房间管理界面

```
import java.awt.event.ActionEvent;
import java.awt.event.ActionListener;
import java.sql.ResultSet;
import java.sql.SQLException;
public class RoomManager extends JPanel implements ActionListener{
    private String user;
    private JButton jbSave=new JButton("增加房间");
    private JButton jbUpdate=new JButton("修改房间信息");
    private JButton jbDelete=new JButton("删除房间");
    private JButton jbSearch=new JButton("查　询");
    private JTextField jtfId=new JTextField(10);
    private JLabel jlId=new JLabel();
    private JTextField jtfPrice=new JTextField(10);
    private JTextField jtfAddress=new JTextField(10);
    private JTextField jtfType=new JTextField(10);
    private JTextField jtfState=new JTextField(10);
    private ConnectionDB con=new ConnectionDB();
    private ResultSet rs;
    public RoomManager(String user){
        this.user=user;
        draw();
    }
    public void draw(){
        this.setLayout(new BorderLayout());
        JPanel pnorth=new JPanel();
        JPanel pcenter=new JPanel();
        JPanel psouth=new JPanel();
        pcenter.setBorder(new TitledBorder("房间信息"));
```

```
psouth.setBorder(new TitledBorder("功能"));
pnorth.setBorder(new TitledBorder("查询"));
//北边
pnorth.setLayout(new FlowLayout(FlowLayout.CENTER));
pnorth.add(new JLabel("房间编号:"));
pnorth.add(jtfId);
pnorth.add(jbSearch);
//中间
pcenter.setLayout(new GridLayout(3,1));
JPanel pcenter1=new JPanel();
JPanel pcenter2=new JPanel();
JPanel pcenter3=new JPanel();
pcenter.add(pcenter1);
pcenter.add(pcenter2);
pcenter.add(pcenter3);
pcenter1.setLayout(new FlowLayout(FlowLayout.CENTER));
pcenter1.add(new JLabel("房间编号:"));
pcenter1.add(jlId);
pcenter2.setLayout(new GridLayout(1,2));
JPanel pcenter4=new JPanel();
JPanel pcenter5=new JPanel();
pcenter2.add(pcenter4);
pcenter2.add(pcenter5);
pcenter4.setLayout(new FlowLayout(FlowLayout.CENTER));
pcenter4.add(new JLabel("房间价格:"));
pcenter4.add(jtfPrice);
pcenter5.setLayout(new FlowLayout(FlowLayout.CENTER));
pcenter5.add(new JLabel("房间地址:"));
pcenter5.add(jtfAddress);
pcenter3.setLayout(new GridLayout(1,2));
JPanel pcenter6=new JPanel();
JPanel pcenter7=new JPanel();
pcenter3.add(pcenter6);
pcenter3.add(pcenter7);
pcenter6.setLayout(new FlowLayout(FlowLayout.CENTER));
pcenter6.add(new JLabel("房间类型:"));
pcenter6.add(jtfType);
pcenter7.setLayout(new FlowLayout(FlowLayout.CENTER));
pcenter7.add(new JLabel("状态:"));
pcenter7.add(jtfState);
//南边
psouth.setLayout(new FlowLayout(FlowLayout.CENTER));
psouth.add(jbSave);
psouth.add(jbUpdate);
psouth.add(jbDelete);
```

```java
    this.add(pnorth,BorderLayout.NORTH);
    this.add(psouth,BorderLayout.SOUTH);
    this.add(pcenter,BorderLayout.CENTER);
    con.inquery("select * from room");
    rs=con.getRs();
    int i=100;
    try {
        while(rs.next())
            i++;
    } catch (SQLException e) {
        //TODO Auto-generated catch block
        e.printStackTrace();
    }
    jlId.setText(String.valueOf(++i));
    jbSave.addActionListener(this);
    jbSearch.addActionListener(this);
    jbUpdate.addActionListener(this);
    jbDelete.addActionListener(this);
}
public void actionPerformed(ActionEvent arg0) {
    if(arg0.getSource()==jbSave){
        String sql="insert into room values('"+jlId.getText().trim()+"','"+
        jtfPrice.getText().trim()+"','"+jtfAddress.getText().trim()+"','"+
        jtfType.getText().trim()+"','"+jtfState.getText().trim()+"')";
        con.query(sql);
        JOptionPane.showMessageDialog(this,"数据插入成功!","信息",JOptionPane.
        INFORMATION_MESSAGE);
    }
    else if(arg0.getSource()==jbSearch){
        con.inquery("select * from room where  rid='"+jtfId.getText().trim()+"'");
        rs=con.getRs();
        try {
            if(rs.next()){
                jlId.setText(rs.getString("rid"));
                jtfPrice.setText(rs.getString("rprice"));
                jtfAddress.setText(rs.getString("raddress"));
                jtfType.setText(rs.getString("rtype"));
                jtfState.setText(rs.getString("rstate"));
            }
            else
                JOptionPane.showMessageDialog(this,"该房间不存在!","信息",
                JOptionPane.INFORMATION_MESSAGE);
        } catch (HeadlessException e) {
            //TODO Auto-generated catch block
            e.printStackTrace();
```

```
            } catch (SQLException e) {
                //TODO Auto-generated catch block
                e.printStackTrace();
            }

        }
        else if(arg0.getSource()==jbUpdate){
            String sql="update room set rprice='"+jtfPrice.getText().trim()+"',
            raddress='"+jtfAddress.getText().trim()+"',rtype='"+jtfType.getText
            ().trim()+"',rstate='"+jtfState.getText().trim()+"' where rid='"+jlId.
            getText().trim()+"'";
            con.query(sql);
            JOptionPane.showMessageDialog(this,"修改成功!","信息",JOptionPane.
            INFORMATION_MESSAGE);
        }
        else if(arg0.getSource()==jbDelete){
            String sql="delete from room where rid='"+jlId.getText().trim()+"'";
            con.query(sql);
            JOptionPane.showMessageDialog(this,"删除成功!","信息",JOptionPane.
            INFORMATION_MESSAGE);
            jlId.setText("");
            jtfPrice.setText("");
            jtfAddress.setText("");
            jtfType.setText("");
            jtfState.setText("");
        }
    }
}
```

【总结与提示】

通过分析、设计及实现代码功能，使学生对已经学习的Java知识进行一次较为完整的应用。主要涉及的知识有Java基础知识、类与对象、异常处理、基础类库的使用、图形用户界面的设计与实现、数据库的连接及访问等。

参考文献

[1] 张志锋等.Java程序设计与项目实训教程[M].北京：清华大学出版社,2012.
[2] 孙延鹏,吕晓鹏.Web程序设计——JSP[M].北京：人民邮电出版社,2008.
[3] 陈利平.数据库原理[M].北京：中国铁道出版社,2007.
[4] 邓子云.Java Web标签应用开发[M].北京：机械工业出版社,2007.
[5] 袁海燕.Java应用程序设计100例[M].北京：人民邮电出版社,2005.
[6] 蒋国瑞.IT项目管理[M].北京：电子工业出版社,2008.
[7] 达尔文,关丽荣,张晓坤.Java经典实例[M].北京：中国电力出版社,2009.
[8] 昊斯特曼,叶乃文,邝劲筠等.Java核心技术卷Ⅰ基础知识[M].北京：机械工业出版社,2008.
[9] 梁勇,李娜.Java语言程序设计基础篇[M].北京：机械工业出版社,2011.
[10] 梁勇,李娜.Java语言程序设计进阶篇[M].北京：机械工业出版社,2011.
[11] 朱福喜.Java语言程序设计[M].北京：科学出版社,2009.
[12] 辛运帏,饶一梅.Java语言程序设计[M].北京：人民邮电出版社,2009.
[13] 耿祥义.Java大学实用教程实验指导[M].北京：电子工业出版社,2007.
[14] 徐明浩,吴传海 Java编程基础、应用与实例[M].北京：人民邮电出版社,2007.
[15] 雍俊海.Java程序设计[M].北京：清华大学出版社,2008.
[16] 辛运帏,饶一梅,马素霞.Java程序设计[M].北京：清华大学出版社,2013.
[17] 张峰.Java程序设计与项目实战[M].北京：清华大学出版社,2011.
[18] 刘易斯,洛夫特斯.Java程序设计教程[M].罗省贤,李军等译.北京：电子工业出版社,2012.